The Value of Scientific Thinking

科学思维的价值

物理学的兴起、科学方法与现代社会

廖　玮◎著

科学出版社

北　京

内 容 简 介

本书主要以伽利略、牛顿等人的主要科学发现为例，讲述科学思维和科学方法的特色以及对于人的价值，主要内容包括实验科学对于理性认识的价值、科学家如何进行思考、科学思维与古代智慧的联系和重要区别、科学与技术相互促进的关系、科技给予现代社会的挑战和机遇以及科技与艺术等诸多方面。通过一些具体的例子，本书展示了科学思维的艺术，并且展现了科学思维虽然是一种深刻和丰富的思想方法，但是也是十分简单的思想。

作为一本科普书，本书的主要内容局限于经典力学的内容，读者只需要具备中学物理知识和数学知识就足以读懂本书的主要内容。本书还可以作为中学物理学习和教学的参考书，也可以作为物理学专业的学生和教师的参考书。

图书在版编目(CIP)数据

科学思维的价值：物理学的兴起、科学方法与现代社会/廖玮著. —北京：科学出版社，2021.8

ISBN 978-7-03-069342-6

Ⅰ.①科… Ⅱ.①廖… Ⅲ.①科学思维 Ⅳ. ①B804

中国版本图书馆 CIP 数据核字(2021)第 136567 号

责任编辑：龙嫚嫚　罗　吉／责任校对：何艳萍

责任印制：吴兆东／封面设计：有道文化

科学出版社 出版

北京东黄城根北街 16 号

邮政编码: 100717

http://www.sciencep.com

北京富资园科技发展有限公司印刷

科学出版社发行　各地新华书店经销

*

2021 年 8 月第 一 版　开本: 720×1000　1/16

2025 年 6 月第五次印刷　印张: 18 3/4

字数: 270 000

定价: 69.00 元

(如有印装质量问题，我社负责调换)

序

Preface

在现代社会，科学的影响似乎无处不在，科学教育从中小学就开始，科学是人们习以为常的词汇。然而，很少有人能够具体地说明科学思维的特色以及科学思维对于人的价值。这主要是因为对科学的教科书式讲解是对科学成果的优化和总结，但是并不对科学研究的过程作过多展示。这种教学可以传授很多知识，但是也让人在学习过程中失去了深入理解科学思想的机会。特别是在科学发展中有许多值得探寻的不同路径以及歧途，这种快速的知识传授让人们失去了寻幽探秘的机会，失去了通过比较这些歧途而快速领会科学思维的机会，也失去了非常多的乐趣。马赫说，历史地研究一门科学的发展是最需要的，免得在其中铭记的原理变成一知半解的指令体系，或者更糟糕，变成偏见的体系。马赫说得很有道理。

本书的日的是以非常简短的篇幅具体地说明科学思维的特色、科学思维的艺术、科学与技术的关系以及科学思维对于人的价值等科学的诸多方面，使读者可以快速地把握与科学相关的这些重要方面。毋庸置疑，在这么简短的篇幅之内完成这样一个任务是非常困难的。幸运的是，以伽利略和牛顿作为例子就足以对科学思想和科学革命的实质做出充分的展示。

伽利略和牛顿是近代科学革命的主角，然而他们的科学思想却并不广为人知，甚至对他们有很多误解。例如，世人都把牛顿当作理论家的典范，把他当作把科学形式化、抽象化和系统化的典范，甚至很多人以为牛顿力学那样系统化的理论才是科学。然而，很少人了解牛顿不仅是一位具有非凡的抽象思维能力的杰出理论家，他还是一位极其出色的实验家，他非常善于借助实验进行思考。牛顿也是一位极端的经验主义者，他把自己的工作思想概括为一句话：我不做假设。类似地，世人对伽利略的成就也多有误会，很多人以为那些成就并不怎么艰难、意义也不那么大。这种理解甚至在一些科普作家和专业人士那里也能见到。通过仔细的探讨，我们可以发现伽利略不仅是在非常困难的情况下开创了科学研究的全新局面，而且在他的科学研究中展现出非常高超的技巧和思维艺术。这种思维艺术是科学的魅力和乐趣之所在，也是其他学科可以借鉴的地方，值得人们仔细学习和品味。这些都是受到科学教育的人们应该知道的方面，然而人们常常并不知晓。有鉴于此，常有人把物理学当作乏味而且令人望而生畏的学科，也就不令人奇怪了。

在本书的最后一章，我写道：

> 当某人不能听或不能看，我们会对此十分遗憾，因为他不能充分地了解和享有这个世界的丰富；当某人不能欣赏精美的文艺或者美妙的音乐，我们也会对此遗憾，因为他不能享受这个世界的美好之处。但是大概没有多少人会对没有受到良好的物理学教育而心怀遗憾。这说明我们对物理学对于人生的意义缺乏足够的认识。

本书将通过简短的篇幅说明物理学思维的要点、科学思维的乐趣和魅力，并以此说明科学对于我们每个人的价值。我希望读者都能够在阅读中有所收获。

本书主要以伽利略、牛顿等人的主要科学发现为例，讲述科学思维和科学方法的核心内涵。通过这些例子，本书展示了实验科学对于人类的价值以及科学家如何进行思考，读者可以从中领略到科学思维的高超艺术，并且体会到其中的乐趣。此外，本书还有一些拓展阅读的内容，其中一些涉及更加现代的物理内容，如正文一些框中的内容以及附录中的内容，有兴趣的读者可以选择阅读。

作为一本科普书，本书的主要内容限定于经典力学的内容，读者只需要具备中学物理知识和数学知识就足以读完并且懂得本书的主要内容。我相信本书的主要内容可以被广大读者所理解，包括文科专业的读者。读者只需要耐心读完前两章就可以发现本书的内容不难阅读，并且发现科学思维虽然是一种深刻和丰富的思想方法，但是也是十分简单的思想。此外，本书还可以作为中学物理学习和教学的参考书，也可以作为物理学专业的学生和教师的参考书。

本书对伽利略的贡献的讨论主要基于伽利略的两本对话体著作《关于托勒密和哥白尼两大世界体系的对话》[1] 和《关于两门新科学的对谈》[2] 以及马赫对力学的历史和思想的研究《力学及其发展的批判历史概论》[3]。这几本著作不但通俗易懂，而且充分展示了科学思维和科学方法的特色。它们不仅是很好的科学著作，同时也是科学普及和科学启蒙的杰出著作，接受过中学物理教育的人足以理解这些著作。此外，本书还引用了一些相关科学史著作，有兴趣的读者可以找这些书，作为拓展阅读。

廖 玮

2020 年 12 月

目 录

Contents

第1章

导　言

物理学的兴起和科学革命所反映的并不是对理性的迷信，而是对理性的缺陷和人的认识能力的局限性的深刻认识。

在人类漫长的历史中，历史的行进虽有波涛涌动，但在多数情况下就像是缓缓流逝的宏大江河。只在少数一些时期，像是突然进入了激流险滩，历史以其变幻莫测的行进显示出深邃的气质和永恒的魅力。例如，在两千多年前，在被称作人类的轴心时代，人类的思想突然迸发出猛烈而璀璨的光辉。闻一多先生在《文学的历史动向》一文中说：“人类在进化的途程中蹒跚了多少万年，忽然这对近世文明影响最大最深的四个古老民族——中国、印度、以色列、希腊都在差不多同时猛抬头，迈开了大步。”在这一时期，人类对自身的认识和对自然的认识突然获得了一个飞跃，特别是人类对自身的理性认识也使人类的思想达到了一个全新的高度、深度和广度。时至今日，这一时期人们提出的思想、问题以及对问题做出的回答仍然不断激励和点醒着现代人，成为现代人可以流连于其间风景、洗练自己思想的精神险地，也成为现代人可以不断汲取思想的宝库。

人们常常回顾那一时期的前人智慧，追溯当今的思想是如何发源于前人，恨不能生于当时而对话于前人。然而，人们也时常忘记，自近代以来的当今时代也是这样一个急流勇进的时代。在这一近现代时期，人类社会发生了急剧的变化。一方面，人类的知识积累和技术积累的速度获得了急剧的提高，物质生活得到极大改善，这种极其快速的知识积累和技术积累的过程是在人类历史上前所未见的。另一方面，在这一时期人类对自己的理性以及对理性的能力的认识再次得以飞跃，人类获得了极大的自信。自物理学兴起和科学革命以来的时代是一个可以与轴心时代相提并论的思想革命的时代。

可以肯定地说，自伽利略以来物理学的兴起以及科学革命在这一激荡的近现代历史进程中发挥了极端重要的作用。这应该归功于物理学的兴起和科学革命所带来的系统的科学方法的发明和大规模实验科学的开展。一方面，物理学的兴起和科学革命以其成功的范本为获得关于自然的正确知识提供了一套行之有效的方法，使快速积累知识和技术得以可能。科学方法带给人类关于自然的众多可靠知识和关于改造自然的众多手段，也带给人类极端丰富的物质生活。另一方面，这一范本也为人类审视自身的理性和认识能力提供了难得的思想资源，并带给人类看待世界的新视角和新视野。可以毫不夸张地说，科学方法和科学思维是这一个激荡的近现代提供给人类的重要文明成果。科学方法和科学思维事关我们的生活、我们的思维和我们的人生，是我们需要理解的重要人类文明成果。

人们常以为物理学的兴起和科学革命代表着人类理性的胜利。诚然，在科学逐渐揭去自然世界神秘面纱的过程中，理性精神不断迸发出璀璨的光辉，显示出巨大的威力。然而，与通常的想法不同的一点是，物理学的兴起和科学革命所反映的并不是对理性的迷信，而恰恰反映的是对理性的缺陷和人的认识能力的局限性的深刻认识。在这个认识的基础之上，人们意识到需要运用工具帮助思考，从而克服人的认识能力的不足。这个帮助思维的工具就是实验和观测。实验和观测可以带来新的视野和全新思想，还可以帮助人们检查处于混乱之中的思想，为确立关于自然的正确知识指明方向。这才是科学革命和科学思维的核心要点所在，也是近现代以来科学得以飞速发展的关键所在。这样一种通过实验和观测，或者更广义地说通过实践，帮助人进行思考从而获得可靠的知识的方法就是科学方法。伽利略以来的物理学的兴起所具有的一个重要意义就是，它树立了一个以实验和观测来检查思想从而得到正确认识的科学方法的范例。

前述对于人的理性和认识能力的过度自信和误解源于对科学革命的历史缺乏了解，源于非历史地学习科学。非历史地学习科学可能会使人把科学当作一种编织好的由概念组成的指令系统。即便是极端精妙的理论，虽然可以由少数原理推而广之从而覆盖到广泛的现象，让人叹为观止，但非历史的学习也可能会让人感觉枯燥乏味。不仅如此，非历史地学习科学可能会使人以为天才的思想会自然地诞生于天才的头脑并带来革命性的变化，从而把面对复杂局面的真实困难隐藏在装饰美好的表象之下。人们不知道前人面对着的是怎样困难的局面，也不知道前人如何克服他们所面对的困难。更加重要的是，非历史地学习科学不能使人学习到前人是如何达到正确的知识，也不能学习到当面对困难局面的时候如何进行思考并如何获得可靠的知识。在面对全新的未知困难的时候，受到这种教育的人很可能是完全不知所措的，科学原创也就无从谈起。

本书的目的是考察物理学的兴起以及科学革命，考察物理学兴起过程中所面对的困难以及以伽利略为代表的那一代物理学家如何对困难做出回应。我们将考察实验和观测如何帮助人进行思考，考察科学方法和科学思维成功的要点，考察科学和科学方法的思维特色以及这种思维方式与物理学兴起之前的人们的思维方式的不同之处，考察科学思维如何改变人们的思维方式和世界观，考察科学如何改变我们的世界，同时考察科学赖以生存的社会环境。这些考察将为人们历史地学习科学提供有益的帮助，使人们体验到更真实的物理学和科学思维，体验到科学思维的乐趣和艺术，有助于在我们社会中建立良好的科学氛围。这些考察也可以帮助人们学习到在面对复杂困难的未知的时候如何思考问题，有助于人们发展原创思维。

如果没有一个比较详细的考察，人们可能会认为这样一种通过实验和观测得到科学知识的道路没有什么出奇之处。人们甚至可能会认为这不过是在物理学教科书里学到的那些枯燥内容。然而，本书要说明的一点是，这种科学方法和科学思维是一种简单又非常深刻的思想方法，也是十分高超的思维艺术，即便是物理学专业之外的人们也可以懂得这种思维艺术，并欣赏和品味这种思维艺术。这种思维艺术继承了一些古希腊的思想，但是更加重要的是，这是对古希腊思想的全面改造，是在全新的基础之上对古代思想的重新审视、吸收和超越。根据对已知的科学历史的考察，这种思维艺术是伽利略之前的人所没有的，是人类历史上的全新思想方法。本书将主要通过考察伽利略的科学活动来阐述这一思维艺术，并使用牛顿、开普勒、胡克、惠更斯等人的例子作进一步的说明。

第 2 章

关于两大世界体系的对话

伽利略的天文观测使地心说与日心说的争论从对两个世界观的辩论变成了科学问题。

日心说与地心说的争论及其解决是人类认识自然的历史上的一件大事。地心说是与人的感官直觉十分吻合的一种学说，即人们总是感觉到身处的大地是静止的，而日心说与人的感知却有很多矛盾。伽利略的天文观测导致了日心说对地心说的胜利，这个胜利生动地说明了人可能会被感觉经验欺骗，只有对感觉经验加以理性的加工和思考才可能使我们达到正确的认识。

然而，仔细考察日心说与地心说的争论，我们还可以进一步发现问题没有这么简单，仅仅对经验加以理性的思考并不一定能够分辨出这两种学说的真伪，反而可能会陷入无休止的辩论之中。人的理性认识能力的局限之处在这里暴露无遗。伽利略的天文观测带来了新的经验和新的证据，这些新证据打开了人类的视野，使日心说与地心说争论的局面一下子变得明朗起来。

日心说与地心说的争论以及伽利略使用望远镜做出的判决性天文观测是极好的科学研究的范例。这个范例可以很好地说明科学实验或者观测对于认识的价值。本章将就这一点作详细阐述。

2.1 日心说与地心说的争论

周期性运动是日常可见的天文现象的最显著特性。从视觉上看，太阳和恒星每天循环往复，这种每日重复的运动被称作周日运动。除了以日为周期的变化之外，还有以年为周期变化的现象，例如太阳在南北方向上以年为周期的偏移、太阳以年为周期穿过十二个星座、夜间的星空以年为周期的变化。这种运动被称作周年运动。

为描述和理解长久以来观察到的天文现象，人们发展出了地心说和日心说 (地动说) 两套学说。地心说认为地球处于世界的中心，静止不动，太阳、其他恒星和行星等天体都绕地球运动。地心说的代表学说是托勒密的世界体系。日心说认为地球绕日运动，同时也自己旋转，视觉上的周日运动来源于地球的自转，视觉上的周年运动来源于地球绕日的运动。日心说的代表学说是哥白尼的世界体系。

托勒密和哥白尼都使用圆周运动代表周期性运动。例如，在托勒密的地心说中，太阳的周日运动被认作是源自被一个天球携带着绕地球转动而造成的，即一个周期为日的圆周运动。周年运动的轨迹显示出另外一个圆周。所以，在这一体系中，太阳实际的运动是两个圆周运动的合成。哥白尼的日心说同样使用圆周运动来说明天文现象。托勒密和哥白尼的学说都把圆周运动当作最自然的运动状态。

行星的运动看起来复杂得多。金星总是伴随着太阳在其周围出现。在托勒密体系中，这被解释为金星绕地球的圆周运动与太阳的运动大致相同，而其视觉上在太阳周围的变化，由叠加在第一个圆周运动上的另一个圆周运动加以解释。所以在这一世界体系中，金星的运动更加复杂。此外，更加复杂的是行星的留驻和逆行现象。通过观察和比较行星每日在星空背景中的位置，可以发现行星大多数时候是每日缓慢地向东移动。但是有的时候，行星也会停止东移，或者向西移动一些日子再继续向东移动。这被称作行星的留驻和逆行。图 2.1 演示了一个行星的逆行现象。

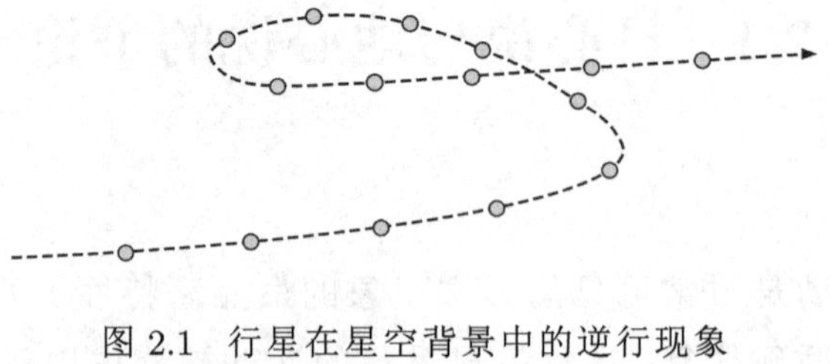

图 2.1　行星在星空背景中的逆行现象

托勒密体系解释行星逆行的要点在于，由具有不同半径和不同周期的圆周运动可以合成出逆行的现象。如图 2.2 所示，考虑一个以 O 为中心的圆周，C 沿着这个圆周作匀速圆周运动。考虑以 C 为圆心的另外一个圆周，P 点在这个圆周上作匀速圆周运动。P 点的实际运动是 C 绕 O 点的圆周运动和 P 绕 C 点的圆周运动的合成。可以使用一个简便的办法表述这个运动。C 绕 O 点的圆周运动可以表述为 $x = \cos\theta, y = \sin\theta$。如果 C 是坐标的中心，P 绕 C 点的运动可以表述为类似的形式，例如 $x' = r\cos\theta', y' = r\sin\theta'$。其中 r 是 P 绕 C 点的圆周运动的半径。所以，在以 O 为原点的坐标系中，P 的运动轨迹可以表述为 $x = \cos\theta + r\cos\theta', y = \sin\theta + r\sin\theta'$。

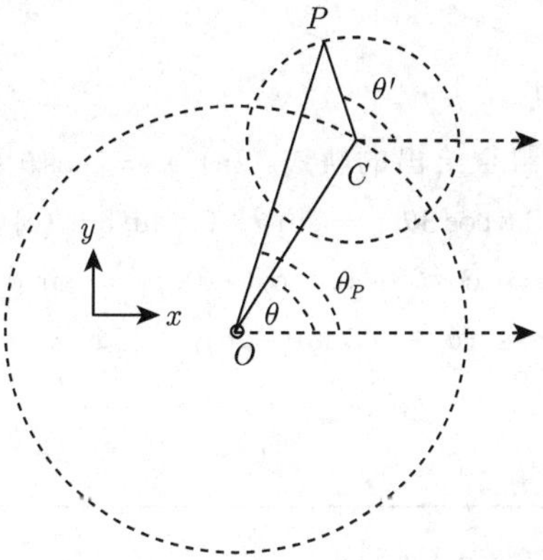

图 2.2　由圆周运动合成行星的运动

如果 θ' 与 θ 有整数倍关系，则 P 的运动与 C 的运动具有相同的周期。图 2.3 给出了六个这样的例子。$\theta' = n\theta$ 代表的是在第二个圆周上 P 绕 C 点运动的角速度是在第一个圆周上 C 绕 O 点运动的角速度的 n 倍。$\theta' = -n\theta$ 表示的是 P 绕 C 点的运动是顺时针方向的，与 C 绕 O 的方向相反。可以看到，行星如果沿着图 2.3(a)、图 2.3(b)、图 2.3(c) 所示的轨迹运动，在中心点往外看可以看到逆行现象。对这三种情况，图 2.4 演示了 P 点的方位角 θ_P 作为 θ 的函数的变化。角度 θ 被当作是随着时间而均匀流逝的。除了以 2π 为周期的振荡，在图中还可以看到 $\sin\theta_P$ 的小幅度振荡，这对应着逆行的区间。上述周期性圆周运动的合成可以推广到 N 个圆周运动的组合。在这个情况下，在以 O 为原点的坐标系中，P 的运动轨迹可以表述为 $x = \cos\theta + \sum_{n=1}^{N-1} r_n \cos(\delta_n n\theta + \beta_n), y = \sin\theta + \sum_{n=1}^{N-1} r_n \sin(\delta_n n\theta + \beta_n)$，

其中 $\delta_n = \pm 1, \beta_n$ 是一个常数相位。

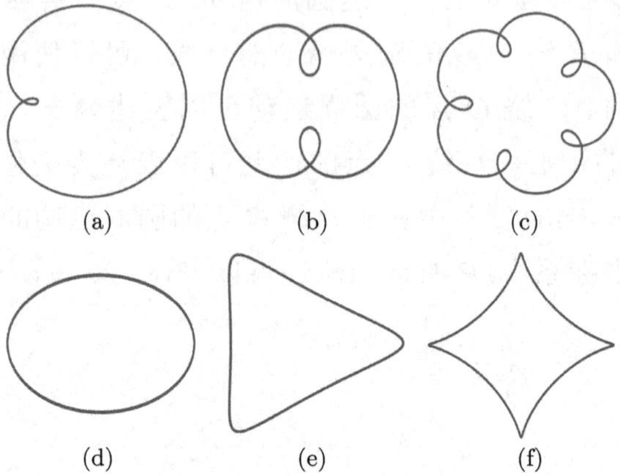

图 2.3　两个圆周运动的组合给出的轨迹。(a) $x = \cos\theta + 0.6\cos 2\theta, y = \sin\theta + 0.6\sin 2\theta$；(b) $x = \cos\theta + 0.6\cos 3\theta, y = \sin\theta + 0.6\sin 3\theta$；(c) $x = \cos\theta + 0.3\cos 6\theta, y = \sin\theta + 0.3\sin 6\theta$；(d) $x = \cos\theta + 0.3\cos(-\theta), y = \sin\theta + 0.3\sin(-\theta)$；(e) $x = \cos\theta + 0.3\cos(-2\theta), y = \sin\theta + 0.3\sin(-2\theta)$；(f) $x = \cos\theta + 0.3\cos(-3\theta), y = \sin\theta + 0.3\sin(-3\theta)$

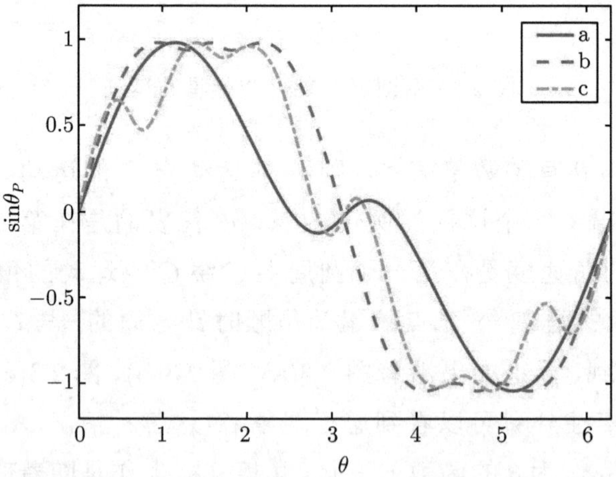

图 2.4　两个圆周运动的组合给出的方位角 θ_P 的正弦

托勒密体系对行星逆行的解释方法十分精彩，而且是很自然的。说是自然的，那是因为如果周日运动和周年运动都产生自圆周运动，太阳这样的天体的实际运动也就应该是圆周运动的合成，对行星逆行的这种解释不过是把这一思路做了一个自然的推广。然而，行星实际的视运动更加复杂，仅仅使用少数几个圆周难以准确地重现观测到的行星视运动。到了接近伽利略的时代，为了在这一体系中描述行星运动，需要几十个圆周轨道才能合成出天文观测中一个行星的视运动。毫无疑问，这样一种世界图像过于复杂，很难使一些认真思考的人满意。

日心说对行星逆行的解释简单很多。图 2.5 演示了火星的情况。火星是外行星，运行轨道在地球轨道之外，单位时间内扫过的角度比地球小一些。当地球和火星距离接近最近的时候，地球以更快的角速度越过火星。在地球上看来，原先是慢慢东移的火星，先变慢，然后逆行，之后再继续东移。

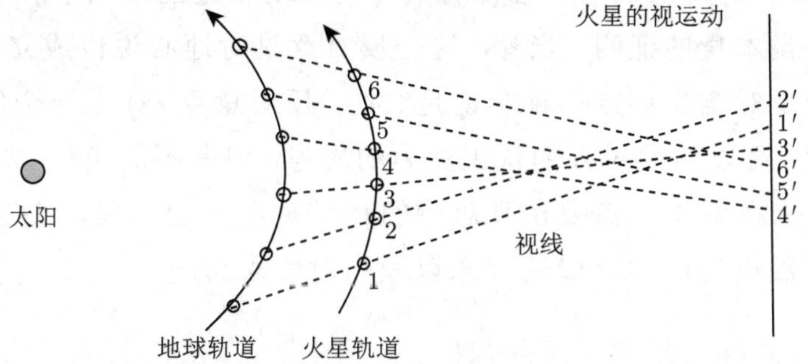

图 2.5 日心说对行星逆行的解释

对日心说和地动说的主要反对意见是这种学说与人们日常的感觉经验不符合。日常的感觉经验告诉人们大地是静止的。如果地球在高速运动而且在自转，为什么人们一点感觉不到。具体的一些反对意见包括：(1) 类似炮弹这样的抛射体将在不同方向上具有不同的轨迹。例如，沿着地球自转方向和与地球自转方向相反的抛射体应该具有不同的轨迹。但是，在现实世界中没有看到这类现象。(2) 如果地球在自转，大气应该像是大风一样刮过，而不是让人感到基本上静止不动。(3) 在一个旋转轮盘上的未被固定的物体会被抛射出去，即出现离心现象。如果地球在自转，地球上的物体和人应该出现这样被抛射的离心现象。人们实际上感受不到这类现象。(4) 如果地球在自转，从高处下落的物体不能垂直下落，应该偏离垂直方向。相反，在现实中可以看到很多垂直下落的现象。

还有一些反对意见是观念上的或逻辑上的：(5) 宗教信条认为地球是静止的，是世界的中心。(6) 古希腊哲学认为天体与地球是不同的，由不同物质组成，具有不同的性质，而日心说认为地球与其他行星一样绕太阳运动，把地球放到了与行星天体同等的地位。(7) 即便哥白尼的世界体系可以对天体的运动做出很漂亮的解释，从逻辑上说这也不能说明这个世界体系就是对的。(8) 如果地球在绕日运动并且自转，为什么人的感知能力感知不到。

反对意见 (5) 和 (6) 是信念上的，这种分歧无法仅仅通过辩论加以解决。反对意见 (7) 当然是没错的。即便日心说可以解释天文现象，也不能说明日心说就是对的，因为 (a) 地心说也可以解释当时已知的天文现象；(b) 从逻辑上说，日心说对天体的运动轨迹的成功解释不能当作是对日心说本身的证明。当然，这一反对意见对地心说也成立，所以无法由这个反对意见认定哪种学说是对的。反对意见 (8) 是一个值得思考的好问题，可以启发对人的认识能力的思考，但是不能当作一个真正的反对理由。在科学上需要认真对待的是反对意见 (1)~(4)。这需要等到伽利略发展出运动的合成的观念以及相对性思想。

2.2 地动说与伽利略的相对性思想

在对话体著作《关于托勒密和哥白尼两大世界体系的对话》(简称《对话》) 中[1]，伽利略讨论并比较了地心说和日心说两种学说，通过三人对话对这两套学说做了详细的辩驳。为了回应对日心说和地动说的反对意见，伽利略提出了运动相对性的思想并且说明了运动的合成的概念。

伽利略给出了许多例子讨论运动的相对性，其中有一个漂亮的例子：假设一位旅客乘船从一个港口到另一个港口，在船上他拿一支笔在纸上画画。在他自己看来，他的笔尖在小小的纸片上滑动，不出纸片之外。然而，实际上他的笔尖随着船从一个港口到达了另一个港口，在两个港口之间划过了长长的弧线。长长的弧线上有一些非常微小的波动，这些就是在纸片上画画所造成的。对船上只关心纸片上的画的人而言，船从一个港口到另外一个港口的运动是没有影响的，可以完全体察不到。现在可以想象, 地球是一个类似的大船，地球上的物体随着地球划过长长的轨迹，地球上的人可以完全感受不到地球的运动，正如前述船上的人可以专注于画画而感受不到船的运动。

伽利略用前述船的例子说明，笔尖在纸片上划动的轨迹是笔尖在两个港口之间的运动轨迹减去船在两个港口之间的运动轨迹。类似地，地球上的人看到的物体的运动轨迹是物体随着地球划过的轨迹减去地球的运动轨迹。或者反过来说，笔尖的实际运动轨迹是笔尖在纸片上划过的轨迹加上船在两个港口之间的运动轨迹，而地球上物体的实际运动轨迹是物体在地球上的运动轨迹加上地球的运动轨迹。因为共享了地球的运动，地球上的人感受不到地球上物体随着地球绕日的运动，而只能感知到与物体相互之间的运动。这实际上也说明了运动的合成法则。

伽利略进一步说可以在船上做实验检验这一猜想。他设想在一条船的桅杆顶上放下一个石头。按照相对性和运动的合成的思想，不论船是静止还是在运动状态，石头都会从桅杆顶部落到桅杆底部。伽利略申明他做了这个实验，实验结果显示与上述思考的结果一致。

伽利略以这种方式反驳了前述反对意见 (1)、(2) 和 (4)。这几个反对意见说的现象都类似于前述例子中船上的人和笔尖的关系。对地球上的人而言，大气不会永不止歇地刮过，自由落体也总是垂直下落。然而，伽利略实际上很难回答反对意见 (3)。这个问题要等到对惯性运动、向心加速运动和向心力的理解深入到一定程度才可能做出较好地回答，这需要等到牛顿的时代。

伽利略以天才的思考提出了支持日心说的见解。然而，如果只是提供这些意见的话，关于日心说与地心说两大世界体系的辩论并不会因此而结束。这不仅是因为还有反对意见不能得到回答，还因为伽利略的这些思考也仅仅是回答了反对意见对日心说和地动说的责难。这些回答不能作为证据来证明日心说是正确的，而只是说明了日心说和地心说一样都可以自圆其说。争论不会仅仅因为这样的辩论到此停止，需要判决性的证据为两大世界体系的争论画上句号。这就是伽利略的天文观测。

拓展 2.1

中国古代的天文思想

东汉人的相对性思想：

中国古籍《尚书纬·考灵曜》载："地有四游，冬至地上行北而西三万里，夏至地下行南而东三万里，春秋二分是其中矣。地恒动不止，而人不知，譬如人在大舟中闭牖而坐，舟行不觉也。"

首先，这篇古籍的说法表明作者持有的是地动说。其次，对于为什么人们觉察不到地动，这篇古籍的说法与伽利略关于运动相对性思想的论述如出一辙。

据考证，这篇古籍出于东汉时代。我们可以说的是，早在东汉或者更早的时代，中国古人已经提出了相对性这一深刻影响现代物理学的思想。这是一个非常了不起的成就。

对天体逆行的解释：

《朱子语类》第二卷记载有阐释张载的"天左旋日月亦左旋"理论的言论："此亦易见。如以一大轮在外，一小轮载日月在内，大轮转急，小轮转慢。虽都是左转，只有急有慢，便觉日月似右转了。"《朱子语类》记载的这个论述与现代人对行星逆行现象的理解非常类似。对此，英国著名科学史家李约瑟说："特别有趣的是，他已经认识到，'逆行'不过是由于天体相对速度不同而产生的一种视现象。"

2.3 伽利略的天文观测及其对两个世界体系的决定性判决

1609 年 7 月，伽利略听说一个荷兰人发明了一种仪器，可以看清楚远处的物体。他就学习这种技术，自己改进和制造了多台望远镜 (放大倍数为 9~30)。他先给威尼斯参议院演示望远镜，让他们看远处的船，再等船行驶到近处后验证。这使人们相信望远镜确实可以看清楚远处的物体，不是幻觉。

1610 年 1 月，伽利略把望远镜指向天空。其后，他发现一系列新现象：(1) 月球表面是多山的，不是理想的光滑球面；(2) 银河由数目巨大的恒星组成，而不是均匀的光；(3) 木星有四颗卫星；(4) 金星的盈亏现象。伽利略在《星空信使》一书中把这些发现公之于众，在当时的欧洲造成了巨大的冲击。

首先，伽利略的发现对当时人们的一些信念造成了巨大的冲击。对木星的卫星的发现说明世界上的天体并不是都是围绕着地球旋转的，这对地心说的信念是一个巨大的冲击。开普勒对此发现激动不已，他写信给伽利略[4]：“结论是非常清楚的, 我们的卫星是因地球而存在的, 而不是因其他天体。这 4 颗小卫星是因木星而存在的, 与我们地球无关。每个行星与其居住者一起, 都有自己的卫星, 从这一分析我们推断, 木星极有可能是适于居住的。”

此外，前文已经提及，古希腊人和欧洲的宗教教条都认为天体与地球是不同的。当时相信地心说的许多人也这么认为，以此支持地心说的观念。他们相信天体与地球由不同的物质构成，具有不同的规律。天体完满无缺，而人地上的物质不是这样，月球就被认为是这样一个理想的、完满无缺的、光滑天体。然而，伽利略用天文观测说明月球上有起伏，具有山谷结构，以此说明月球上的物质是与地球上物质类似，而不是另外的物质。

其次，这些发现极大地扩展了当时人们的视野和思维。发现新的行星被比作是发现新大陆。一首诗这样称颂伽利略[5]：

折服吧，韦斯普奇；让位吧，哥伦布。
的确，他们曾向着未知的海洋起航……
但是伽利略啊，
只有你给了人类璀璨的星列，
那是新的天界。

人类的视野不再局限在一个封闭的小世界，而认识到宇宙中还有数不清的恒星。这个发现振奋人心，导致了极大的乐观精神。一位 17 世纪的作家在其作品《论世界的多重性》(*On the Plurality of Worlds*) 中极其喜悦地说道[6]：“我几乎因为缺氧窒息；但现在世界的高度和宽度都已增加，当中还有成千的星旋加入。我开始更自由地呼吸，觉得宇宙与先前相较更加辉煌。”从这段文字，我们可以很清楚地看到伽利略的这个天文发现所具有的意义。

更加重要的是，伽利略发现的金星盈亏现象为日心说与地心说的争论提供了一个关键性的判决证据。盈亏是人们熟知发生在月球的现象，在不同的时间，月球可以显示为满月、弦月、残月等。这一方面说明月球自身不发光，而是反射来自太阳的光。另一方面，月球盈亏现象可以用来说明月球围绕地球运动。月球的满月总是发生在与太阳相背的位置，即当太阳与月球分别位于地球的两侧之时，而新月总是发生在月球与太阳方位接近一致的时候。如图 2.6 所示，这与月球绕地球运动正好符合。伽利略的天文观测发现，金星也有类似满月、弦月这样的盈亏现象。与月球的情况相反，从地球上看来，金星的满月和残月都是发生在金星与太阳方位一致的时候。此外，伽利略发现，当金星从满月到残月变化时，看起来直径越来越大。这说明金星从满月变化到残月时，距离地球越来越近。从图 2.7 中可以看到，不论金星与地球之间的运动关系如何，这些现象说明金星一定围绕着太阳运动。金星的“满月”发生时，金星与地球处于太阳的两侧，因而地球与金星的距离较远。而“残月”发生的时候，金星与地球处于太阳的同一侧，因而地球与金星的距离较近。

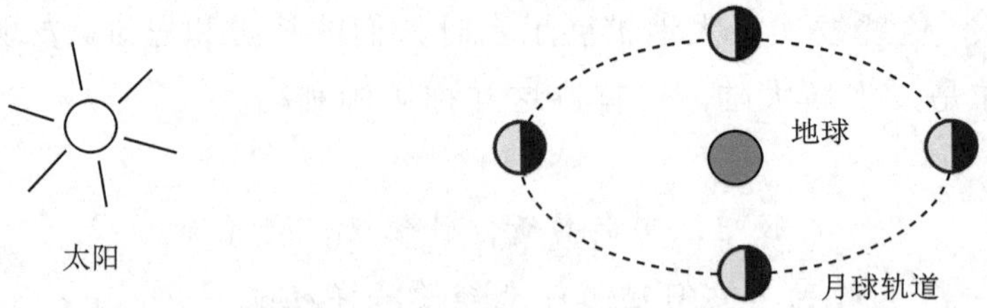

图 2.6 月球的盈亏现象。当地球位于太阳和月球中间位置时，从地球上可以看到月球上全部被太阳光照亮的部分，也就是看见满月；当月球位于地球和太阳中间时，从地球上看不到被太阳光照亮的部分

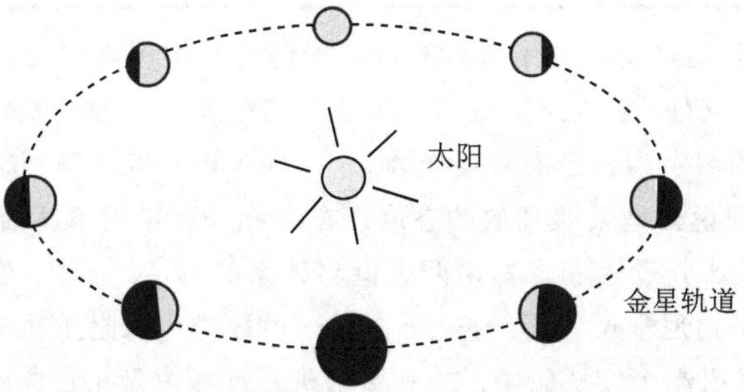

图 2.7 从地球上看到的金星的盈亏现象

此外，伽利略还观测了火星、木星和土星的变化。他发现，当位置看起来与太阳一致时，这些行星看起来小很多，而当位置看起来与太阳相反时，这些行星看起来大很多。这说明，当位置看起来与太阳一致时，这些行星距离地球较远，而当位置看起来与太阳相反时，这些行星距离地球较近。这些现象与日心说一致，说明火星、木星和土星是处于外圈的外行星。反对者唯一退守的办法是承认金星绕着太阳转，但是还可以认为金星与太阳一起绕着地球转。但是这只是一个不太有意思的挣扎而已。从学术上，我们可以说日心说与地心说的争论已经得以解决，之后的问题主要是日心说的确立对社会思想造成的冲击以及宗教的反击。如拓展 2.2 所述，伽利略为这一争论付出了极大的代价。

拓展 2.2

对伽利略的审判

在伽利略使用望远镜做出一系列天文发现之后，越来越多的证据指向哥白尼学说是正确的，反对一方不得不更多地依赖神学、哲学和逻辑学的论证。1615 年 3 月，一名修士以异端嫌疑为名向罗马宗教法庭正式控告伽利略。1615 年 12 月，伽利略前往罗马为自己辩护。宗教法庭没有判决伽利略是异端嫌疑人，没有判决伽利略有罪，但是发布了两条训示。其中一条训示由贝拉明红衣主教以私人名义警告伽利略不得再相信日心说，并且不得再为哥白尼学说辩护。另一条训示是宣布地动说是异端邪说并且禁止哥白尼的《天体运行论》和类似的书籍。

1623 年教皇格里高利十五世去世，接任的是伽利略的朋友和仰慕者乌尔班八世。在继任教皇之前，这位红衣主教曾经写过一首诗赞颂伽利略，说想用伽利略的名字为自己的诗增光添彩[5]。乌尔班八世对伽利略把哥白尼学说当作一种假说处理采取开放的态度。在这样一种氛围下，伽利略于 1632 年出版了《关于托勒密和哥白尼两大世界体系的对话》一书。在书中，他通过代言人为哥白尼学说做了辩护，哥白尼学说被描述为比托勒密学说更令人满意。这本书引起了广泛影响，教皇乌尔班八世被迫做出反应，成立了一个调查委员会调查此事。委员会的陈述说，伽利略只是假装有充分的理由既支持地球在运动，又支持地球静止，但伽利略仅仅支持哥白尼的观点是对的。1633 年 6 月 22 日，伽利略被判“重大异端嫌疑”罪，被迫公开发表声明放弃哥白尼学说。在判决书上有如下记录[4]：

> 我不持有哥白尼的这一观点，并且在被训示放弃它之后就没有持有这一观点。至于其他方面，我现在在你们手里，你们看着办吧。

伽利略回到佛罗伦萨，被终身监禁于一个村庄里的别墅中，直到 1642 年 1 月 9 日去世。在被监禁期间，伽利略托人把《关于两门新科学的对谈》一书偷运至荷兰出版。

伽利略被审判期间，笛卡儿正撰写《世界》一书。当审判结果传来之后，笛卡儿立即停止写作，把手稿锁进抽屉，直到笛卡儿逝世之后该书才被公开[7]。

我们可以说，伽利略以丰富的天文观测解决了地心说与日心说的辩论，设立了路标，指明了通向远方的道路。在伽利略之后，地心说与日心说的争论不再是学术研究关心的问题。此后，学术上人们关心的是更进一步的问题，例如行星绕日运动的力学规律等。

2.4 实验和观测对于认识的价值

人们常说真理越辩越明。这是一个美好的理想。然而，实现这个理想需要一个认识论的前提，即真理能够仅仅通过思辨被揭示出来。日心说与地心说争辩的实际情况与这个理想恰好相反。日心说并不是哥白尼首先提出来的，在古希腊时代就有人提出这一思想。然而，长期占据欧洲人思想的却是地心说。哥白尼重新创造了这个思想，构造了一个庞大的世界体系。这个日心说世界体系在当时激发了极大的争论。但是，如前文所述，这两个世界体系都可以自圆其说。从逻辑上，人们不能判断哪一个世界体系才对应真实的世界。伽利略的贡献是，他带来了新的观测证据。新的证据突破了旧的争论范围，把问题导向更广大的视野。在原来的视野之内，日心说与地心说的分歧不能得到解决。但是在这个更广大的视野中，分歧能够得到迅速解决。这是伽利略的天文观测提供的一个重要教益。

为理解这一点，我们需要注意到，在伽利略使用望远镜观测天体之前，人们对天体的观测能力是有很大局限的。在那个时代，人们不能像伽利略那样使用望远镜仔细观察天体，也不能测量得到行星和太阳距地球的距离，而只能观测得到它们在天空中方位的变化。这相当于把三维空间内物体的运动投影到一个二维球面上，观测者只能看到物体在这个二维球面上的投影，而看不到物体在三维空间中的运动。三维空间中不同的运动有可能在二维球面上产生相同的投影。在这种情况下，如果由一个天体呈现给地球上的人的视运动而反推天体的真实的运动，有可能会产生多种可能的解释。例如，图 2.8 演示了圆柱面表面上的两条不同曲线投影到底部平面上可以得到同一个曲线。如果一个观察者从上往下

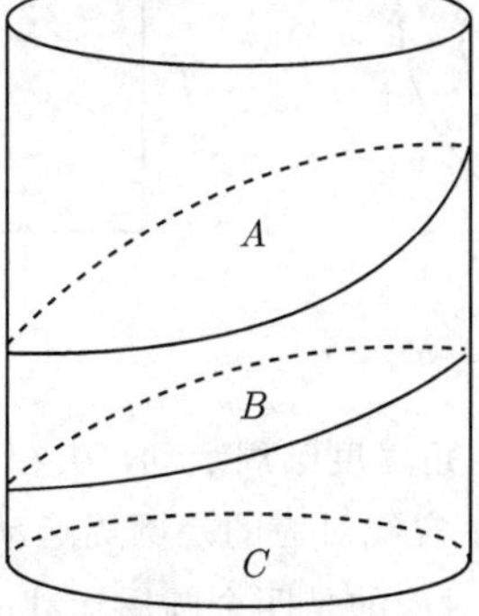

图 2.8 不同曲线 A 和 B 投影到平面上可以得到同一条曲线 C

观察物体的运动，这个观察者不能分辨物体是沿着哪条曲线运动的。这个观察者需要换一个观察角度才能做出分辨，身处地球的观察者面对的就是类似这样的困难。

作为一个例子，如图 2.9(a) 所示，考虑一个天体 P 绕 C 点作匀速圆周运动，即方位角 θ 随着时间均匀变化。从 C' 点看来，这个天体作的不是匀速圆周运动，即方位角 θ_P 不是随着时间均匀变化。除去地球绕日的运动以及地球的自转，这个情况对应的就是火星等外行星的情况。如果只考虑从 C' 点看去的视运动，即只考虑方位角 θ_P 的变化而不考虑 C' 到 P 的距离，可以发现 P 的匀速圆周运动可以被看作是几个圆周运动的合成。左图演示了沿着以 C 点为圆心的匀速圆周运动以及两个圆周运动的合成这两种情况。第二种情况是，P' 沿着一个以 C' 为圆心的圆周作匀速圆周运动，周期与以 C 为圆心的圆周运动的周期相同；接着 P 沿着另一个以 P' 为圆心的圆周作匀速圆周运动，周期是第一个周期的整数倍。图 2.9 (b) 比较了两种情况下方位角 θ_P 随 θ 的变化，也就是 θ_P 随时间的变化。第一种情况是由 P 沿着以 C 点为圆心的圆周作匀速圆周运动所产生的 θ_P 的变化。另一种情况是由四个匀速圆周运

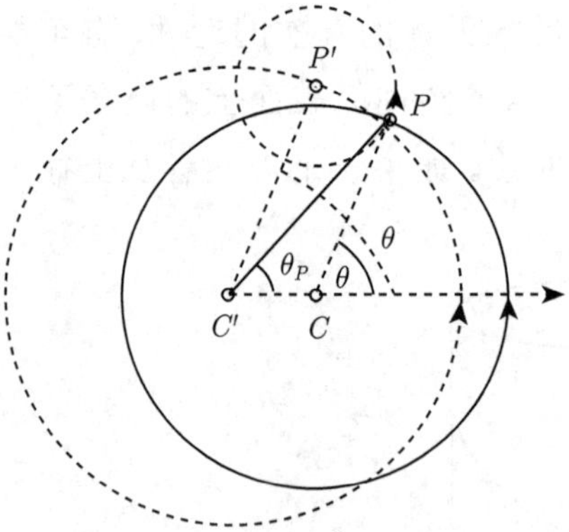

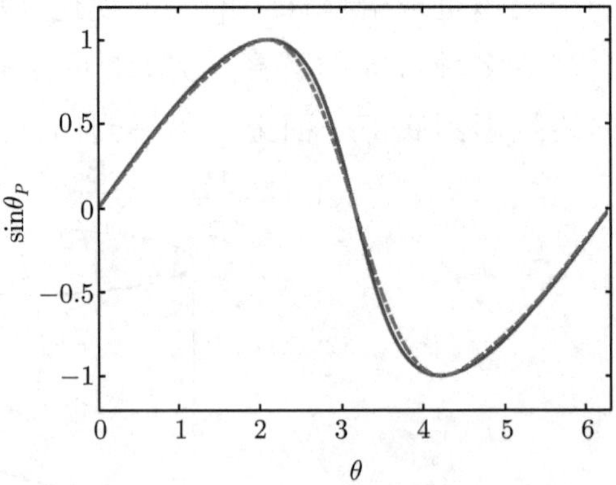

图 2.9 (a) 绕以 C 为圆心的匀角速度圆周运动，从 C' 点看来不再是匀角速度运动。$\sin\theta_P = y/\sqrt{x^2+y^2}$。(b) 图中实线对应的是圆周运动 $x = 0.5 + \cos\theta, y = \sin\theta$，圆心为实轴上的点 (0.5, 0); 虚线对应的是四个圆周运动的合成：$x = \cos\theta + 0.5\cos(2\theta + \pi) + 0.2\cos 3\theta + 0.05\cos(4\theta+\pi)$, $y = \sin\theta + 0.5\sin(2\theta+\pi) + 0.2\sin 3\theta + 0.05\sin(4\theta+\pi)$

动的合成所产生的 θ_P 的变化。可以看到，四个圆周运动的组合已经可以非常好地重复出第一种情况下给出的视运动。这说明，需要高精度的观测才可能区别两种方式产生的视运动，这可能是很难的。实际上，增加更多的圆周运动，可以更好地拟合出第一种方式给出的视运动。这也就是说，即便观测达到了极高的精度，第二种办法也可以不断增加圆周运动到拟合之中，使区分这两种情况变成实际上不可能。

实际上，圆周运动的组合可以重复出更加复杂运动的视运动。在图 2.3 中我们已经看到了一些例子，其中图 2.3(d) 说明可以由圆周运动的组合产生椭圆。一个熟知的数学定理告诉我们任意的平方可积的周期性函数可以写成一系列的正弦函数和余弦函数的组合。我们可以猜测，增加更多的圆周运动到这个组合之中可以重复出更加复杂的周期性视运动，甚至是几乎任意的周期性视运动。有兴趣的读者可以去检验这个猜想。如果这个猜想为真，这就说明不可能通过对视运动的解释辨别出物体真实的运动。然而，一旦能够测量得到天体的距离，或者如伽利略所做的那样观测到天体的盈亏现象，对天体运动的不同解释就可能立即得到辨析。这种观测带来的在视野上的巨大变化可以解决纯粹的思辨所不能解决的问题和纷争。

拓展 2.3

在日心说假设之内测量金星到太阳的距离

可能有人会问伽利略不是测量得到了金星到太阳的距离吗？为什么不把这个测量结果用于支持日心说？

伽利略对金星的测量使用的是视差法。他假设金星绕日运动，轨道为圆周。如图 2.10 所示，从地球上看，太阳与金星的方位相差最大的时候得到一个方位夹角 θ。这个时候 VP 与 SV 应该成直角。金星与太阳的距离是 $\overline{SV} = \overline{SP}\sin\theta$。从这个测量也可以得到金星与地球的距离。

首先，这个测量得到的是金星到太阳的距离与地球到太阳的距离之比，而不是绝对距离。其次，这个测量的原理使用了日心说假设。如果假设地心说，就不能像这样得到金星与太阳的距离。所以这个测量是依赖于日心说假说的，不能用于支持日心说，否则就是循环论证。类似地，开普勒使用三角测量法计算得到不同行星距离太阳的相对距离。开普勒的这个测量同样使用了日心说假说，所以不能在日心说和地心说的争论中用于支持日心说。

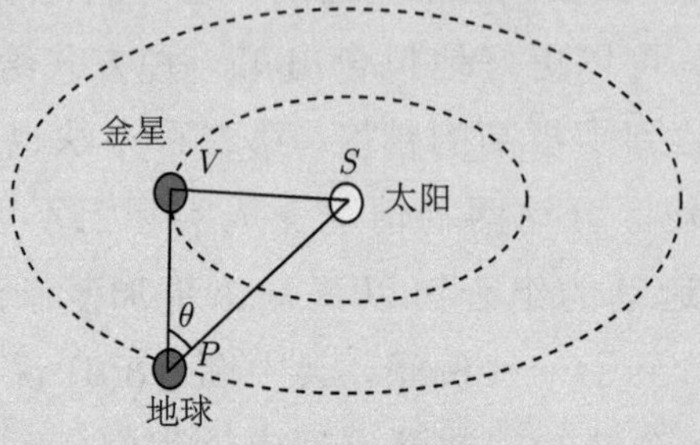

图 2.10 在日心说假设之内测量金星到太阳的距离

伽利略对距离的另外一个测量方法是用望远镜观测天体的视觉大小，由此估计相对距离。这个测量对行星与地球之间的距离随时间的相对变化做了估计，但是绝对距离还是没有得到测量。这个测量结果与日心说符合，但是不足以独立证实相应的行星是绕日运动。

原则上可以使用视差法独立测量得到天体和地球之间的距离，即测量观测者在地球上处于不同位置时天体呈现出的角度差别。这个测量方法不依赖于日心说假说或地心说假说。但是在伽利略那个时代，对角度的测量精度还远远达不到相应的要求。

推荐阅读

伽利略，《关于托勒密和哥白尼两大世界体系的对话》

在对话体著作《关于托勒密和哥白尼两大世界体系的对话》中，伽利略以非常朴实和生动的语言详细讨论了地心说和日心说的种种分歧，回答了众多对地动说和日心说的责难。为了回应为什么感觉经验没有告诉人们地球在运动这个问题，伽利略在这本书里提出了相对性思想。他借助新的天文观测详细辨析了许多思想观念，详细讨论了新的天文观测对地心说的否定和对日心说的支持。在这本书里，伽利略还讲述了一些设计精巧的观测实验。阅读这本书可以让人领略伽利略天才的洞察能力和实验技巧以及他对日心说与地心说争论的全面思考，同时也可以使人了解到，伽利略当时面对的是一个非常困难的局面，解决日心说与地心说的争论并不是当代人想象中那样的简单。

第 3 章

伽利略的匀加速运动与科学方法

我相信，如果17世纪有一百个人在他们的起步阶段被杀害，现代世界将不会存在。而伽利略是这一百人之首。

——勃兰特·罗素

伽利略的天文观测足以被列为最伟大的天文发现之列，只有少数像开普勒发现行星运动定律、哈勃发现宇宙膨胀这样的天文发现可以与之相提并论。然而，伽利略的贡献不仅于此。伽利略建立了物体的运动学理论，为牛顿建立力学的综合理论奠定了基础。这些贡献足以使伽利略被列为最伟大的物理学家之列。更加重要的是，伽利略还在其研究中奠定了物理学的典型研究方法，这也就是本书所说的典型的科学方法。这样一种思想方法告诉我们如何提出问题、如何设定问题以及如何思考问题和解决问题。这种思想方法使我们从漫无边际的抽象思辨中脱离出来，转而关注具体的现象与现象之间的关联，从而既可以使用数学的方法抽象地研究问题，又可以直观地在头脑中想象问题，还可以使用实验和观测检验对问题的思考，使实验和观测成为我们思考的助手。这是一种非常高明的思想方法，使用这种思想方法我们可以建立起关于现象的牢固可靠的知识。伽利略对匀加速运动的研究展现了这种科学方法。

在详细考察伽利略对物体运动的研究之前，人们可能会认为伽利略所面对的是一个比较简单的问题。如前文所述，这是非历史地学习物理学所产生的错觉。当我们站在现代，以现代的技术条件、现代的知识积累来回顾伽利略所面对的问题，很容易产生这样一个错觉。实际上，伽利略缺乏很多现代人习以为常的技术、知识和概念。这些技术和知识来自伽利略之后的人类社会的积累。伽利略需要在缺乏这些技术和知识的情况下找到通向答案的路径，还需要创造新的概念来处理问题找到答案，他所面对的是一个非常困难的局面。伽利略以非凡的实验能力和精妙的思维艺术对他所面对的难题做出了精彩的回答。

3.1 伽利略面对的困难

伽利略对物体运动学的研究走过了一些弯路。在早期，伽利略也认为力的作用是产生速度，与亚里士多德学派的观点有一些类似之处。后来他认识到加速度，转而认为力的作用是产生加速度，但是他把匀加速运动当作是速度与距离成正比。在走过这些弯路之后，他才达到现代公认的认识，即力产生加速度，而恒定的力产生的匀加速运动指的是速度与时间成正比。

把力的作用当作是产生速度，就会认为物体重量越大则下落速度越快，早期的伽利略确实认为落体下落的速度正比于落体的重量[8]。受过现代物理学教育的人可能会觉得这样的错误好像过于愚昧。伽利略在他的著作中提及一个悖论：假如把一个轻的物体 A 和一个重的物体 B 叠加在一起变成更重的物体 C，轻的物体 A 下落速度比较慢，将拉住本应更快的重的物体 B 的下落，从而使 C 以一个中间速度下落，但是按照力产生速度的原则，这个更重的物体 C 下落的速度应该更快。这个悖论可以说明力产生速度作为一个原理确实是有问题的。很多人因此把伽利略对亚里士多德学派观点的反驳当作是一个逻辑学的胜利。但是，如果这么简单地通过逻辑辨析就能看清楚这个问题，伽利略也不应该重复亚里士多德学派犯过的这个错误。实际上，在流体中 (例如水中)，重的物体确实可以比轻的物体获得更大的速度。那是因为流体会提供一个阻力，这个阻力与物体的形状、流体的材料等条件相关。在这种情况下，更重的物体可以更容易获得更大的速度。所以，更重的物体获得更大的速度这一陈述与一些观测结果并不矛盾。关键的一点是要明确认识到介质的阻力作用，认识到通常的自由落体问题与在介质中运动的问题是不同的。认识到这一点之后，才能使用前述那个逻辑悖论进行辨析。

实际上，伽利略毫无疑问知道这种逻辑辨析是不够的。在《关于两门新科学的对谈》(简称《对谈》) 第一天的对话中，辩论很快就被导向讨论在介质中的运动，其后《对谈》花了大量篇幅讨论不同物体在空气、水、水银等不同介质中的受力和运动。伽利略注意到具有不同比重的物体在不同介质中表现出不同的运动，他借萨耳维亚蒂之口总结相关的实验和观察并做出了猜想[2]：

> **萨耳**[①]：…… 我们已经看到，不同比重的物体之间的速率差，在那些阻滞性最强的媒质[②]中最为显著；例如，在水银这种媒质中，金不仅比铅更快地沉到底下，而且还是能够下沉的唯一物质，所有别的金属，以及石头，都将上升而浮在表面。另一方面，在空气中，金球、铅球、铜球、石球以及其他重材料所做之球的速率之差都是那样的小，以致在一次 100 腕尺的下落中，一个金球不会超前于一个铜球到 4 指的距离。既已观察到这一点，我就得到结论说，在一种完全没有阻力的媒质中，各物质将以相同速率下落。
>
> **辛普**[③]：这是一个惊人的叙述，萨耳维亚蒂。但是我永远不会相信，在真空中，假如运动在那样的地方是可能的，一团羊毛和一块铅将以相同的速度下落。

这确实是一个大胆的猜想，是一个思维的飞跃，辛普里修不能想象在真空中羊毛和铅块将以相同的速度下落。萨耳维亚蒂继续论证，解释他的论证和推理，他说[2]：

> **萨耳**：…… 既然除了完全没有空气也没有任何不论多么坚韧或柔软的其他物体的空间之外，任何媒质都不可能给我们的感官提供我们所寻求的证据，而且那样的空间又得不到，我们就将观察发生在最稀薄和阻力最小的媒质中的情况，并将它和发生在较浓密度和阻力较大的媒质中的情况对比。因为，如果作为事实，我们发现在不同比重的物体中速率的改变随着媒质的越来越柔和而越来越小，而且到了最后，在一种最稀薄的虽然还不是完全真空的媒质中，我们发现，尽管比重的差别很大，速率的差值却很小，乃至几乎不可觉察，我

① “萨耳维亚蒂”简称为“萨耳”，与《对话》中的“萨尔维阿蒂”为同一人。
② 应为“介质”，后同。
③ “辛普里修”简称为“辛普”，与《对话》中的“辛普利邱”为同一人。

> 们就有理由在很高的或然性下相信，在真空中，一切物体都将以相同的速率下落……

伽利略认为在自然界中不存在真空，所以实际上无法做实验观测和检验在真空中的运动。但是，他认为物体在真空中的运动可以通过思考和比较物体在不同介质中的运动而推理出来。其理由是，在密度较大的介质中 (例如水银、水) 不同物体表现出不同的运动，而在稀薄的空气中具有不同比重的金球、铅球、木球等表现出几乎相同的下落。因此可以判断，密度较大的介质对物体运动的影响较大，而稀薄的空气对物体运动的影响较小，在真空中没有介质的阻碍，物体在真空中的运动应该更加接近于金球、铅球、木球等在空气中运动的情况。根据这个推理，在真空中羊毛和铅块将以相同的速度下落，虽然人们在空气中看到的情况是羊毛很缓慢地下落。这是以外推的方法思考这个问题，是典型的以实验和观测矫正对物理问题的直觉，再以直觉推论到真空中的情况。如果仅仅考虑在空气中物体的运动，人们实际上无法或很难建立起对运动问题的正确直觉，而通过实验观察和比较不同物体在不同介质中的运动之后，人们就有机会重建对运动问题的直觉，发现运动的规律。从上述引文中可以很清楚地看到，伽利略对这个问题的辨析是基于实验和观测以及由实验和观测重建的直觉。这个问题只是伽利略在研究物体运动的时候需要通盘考虑的许多困难问题之一。

伽利略面对的一大困难是当时的人们并没有加速度这个概念。这个概念需要等他创造出来。加速度说的是经过一段时间之后物体的速度会被改变。例如，如图 3.1 所示，在 t_1 时刻有一个速度 v_1, 在 t_2 时刻有一个速度 v_2, 加速度就是 $(v_2-v_1)/(t_2-t_1)$ 。然而，这里还需要先引入一个瞬时速度的概念，即在 t_1 这个时刻有一个速度 v_1 且在 t_2 这个时刻有一个速度 v_2。速度的定义是单位时间间隔内的位移除以时间间隔。也就是说，假如在 t_1 时刻物体处于位置 x_1, 在 t_2 时刻物体处于位置 x_2, 则可以定义速度为 $(x_2-x_1)/(t_2-t_1)$ 。这是在一个时间间隔内物体移动的速度。引入瞬时速度需要更进一步，需要具有无限小极限的概念。当把 t_2 向 t_1 靠拢的时候，即 t_2-t_1 趋向于零的时候，定义一个在很短的瞬间内的速度。这个一瞬间的速度就是前面所说的瞬时速度。当我们说

在 t_1 时刻的速度 v_1 以及在 t_2 时刻有一个速度 v_2 的时候，我们已经有了瞬时速度的概念。然而，在伽利略之前，人们并不知道这个概念，这个概念也需要等到伽利略创造出来。发明这个概念还有一个困难，就是当考虑趋向于非常小的极限的时候，会出现类似芝诺悖论的问题。这类问题会对从概念上引入瞬时速度和加速度造成很多困扰。

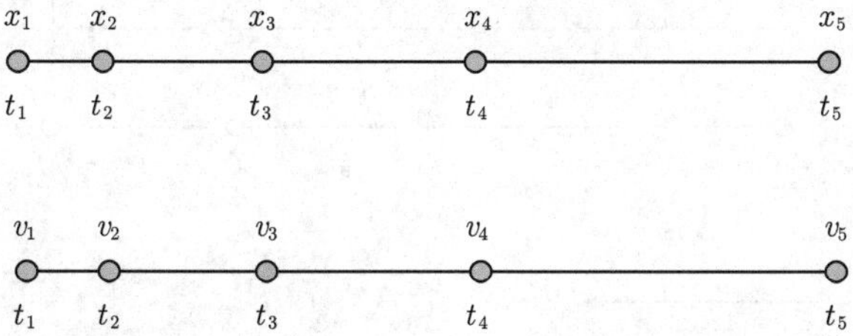

图 3.1　单位时间内位置的变化是速度；单位时间内速度的变化是加速度

拓展 3.1

芝诺悖论

古希腊哲学家芝诺提出了一个关于运动物体的悖论。假如一个物体要到达 M 位置，这个物体首先要到达 A 位置；然后，这个物体要到达 A 和 M 的中点 B；之后，这个物体需要到达 B 和 M 的中点 C；再之后，这个物体需要到达 C 和 M 的中点 D；依次类推，以至无穷。可以发现，这个物体在到达 M 之前需要经过无穷多个中间点。芝诺由此认为这个物体永远也到达不了 M 点，对图 3.2 中所有的中点都可以重复这个论证。类似的悖论还有飞矢不动。假如相信这个悖论，就会对物体的运动产生困惑，妨碍人们获得瞬时速度这样的概念。

如果我们现在回过头去看这个问题。可以说芝诺的论证是有问题的。第一，这是一种数学神秘主义式的推理论证。芝诺可以说一个物体要经过中点 B、C、D 等，但是他怎么知道这个对实际物体的要求可以推广到对无穷多个中点。这个论证是把数学上的可能性当作现实的可能性，并不一定成立。

第二，如果物体的速度为 v，AM 的距离为 L，可以发现经过 AB 的时间是 $L/(2v)$, 经过 BC 的时间是 $L/(4v)$, 经过 CD 的时间是 $L/(8v)$，依次类推。经过无穷多个中点所需要的时间是

$$\frac{L}{v}\left(\frac{1}{2}+\frac{1}{2^2}+\frac{1}{2^3}+\frac{1}{2^4}+\cdots\right).$$

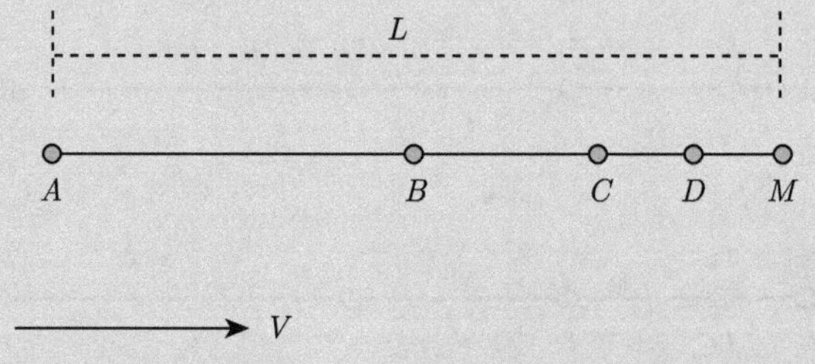

图 3.2 芝诺的论证

这个无穷级数求和的结果是 $[1/(1-1/2)]\times L/(2v)=L/v$。这是一个有限的时间。所以，虽然物体经过无穷多个中点，但是经过后面的中点所需的时间越来越少，所需的总时间是有限的。因而，物体可以到达 M 点。

但是这些辩驳都是两千年之后的认识。实际上，这种数学神秘主义一直在干扰那个时代人们的思考，在后面的章节中还可以看到这种思维也在干扰伽利略的思维。此外，无穷级数求和的数学知识在伽利略的时代还没有被完善，上述论证也是伽利略所不知道的。

这个困难的要点在于瞬时速度和加速度的概念都是隐藏在现象之下的，并不直接呈现在人们看到的现象之中。人们可以直接观测到的是物体的位置。物体在一个时刻处于一个位置，在另一个时刻处于另一个位置，这些量可以直接记录下来。像时间、位置这样的可以直接在观测中记录下来的物理量被称作是直接可观测量。速度需要使用位置差和时间差才能计算出来，因而不是直接可观测的物理量。加速度也同样不是直接可观测的物理量。对于运动速度比较慢的物体，人们可以大致看到一个速度，在心里建立起速度这个概念。但是对于运动速度快的物体，根据日常经验建立的速度概念就不够用了。例如，自由落体在开始下落的第一秒之内将下落大约 5 米，第二秒之内将下落 15 米，第三秒之内将

下落 25 米。这样一种运动对人的反应能力而言过于迅速，凭借人力不太可能在这样的过程中看清楚速度是在快速变化的。所以，建立瞬时速度和加速度这样的概念需要对从感觉经验中自然获得的概念做进一步的加工处理和推广。这是建立关于运动物体的力学理论所必需的第一步。

到了现代社会，精密测量技术已经发展到可以在很短的一个瞬间测量计算得到一个瞬间的速度。例如，在汽车上一般都装有速度表，显示每个时刻汽车的速度，使用手机和卫星定位系统也可以获得速度信息。这都是因为现代的测量技术已经发展到伽利略时代的人想象不到的程度。现代的测量仪器可以在很短的瞬间精确地测量得到位置的变化，并计算出速度等不可直接观测的量，从而在很短的时间内显示出来，并且把物理量的变化也不断地显示出来。在现代的技术条件下，这些不可直接观测的物理量表现为好像是直接可观测的物理量。这是技术进步带给我们的在思维上潜移默化的转变。这种转变使现代人把瞬时速度和加速度这样的概念当作是理所当然的，同时也掩盖了伽利略在他那个时代所面对的困难。

伽利略面对的另一个困难也与时代的技术水平有关。他没有很好的计时技术以便精确地记录时间的流逝。这会对精确地研究物体的运动造成很大的困难。

伽利略面对的困难还包括缺乏合适的数学工具。他研究物体的运动，这种研究原则上需要微积分知识。然而，在伽利略的年代，这种数学知识还没有被创造出来。伽利略不得不把研究限制在匀加速运动的领域。在涉及变加速问题的时候，也只能费力地 (或者说创造性地) 把问题转化为匀加速运动的问题加以考虑。

3.2　伽利略的创造、推理和斜坡实验

伽利略猜想重力导致的自由落体运动是匀加速运动，但是伽利略没有办法直接做实验检验这个猜想。一方面，在上一节提到，自由落体的

加速运动太快，以伽利略那个时代的技术手段难以对这个运动开展直接研究。另一方面，因为速度不是直接可观测量，需要通过测量位置和记录时间推算出来，匀加速运动所说的速度随时间成正比这个假设不能由实验直接检验。实验能够检验的是匀加速运动的推论。此外，如上文所述，伽利略还需要先引入瞬时速度和加速度的概念。自由落体过于快速的运动也导致对引入瞬时速度和加速度造成困难。

瞬时速度和加速度

在《对谈》第三天的对话中，伽利略对瞬时速度和加速度的概念进行了辨析。他写道[2]：

> **萨格**①：当我想到一个从静止开始下落的沉重物体时，就是说它从零速率开始并且从运动开始时起和时间成比例地增加速率；这是一种那样的运动，例如在八次脉搏的时间获得 8 度速率；在第四次脉搏的结尾获得 4 度；在第二次脉搏的结尾获得 2 度；在第一次脉搏的结尾获得 1 度；而且既然时间是可以无限分割的，由所有这些考虑就可以推知，如果一个物体的较早的速率按一个恒定比率而小于它现在的速率，那么就不存在一个速率的不论多小的度 (或者说不存在迟慢性的一个无论多大的度)，是我们在这个物体从无限迟慢即静止开始以后不会发现的。因此，如果它在第四次脉搏的末尾所具有的速率是这样的：如果保持均匀运动，物体将在 1 小时内通过 2 英里，而如果保持它在第二次脉搏的末尾所具有的速率，它就会在 1 小时内通过 1 英里。我们必须推测，当越来越接近开始的时刻时，物体就会运动得很慢，以致如果保持那时的速率，它就在 1 小时，或 1 天，或 1 年，或 1000 年内走不了 1 英里；事实上，它甚至不会挪动 1 英寸，不论时间多长。这种现象使人们很难想象，而我们的感官却告诉我们，一个沉重的下落物体会突然得到很大的速率。

---

① “萨格利多”简称为“萨格”，与《对话》中的“沙格列陀”为同一人。

萨耳: 这是我在开始时也经历过的困难之一。但是不久以后我就排除了它；而且这种排除正是通过给你们带来困难的实验而达成的。你们说，实验似乎表明，在重物刚一开始下落以后，它就得到一个相当大的速率；而我却说，同一实验表明，一个下落物体不论多重，它在开始时的运动都是很迟慢而缓和的。把一个重物体放在一种柔软的材料上，让它留在那儿，除它自己的重量以外不加任何压力。很明显，如果把物体抬高一两英尺再让它落在同样的材料上，由于这种冲量，它就会作用一个新的比仅仅由重量引起的压力更大的压力，而且这种效果是由下落物体 (的重量) 和在下落中得到的速度所共同引起的。这种效果将随着下落高度的增大而增大，也就是随着下落物体的速度的增大而增大，于是，根据冲击的性质和强度，我们就能够准确地估计一个下落物体的速率。但是，先生们，请告诉我这是不对的：如果一块夯石从 4 英尺的高度落在一个橛子上而把它打进地中 4 指的深度；如果让它从 2 英尺高处落下来, 它就会把橛子打得更浅许多；最后，如果只把夯石抬起 1 指高，它将比仅仅被放在橛子上更多打进多大一点儿? 当然很小。如果只把它抬起像一张纸的厚度那么高，那效果就会完全无法觉察了。而且，既然撞击的效果依赖于这打击物体的速度，那么当 (撞击的) 效果小得不可觉察时，能够怀疑运动是很慢而速率是很小吗? 现在请看看真理的力量吧! 同样的一个实验，初看起来似乎告诉我们一件事，当仔细检查时却使我们确信了相反的情况。

上述实验无疑是很有结论性的。但是，即使不依靠那个实验，在我看来也应该不难仅仅通过推理来确立这样的事实。设想一块沉重的石头在空气中被保持于静止状态。支持物被取走了，石头被放开了。于是，既然它比空气重，它就开始下落。而且不是均匀地下落，而是开始时很慢，但却是以一种不断加速的运动而下落，现在，既然速度可以无限制地增大和减小，有什么理由相信，这样一个以无限的慢度 (即静止) 开始

> 的运动物体立即会得到一个 10 度大小的速率，而不是 4 度，或 2 度，或 1 度，或 0.5 度，或 0.01 度，而事实上可以是无限小值的速率呢？请听我说，我很难相信你们会拒绝承认，一块从静止开始下落的石头，它的速率的增长将经历和减小时相同的数值序列。当受到某一强迫力时，石头会被扔到起先的高度，而它的速率就会越来越小。但是，即使你们不同意这种说法，我也看不出你们怎么会怀疑速率渐减的上升石头在达到静止以前将经历每一种可能的慢度。

通过萨格利多，伽利略说明了自由落体的快速下落会对人的直觉形成干扰。接着，通过讨论重物从不同高度下落造成的冲击这样一种日常可见的经验，伽利略说明重物开始下落时候的速度是比较慢的。这样一种解释其实隐含了一个额外的假设，即物体的速度越大则造成的冲击越大。这个论证从逻辑上是有问题的，但是就物理内容而言是可信的。这是把日常经验加以加工之后辨析概念的一个很好的例子。

伽利略接着借辛普里修说明，还有类似芝诺悖论这样的困难[2]：

> **辛普**：但是如果越来越大的慢度有无限多个，它们就永远不能被历尽，因此这样一个上升的重物体将永远达不到静止，而是将永远以更慢一些的速率继续运动下去。但这并不是观察到的事实。
>
> **萨耳**：辛普里修，这将会发生，假如运动物体将在每一速度处在任意时间长度内都保持自己的速率的话；**但是它只是通过每一点而不停留到长于一个时刻**；而且，每一个时段不论多么短都可以分成无限多个时刻，这就足以对应于无限多个渐减的速度了。
>
> 至于这样一个上升的重物体不会在任一给定的速度上停留任何时间，这可以从下述情况显然看出：如果某一时段被指定，而物体在该时段的第一个时刻和最后一个时刻都以相同的速率运动，它就会从这第二个高度上用和从第一高度上升到第二高度的完全同样的方式再上升一个相等的高度，而

且按照相同的理由，就会像从第二个高度过渡到第三个高度那样而最后将永远进行均匀运动。

伽利略对这个困难的回应是：**物体只是通过每一点而不停留到长于一个时刻**。虽然这不是现代的瞬时速度的定义，伽利略也不可能在微积分被发明和被严格化之前给出严格的定义，但是他已经把这个概念表达了出来。通过这样一种辨析，伽利略同时引入了瞬时速度和加速度的概念。

斜坡实验

如我们所熟知的，伽利略把重力加速的自由落体问题转化为斜坡上物体运动的问题。日常经验告诉我们，沿斜坡的加速运动比自由落体要慢很多，实验研究这个问题要比直接研究自由落体容易很多。伽利略考虑光滑斜坡上物体的运动，沿着斜坡表面的加速度由向下的重力加速度产生，如果斜坡是光滑的话，重力产生的沿斜坡的运动也应该是匀加速运动。如拓展 3.2 所示，伽利略以深邃的直觉思维对沿斜坡方向的力的分量做了一个精妙的论证。可以看到，沿斜坡的重力的分量和沿斜坡的加速度正比于斜坡的倾斜角 θ 的正弦。如果 θ 小一些的话，这可以极大地减缓加速过程以便于实验研究加速运动。

拓展 3.2

斜坡上力的分解

伽利略不但做实验研究力的分解，还使用一个精妙的论证阐明力的分解规则。伽利略在这个论证中展现出深邃的直觉能力。

如图 3.3 所示，假如重量为 m_1 和 m_2 的物体由不可拉长的线连接在一起，处于平衡；这样，m_1 的重量就代表了 m_2 沿着斜坡产生的分量。把 m_2 沿斜坡拉到 A 位置，m_1 由 B 位置上升到 C 位置，上升高度等于 $\overline{BC}$，m_2 的下降高度等于 $\overline{BC}\sin\theta$；当 m_1 处于 B 位置或 C 位置时，m_1 和 m_2 都处于平衡。可以预期当 m_1 在 B 和 C 之间的任何一个中间点时，m_1 和 m_2 都处于平衡。也可以预期 m_1 和 m_2 两个物体的总重心位置不会改变，即在垂直方向上重心位置的变化为零。m_1 在垂直方向上上升距离 $\overline{BC}$，对重心位置的变化贡献为 $m_1\times\overline{BC}$；m_2 在垂

直方向上下降距离 $\overline{BC}\sin\theta$，对重心位置的变化贡献为 $-m_2\times\overline{BC}\sin\theta$。把两项相加，我们得到重心位置的变化是

$$m_1\times\overline{BC}-m_2\times\overline{BC}\sin\theta=0.$$

所以 $m_1/m_2=\sin\theta$ 。也就是说 m_2 在沿斜坡方向所产生的分量的大小是

$$m_1=m_2\sin\theta.$$

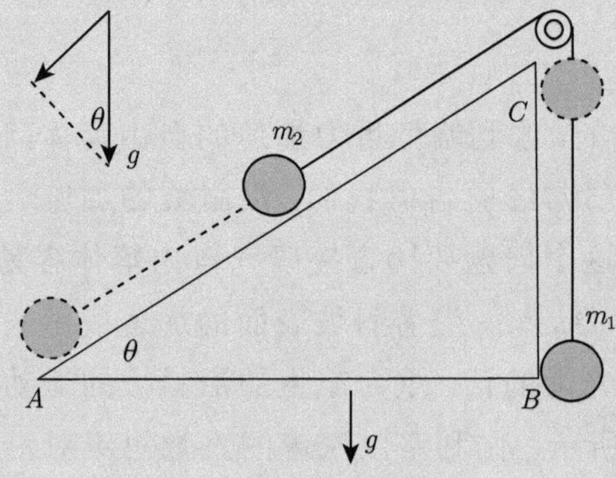

图 3.3 斜坡上力的分解

伽利略对斜坡上物体的加速运动做了详细的实验研究。在《对谈》第三天的对话中，伽利略记述了他的斜坡实验[2]：

萨耳：我们取了一根木条，长约 12 腕尺，宽约半腕尺，厚约 3 指，在它的边上刻一个槽，约一指多宽。把这个槽弄得很直、很滑和很好地抛光以后，给它裱上羊皮纸，也尽可能地弄光滑，我们让一个硬的、光滑的和很圆的青铜球沿槽滚动。将木条的一端比另一端抬高 1 腕尺或 2 腕尺，使木条处于倾斜位置，我们像刚才所说的那样让铜球在槽中滚动，同时用一种立即会加以描述的办法注意它滚下所需的时间。我们重复进行了这个实验，以便把时间测量得足够准确，使得两次测量之间的差别不超过 1/10 次脉搏跳动时间。完成了这种操作并相信了它的可靠性以后，我们就让球只滚动槽长的四分之一；测量了这种下降的时间，我们发现这恰恰是前一种滚动

> 的时间的一半。其次我们试用了其他的距离，把全长所用的时间，和半长所用的时间，或四分之三长所用的时间，事实上是和任何分数长度所用的时间进行了比较，在重复了整百次的这种实验中，我们发现所通过的空间彼此之间的比值永远等于所用时间的平方之比。而且这对木板的，也就是我们让球沿着它滚动的那个木槽的一切倾角都是对的。我们也观察到，对于木槽的不同倾角，各次下降的时间相互之间的比值，正像我们等一下就会看到的那样，恰恰就是我们的作者所预言了和证明了的那些比值。
>
> 为了测量时间，我们应用了放在高处的一个大容器中的水。并在容器的底上焊了一条细管，可以喷出一个很细的水柱；在每一次下降中，我们就把喷出的水收集在一个小玻璃杯中，不论下降是沿着木槽的全长还是沿着它的长度的一部分；在每一次下降以后，这样收集到的水都用一个很准确的天平来称量。这些重量的差和比值，就给我们以下降时间的差和比值，而且这些都很准确，使得虽然操作重复了许多许多次，所得的结果之间却没有可觉察的分歧。

根据对伽利略实验记录的研究[4]，我们知道伽利略制造了一个长约两米的斜坡，其倾斜角为 1.7 度。他打磨斜坡，使其接近光滑，并在斜坡上制造凹槽。他使用青铜圆球，让球从斜坡上沿着凹槽滚下。他在斜坡上安放了一些小的凸条，当球经过凸条时就会有轻微的咔哒声。然后他沿着斜坡调整这些凸条的位置，以使咔哒声之间的时间间隔相等。他发现，如果把时间分割成相等的等份，把斜坡上从静止开始的物体在第一个时间间隔中经过的距离记为 S，则在第二个相等的时间间隔内物体运动经过的距离大约为 $3S$，而在第三个时间间隔内物体运动经过的距离大约为 $5S$。经过长时间的分析，他发现这个实验结果与速度和时间成正比这个假设一致。他发现，由速度和时间成正比这个假设可以推论得到物体经过的距离与时间的平方成正比。也就是说，如果当第一个时间间隔中经过的距离为 S，则在第一个和第二个的总时间间隔中物体经过的距离将是 $4S$，在第一、第二和第三个的总时间间隔中物体经过的

距离将是 $9S$。很容易看到，在第二个时间间隔中，物体经过的距离是 $(4-1)\times S$ ，即 $3S$；在第三个时间间隔中，物体经过的距离是 $(9-4)\times S$，即 $5S$。因而，这个实验结果与匀加速运动的推论一致，支持了匀加速运动的猜想。

为了做出这个实验，伽利略不得不采用粗糙的计时方法。他使用了多种计时方法。一类是唱歌、打有节奏的拍子或者数脉搏。另外一类是使用一个大的水桶，在水桶的底部有一个小孔。如果水桶里的水流出的不多、水面变化不大，可以设想从小孔流出的水的流出速度是大致均匀的。因而可以通过称量从小孔流出的水的重量而估计时间的流逝。可以想象，伽利略的时间记录是不怎么精确的。虽然伽利略声称实验结果是精确的，但是从现代实验科学的观点来看这样的实验是比较粗糙的。伽利略的斜坡实验不是精确测量的实验，只可能提供大致的信息。

伽利略不满足于这个斜坡实验的结果。他对匀加速运动做了更多抽象思考，对其推论做了更多检验。首先，他考虑沿着具有两个不同斜率的斜坡会有什么不同和相同之处。他发现，只要下降的高度一样，沿着不同斜坡下降到底部时物体获得的速度大小是一样的。这可以从拓展 3.2 所示意的力的分解规则得到。匀加速运动的速度与时间成正比，所以沿着斜坡到达底部的速度 $v=gT\sin\theta$。T 是沿着斜坡下滑到底部所需的时间。另外，根据匀加速运动的推论，运动过的距离与时间的平方成正比即 $S\propto gT^2\sin\theta$。所以 $S\sin\theta\propto gT^2\sin^2\theta=v^2/g$。如图 3.3 所示，$S\sin\theta$ 就是物体所下落的垂直高度。这个论证说明，如果物体从图 3.4 所示的 A 点出发，从静止开始运动，从斜坡 AB 到达底部 B 时和从斜坡 AC 到达底部 C 时所获得的速度的大小是一样的。进而可以知道，如果物体在 A 点有一个初始速度，再沿着斜坡加速下落，从斜坡 AB 到达底部 B 时和从斜坡 AC 到达底部 C 时所获得的速度的大小还是一样的。

接着，伽利略更进一步考虑沿着任意的光滑曲面的运动。考虑如图 3.5 所示的曲面，物体沿着这个曲面运动下落。伽利略把光滑曲面近似地考虑为很多小的斜坡的连接，如图 3.5 所示。假设在斜坡连接的转角处物体的速度不损失，因此物体可以被认为是无摩擦地在连接的小斜坡上运动。当物体从 A 点开始沿着连接的小斜坡下落到达 C_1 点时，物体所具有的速度与物体沿着大斜坡 AB 到达与 C_1 点具有相同高度的点的速度大小是一样的。接着物体在沿着小斜坡到达 C_2 时，物体所具有的速度与物体沿着大斜坡 AB 到达与 C_2 点具有相同高度的点的速度大小还是一样的。依次类推，最后可以发现，物体沿着一系列的小斜坡到达 B 点获得的速度与物体沿着大斜坡 AB 到达 B 点的速度的大小是一样的。如果小斜坡越来越多，这些小斜坡的组合就可以当作是逼近于曲面。所以可以得出结论，物体沿着任意光滑曲面从一个点到达另外一个点获得的速度的大小是一样的，这个速度只依赖于物体下降的高度。

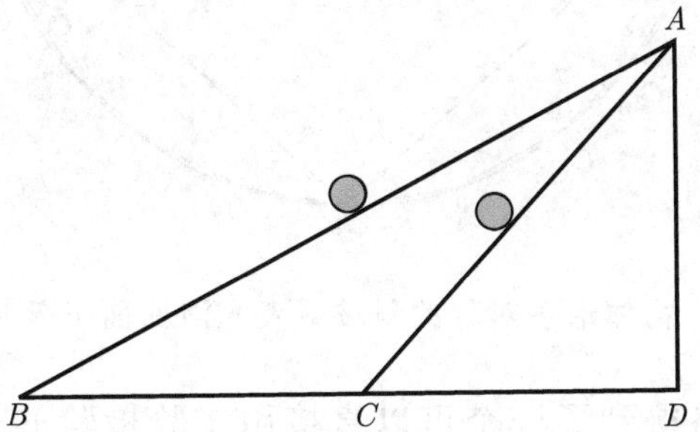

图 3.4 物体沿着不同光滑斜坡运动

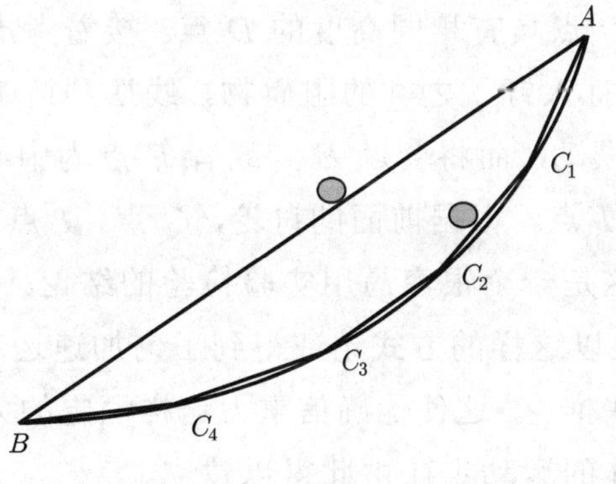

图 3.5 物体沿着小斜坡以及光滑曲面运动

最后，伽利略考虑对称的斜坡与前面的斜坡的组合。如图 3.6 所示，把对称的斜坡或者曲面连接到前面斜坡或曲面。考虑物体从 A 点静止地出发，沿斜坡 AB 下滑，到达 B 点。假设在转折点 B 点时，物体的速度没有损失，物体接着沿着斜坡 BA' 上升。因为斜坡 AB 与 $A'B$ 是对称的，可以想象物体最终将会到达 A' 点，A' 点与 A 点具有相同的高度。同样考虑沿着很多小斜坡以及对称的小斜坡的情况，如图 3.6 所示。最后同样可以得到结果，假如物体从 A 点静止地出发，经过一系列小斜坡到达 B 点后，继续沿着一系列小斜坡上升，最后将会到达 A' 点。最后，类似上一自然段的推理，可以得到物体沿着任意光滑曲面下滑，再沿任意光滑曲面上升，最后将上升到相同的高度。

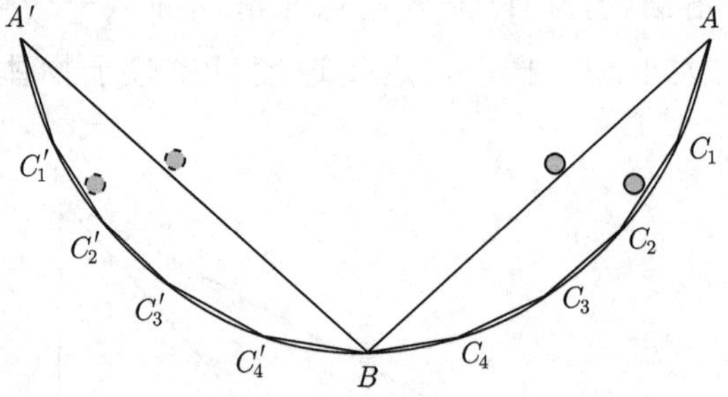

图 3.6 物体沿着对称的斜坡或者光滑曲面下落和上升

现在，伽利略得到了一个可以直接用实验检验的推论。如图 3.7 所示，考虑一个线摆。线的一头固定在 A 点，另一段悬挂一个重物。一开始，把重物放在 C 点，让线摆无阻力地下落，再上升。根据前面的讨论，重物将上升到与 C 点具有相同高度的 D 点。接着考虑在线摆经过的路径 E 和 F 点上，打入钉子之类的阻碍物。线摆到达某个阻碍物之后不再以 A 点为中心摆动，而将会以 E 点或者 F 点为中心摆动，最终重物将到达 G 点或者 I 点。根据前面的讨论，G 点、I 点与 C 点和 D 点具有相同的高度。这是一个很容易用实验检验的结论。

总之，伽利略以这样的方式论证得到了匀加速运动的多个推论，并用实验检验了这些推论。这使他确信重力这样恒定的力所导致的运动是匀加速运动。物体的运动定律由此得以建立。

实际上，我们并不能肯定地知道伽利略是否如此做出推理，再以实验检验。我们也无法判断这个实验观察是发生于伽利略发明匀加速理论之前，还是之后。在《对谈》第三天的对话中，伽利略是直接从图 3.4 的结果跳跃到达对图 3.7 的思考和实验。这更像是依靠直觉进行思考，其后以数学论证对其加以补充。但是无论他具体如何思考这个问题，伽利略对图 3.7 实验的意义有很充分的认识，他把图 3.7 实验当作对图 3.4 结果的直接支持。他说[2]：

> 这一实验没有留下怀疑我们的假设的余地，因为，既然两个弧 $\overset{\frown}{CB}$ 和 $\overset{\frown}{DB}$ 相等而且位置相似，通过沿 $\overset{\frown}{CB}$ 下落而得到的动量就和通过沿 $\overset{\frown}{DB}$ 下落而得到的动量相同；但是，由于沿 $\overset{\frown}{CB}$ 下落而在 B 点得到的动量，却能够把同一物体沿着 $\overset{\frown}{BD}$ 举起来。因此，沿 $\overset{\frown}{BD}$ 下落得到的动量，就等于把同一物体沿同弧从 B 举到 D 的动量。普遍说来，沿一个弧下落而得到的每一个动量，都等于可以把同一物体沿同弧举起的动量。但是，引起沿各 $\overset{\frown}{BD}$、$\overset{\frown}{BG}$ 和 $\overset{\frown}{BI}$ 的上升的所有这些动量都相等，因为它们都是由沿 $\overset{\frown}{CB}$ 下落而得到的同一动量引起的，正像实验所证明的那样。因此，通过沿 $\overset{\frown}{DB}$、$\overset{\frown}{GB}$、$\overset{\frown}{IB}$ 下落而得到的所有各动量全都相等。

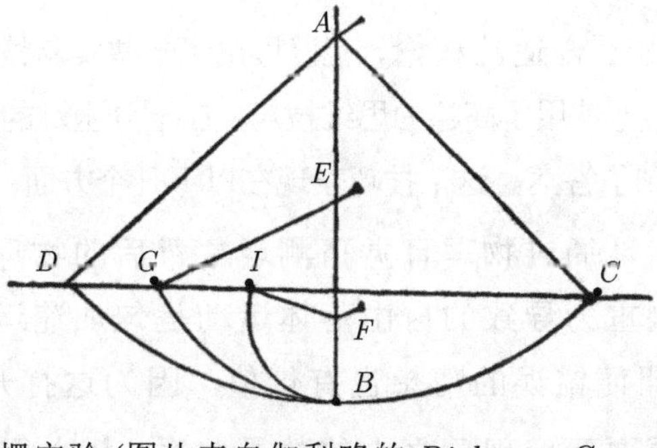

图 3.7　伽利略的线摆实验 (图片来自伽利略的 *Dialogues Concerning Two New Sciences*)

3.3　伽利略的研究方法及其对于理性思维的价值

伽利略对匀加速运动的研究有很多值得探究和学习的要点，具有极大的价值。如前文所述，匀加速运动对于伽利略而言是个十分困难的问题，原因是他缺乏必要的概念准备、实验技术和数学工具来研究物体的运动。这是前沿科学研究的通常情况。真正探索未知世界的前沿研究所面对的常常是伽利略所面对的这种情况。当进入前人没有涉足过的领域之时，前人发展出的、应对其他问题的概念常常是不适用的，甚至可能造成妨碍。人们需要创造新的概念来合理地表述新的现象。在此基础之上，人们才可能发展出描述现象的科学理论。实验技术和观测技术也常常跟不上实验研究的需要，需要实验家自己去创造新的实验技术和制造新的实验仪器。数学家独立发展了很多数学知识，当科学发展到一定程度时可能会发现一些数学家以前创造的数学知识突然变得很有用。这是科学发展历史上的一类情况。然而，更多的情况是，研究者不知道如何用数学语言表述研究的问题，这样的数学或许还不存在。对于伽利略所研究的动力学问题，直到牛顿、莱布尼茨创造微积分之后，适用于研究这个问题的数学工具才出现。伽利略面对的是一个极端的情况，在对物体运动的研究中这三种困难全都出现。

伽利略发展出了合适的概念，也发展出了一些实验技术，以回应这些挑战。更加重要的是，他使用了高超的思维技巧，在十分困难的情况下找到了问题的关键所在并且得到了答案。这个技巧表现在以下几个方面：

第一，他大胆地通过物理直觉猜测现象背后的物理规律。他猜测力导致加速度，猜测重力导致的自由落体运动是匀加速运动。虽然他曾经也猜错了，但是即便错误的猜想也有价值，因为这打开了思路。

第二，他强调要研究现象之中的数量关系，从中得到关于现象的可靠知识。在拓展 3.3 中可以看到他如何阐述这一点。

拓展 3.3

伽利略对数学的运用

伽利略明确认识到科学需要研究运动现象中的比例关系，在这里必然要采取数学的方式。伽利略明确认识到，这样研究运动物体数量关系的物理学是全新的。在《对话》第二天的对话中，他写道[1]：

萨尔维阿蒂：单了解它是直线还不够，还需要了解它是匀速的还是变动的，也就是，它是否总是保持同一速度，还是有减速或者有加速？

沙格列陀：无疑是在不断地加速。

萨尔维阿蒂：这还不够，还必须知道，这种加速按照什么比例进行。这个问题，我敢说直到目前，还没有一个哲学家或数学家懂得；尽管哲学家们，特别是逍遥学派的学者们，曾经写了整部整部——而且是大部头的——论述运动的书。

辛普利邱：哲学家们主要从事于一般概念的研究。他们提出定义和规范，而把某些微妙问题和细节留给数学家们，这些都是比较出奇出格的东西。亚里士多德只对一般运动下卓越的定义，和指出局部运动的主要属性，也就是说，运动有时是天然的，有时是强加的；有时是简单的，有时则是复合的；有时是匀速的，有时则是加速的；对加速运动，他只限于指出加速的原因，却让机械师或其他低级工匠去研究这种加速度的比例以及其他更具体的特征。

亚里士多德主义的辩护人辛普利邱认为哲学家们主要从事的是一般概念的研究。但是，这样的研究是空泛的。科学研究需要研究运动物体的位置和时间之间的数量关系，没有这样具体的研究而空泛地做概念研究可能只是打造一些空中楼阁。

伽利略对物理量之间关系的研究不仅帮助理清了物体的运动学，而且回答了“应该如何提出问题”这一重要问题，为定量研究物理学提供了一个榜样。

第三，他尽力使用当时已知的数学知识研究匀加速运动的推论。由速度与时间成正比这个假设，他推论得到了运动距离与时间的平方成正比。

第四，对于当时无法用数学知识加以表述的问题，他频繁使用物理图像和直觉进行推理，得到了一些十分漂亮的推论。这些运用直觉和图像的推理可能在逻辑上并不严格，但是在物理上却十分合理，可以被接受。

最后，他使用实验检验这些的推论，多方面检查自己的猜想，并由此建立起对猜想的信心。总体而言，虽然这些检验仍然是十分粗糙的，但是这些检验足以树立起对猜想的信心。

伽利略的这个研究展现的是一种在十分困难的情况下得到正确知识的高超思维艺术。他的这个研究模式也是物理学最典型的研究模式。物理规律常常是隐藏在现象背后的，并不直接展现在现象之中。像伽利略所面对的匀加速运动那样，物理学家常常不能直接检验物理规律，而只能检验物理规律的推论。在这种情况下，猜测隐藏在现象背后的规律成为一个必要的环节。做出猜想之后，还必须检查猜想。因为猜想不直接展现在现象之中，从猜想得到推论是另一个必要的环节。运用数学知识从猜想得到推论，或者运用物理图像从猜想得到推论，是得到推论的两种方法。最后，再使用实验或者观测检查推论，或者将推论与其他已知的事物去比较从而检查推论。当从多方面检查推论都无误之后，我们就可以树立起对猜想的信心。如果与实验或观测不一致，我们可以通过这个方式矫正自己的直觉，再次做出猜想，再推论，再用实验和观测检验。通过这种反复纠正和尝试，最终达到对现象的正确认识。图 3.8对伽利略的这种思想方法做了一个简单展示。通过这样一种方式，物理学家在十分困难的研究条件下，克服困难并积累了大量可靠的知识。伽利略对匀加速运动的研究为这种研究模式提供了一个典型的范本。

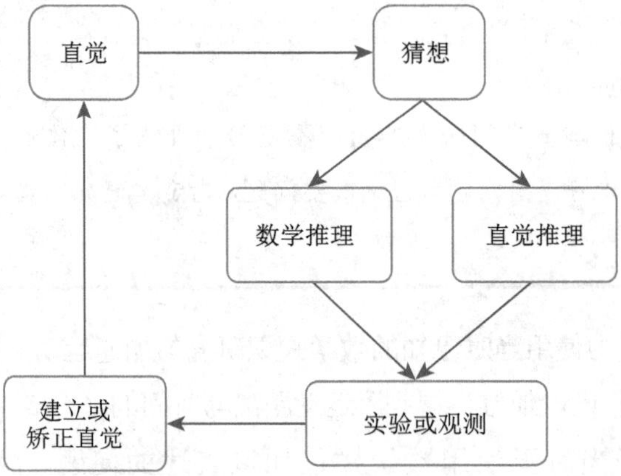

图 3.8 追溯原理的思维方式

伽利略所面对的匀加速运动假设涉及的不是直接可观测的物理量，但是还是可观测的量。在物理学中，有些理论假设可能涉及的甚至是不可观测的东西，因而是完全不可能被实验观测所检验的。例如，量子力学中的波函数就是不可观测的量，不可能在实验中得到检验。这样的物理理论提供了一套理论框架，可以用这套理论框架做出预言，也就是做出推论，进而与实验或者已知的事物比较。如果由这个理论做出了不少预言都与实验符合，我们才会认为这个理论是对的。物理学中还有一些抽象的假设，同样很难在实验中加以检验。拓展 3.4 展现了一个统计物理的例子。如何知道统计物理的原理是对的，这是一个非常困难的问题。在经过长期努力之后，人们发现使用统计力学的原理确实可以重现相变中的现象，这才最终使人相信统计力学的原理是对的。对于这类不太可能被实验检验的抽象假设和猜想，我们可以追问，怎样才可能知道这些理论假设和猜想是正确的？如果我们像伽利略那样多方面地检查假设的推论，发现总是没错，就可以有很大的信心说相应的理论假设是正确的。这就像盲人摸象的故事，我们的认识能力不足以直接认识到这些理论假设是否正确，但是通过多种方法的摸索，我们可以从多方面对理论假设的推论做出检验，进而拼接出一个对于理论假设的认识，认识到假设是否正确，从而建立起对于假设的信心，或者纠正我们的直觉和想象。这种思维模式是一种得到可靠知识的高效思维方式，也是值得向其他学科推荐的思维方式。

拓展 3.4

对统计力学原理的检验

统计力学被许多物理学家认作是最完美的物理学科，因为它的假设很少，但是结果很丰富，应用很广泛。统计力学的假设十分简单，被戏称是从数数开始。例如，如果抛掷一个骰子，骰子有六个面，经过许多次的抛掷之后，可以发现任何特定一面朝上的概率都是六分之一。骰子只有六个面，可以说朝上的状态只有六个。如果一个事件的可能状态很多，我们就需要考虑每个状态发生的概率，而且需要考虑每个状态发生的概率不一定是相同的。假设状态 i 发生的概率是 P_i，我们可以引入

$$Q = \sum_i P_i.$$

Q 被称作配分函数。假设状态 i 对应的能量是 E_i，我们就可以计算这个事件发生时所预期具有的能量

$$E=\frac{1}{Q}\sum_i E_iP_i.$$

统计力学使用这样的概念和方法去发现和计算多粒子系统的统计行为。使用统计力学可以得到平衡态热力学的所有结果。此外，统计力学还可以用于偏离平衡态的问题，例如考虑统计涨落对平衡态的小偏离。但是，在历史上，对统计力学有一个非常重要的怀疑。我们知道物体有不同的相，例如水可以表现为液态、气态和固态，有液相、气相和固态相。在一定条件下，物体还可以在不同的相之间转化。这个怀疑就是，对不同的相是否可以使用统一的配分函数进行研究。更进一步的怀疑是，统计力学是否可以用于研究相变问题。

我们可以看到，统计力学的假设是非常简单的，但是也是非常抽象的。对于具有大量原子分子的宏观物体，我们实际上没有办法直接知道把统计力学的原理运用到微观的原子分子层次是否正确，特别是对于相变问题，因为原子分子在不同的物相受到不同的动力学约束。例如，在固体中，原子被固定在某些位置，只能在位置附近振动；在液体中，原子的位置可以移动，但是原子之间的距离不能拉开；在气体中，原子可以自由运动，原子之间的距离可以远大于原子尺度。所以，很自然可以预期，对于这些不同的物相，配分函数中对状态的求和应该是不一样的。很难想象统一的配分函数可以适用于在物相之间转换的相变现象。

20 世纪中叶，昂萨格和杨振宁先后严格求解二维伊辛模型，发现使用统计力学可以得到相变的行为。此后，杨振宁和李政道又严格求解格点气体模型，同样发现了相变的行为。这些模型是一些极度简化的模型，当然不是现实的物理模型。但是，在这些模型中我们可以使用数学方法严格求解，因而可以用于检查统计力学的基本原理。所以，这些研究结果作为例子演示了统计力学的原理确实可以描述相变现象。在此之后，物理学家们才真正相信统计力学的原理是正确的，可以用于包括相变在内的广泛的物理问题。

在 19 世纪中叶克劳修斯使用分子运动论得到理想气体状态方程之后，从微观的原子分子出发理解物体宏观行为的统计力学被逐渐发展出来。经过许多人的努力，到 20 世纪中叶，昂萨格、杨振宁和李政道的工作才最终使人们相信统计物理的原理是正确的，最终为统计力学这座大厦封顶。

这种思维方式当然大量使用推理，但是与常见的推理不同的关键一点是，这种推理的目的是发现原理和检查原理，是通过推理实现对原理或者现象的运作规则的追溯。例如，欧几里得几何以少数几个公理作为基础，通过演绎推理得到许多几何知识。几何学的这些公理是自明的，无须怀疑。演绎性的知识体系一般以这种方式建立理论。然而，许多这类理论的看起来“自明”的原理实际上常常并不是那么可靠，这就使这类演绎性理论的可靠性成为一个问题。物理学的原理一般是隐藏在现象之后的，是有待发现的，不是自明的。物理学家运用推理的主要目的是揭示直觉中的内容，或者矫正直觉，从而发现隐藏在现象之后的规律。爱因斯坦把科学家比作依靠少量线索就可以找到答案的侦探，说科学家像侦探那样寻找事件和事件之间的联系，然后创造性地运用想象力把它们联系起来[9]。爱因斯坦所说的就是这种思维方式，他说：“伽利略的发现以及他所应用的科学推理方式是人类思想史上最伟大的成就之一，而且标志着物理学的真正开端。”[9] 伽利略的匀加速运动研究为这种思维方式提供了一个十分值得学习的范本。在本书附录中，对这种思维方法还有更多展示。

推荐阅读

伽利略，《关于两门新科学的对谈》

在对话体著作《关于两门新科学的对谈》中，伽利略详细讨论了他对力学问题的思考和实验。一方面，他尽力运用几何学论证匀加速运动的数学推论，推崇数学带来的严格性，另一方面，他不断使用非常直观的物理图像进行推理，辨析概念，进而从多方面检查他自己的猜想。通过对话，他从多方面把他的思考呈现给读者，把他的思维方式和研究方式做了精彩的展示。

第 4 章

物理学作为实验科学的诞生

我比较敢于肯定，他首先是通过感觉、实验和观察所得的结果，尽可能地弄清自己的那些结论无误，以后他才设法加以证明。在实验科学里，大部分都是这样的。

——伽利略《关于托勒密和哥白尼两大世界体系的对话》

在机械力的事物方面，如果人们赤手从事而不借助于工具的力量，同样在智力的事物方面，如果人们也一无凭借而仅靠赤裸裸的理解力去进行工作，那么，纵使他们联合起来尽其最大的努力，他们所能力试和所能成就的东西，恐怕总是很有限的。

——培根《新工具》

伽利略研究模式的一个核心特色是最终用实验来检验自己的思想。这种借助实验进行思考、纠正思维并发现规律的方法是伽利略那个时代的新思维模式，也是人类历史上的全新思维方式。伽利略以对匀加速运动的研究为这种思维方式树立了一个典范。在伽利略之后，现代物理学得以诞生。

值得注意的一点是，伽利略对实验的重视并不是独创的。与伽利略同一个时代的开普勒和培根对实验和观测都给予了极大的重视。开普勒在天文观测数据中发现了后来以他的名字命名的三个运动定律。培根写下了著作《新工具》，强调实验对认识真理的重要作用。这说明，在伽利略的时代，实验对认识真理的作用一定已经广为人知。

现在很难知道这种对实验的认识是如何诞生的。但是，我们可以肯定的一点是，在伽利略的年代，这种对实验在发现真理中的作用的认识达到了自觉。这种自觉体现在伽利略、开普勒的研究中，也体现在伽利略和培根著作之中。距伽利略的时代几十年之后，牛顿又以《自然哲学的数学原理》(简称《原理》) 把这种研究方法结出的丰硕成果编织成了一个具有普遍意义的理论体系，统一了天上和地上的物理规律。这些成就最终证实了物理学的研究方法的有效性，确立了物理学作为一个实验科学的特色和地位。我们把伽利略、开普勒和牛顿所倡导实行的这种借助实验发现自然规律的方法称之为科学方法。但是，伽利略、开普勒和牛顿的具体研究方法也有一些不同之处。在本章，我们将考察开普勒的天文研究和牛顿的《原理》的特点，说明他们的研究方法与伽利略的异同之处，最后进一步讲述实验对认识的作用。

4.1 开普勒的天文研究

开普勒是一位虔诚的信徒，并具有强烈的神秘主义倾向。他对数学深具信仰，相信数学在宇宙中必定具有特殊的地位。有人把开普勒的观念概括为以下两点[4]：

> 第一，他具有强烈的和谐思想。
>
> 第二，他相信“在这个世界上，没有什么东西不是造物主按计划创造的”。他所从事的，只不过是发现这一创造计划以及反复理解造物主的意图。

开普勒相信这个创造必定是简洁、和谐和美的。因为圆周运动是最简洁和美的运动形式，他认为行星必定以圆周运动。

开普勒相信日心说。他相信造物的创造必定符合某些优美的规律。他相信行星运动的圆周轨道必定不是随意选取的，必定符合简单的几何学的规则。在当时，人们只知道土星、木星、火星、地球、金星和水星六个行星。他追问：为什么只有六个行星绕太阳旋转？行星距离太阳的距离遵循什么法则？

对于这个问题，开普勒给出了一个精妙的回答[6]。他发现土星轨道与木星轨道的比例可以用一个简单的几何关系来解释。如图 4.1 所示，他把外圈的圆周当作土星的轨道。在这个圆周上内接一个正三角形，然后，再在这个正三角形内接一个内切圆。可以很轻易地检验，内部这个圆周的半径是外部这个圆周半径的一半。由此开普勒猜想自己猜到了真理。他首先提出了一个平面太阳系模型，如图 4.2 所示，这个模型中最外圈的圆周代表土星轨道，内接正三角形的内切圆代表木星轨道；这第二个圆周可以内接一个正四方形，然后正四方形可以内切一个圆，这个圆代表了火星轨道；接着这第三个圆周再内接一个正五边形，正五边形的内切圆作为从外向内第四个行星的轨道，即地球的轨道；依次类推，可以找到内部其他行星的圆周。这些圆周轨道的比例关系是由几何关系固定的。

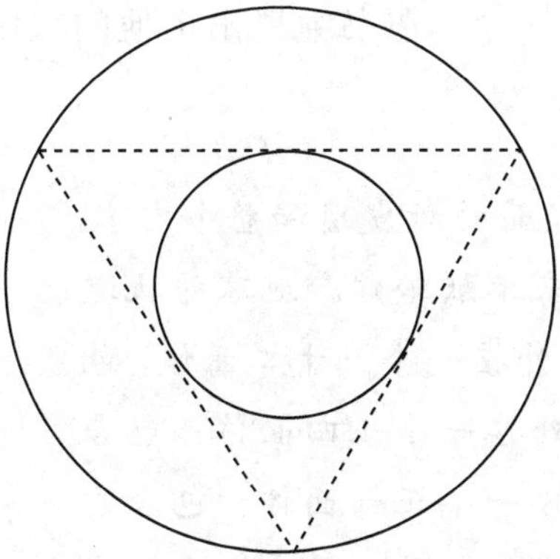

图 4.1　开普勒的木星轨道与土星轨道模型

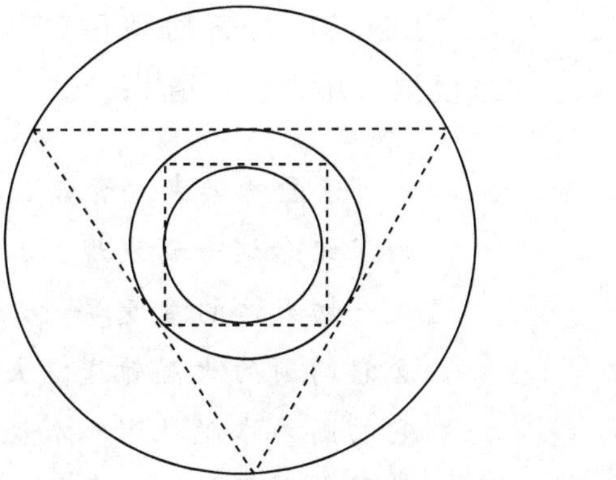

图 4.2　开普勒的平面太阳系模型

开普勒后来发觉自己的模型不对，与行星的实际轨道不符。开普勒后来认识到太阳系不是平面的，而是立体的。他转而提出了一个立体的太阳系模型。他不再考虑圆周和正多边形，而是考虑天球。如图 4.3 所示，行星在球面的轨道上做圆周运动；正多面体内接于一个球面，外面行星的轨道在这个球面上；内切于正多面体的球面上的轨道是里面一个行星的运动轨道。这个时候开普勒欣喜地发觉自己做出了一个重大发现。古希腊数学家证明了正多面体只可能有五种，即正四面体、正六面体、正八面体、正十二面体和正二十面体。如果穷尽所有正多面体之后，在这个模型中只可能会有六个球面。当时已知太阳系里只有六个行星。这样开普勒就找到了一个太阳系中只有六个行星的解释。

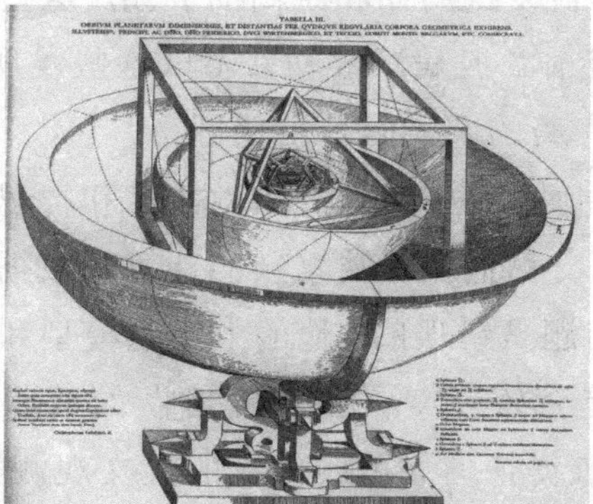

图 4.3　开普勒的立体太阳系模型 (图片来自开普勒的 *Mysterium Cosmographicum*)

1596 年，开普勒写下《宇宙的奥秘》一书，在书中提出了他的太阳系模型。开普勒写道[4]：

> 亲爱的读者，请看这本小册子里面的新发现和整个内容！为了纪念这一新发现，我把它写下来奉献给你。地球的轨道是一切天体的量度：一方面，它周围外接一个正十二面体，包含它的圆为火星轨道；火星外面再外接一个正四面体，包含它的圆为木星轨道；木星轨道再外接一个正六面体，包含它的圆为土星轨道。另一方面，内接地球轨道的是一个正二十面体，所包含的圆为金星轨道；金星轨道再内接一个正八面体，所包含的圆为水星轨道。读者现在就知道行星的数目为什么是现在这样的原因了。

他把这本书寄给伽利略以及天文学家第谷等人。伽利略对这本书没有什么反应。第谷具有类似的神秘主义倾向，他热烈欢迎开普勒，并于 1600 年聘任开普勒当他的研究助理。1601 年第谷去世之后，开普勒得到了第谷长期积累的天文观测数据。开普勒花了大约二十年分析第谷留下的数据，他希望在数据中验证自己的模型，试图用圆周拟合火星轨道。他发现火星的运动轨道总是与圆周差一点，最终 (1605 年) 他很不情愿地承认行星运动的轨道不是圆周，而是椭圆 (开普勒第一定律)。这对他的模型造成了致命的打击。之后花了两年，他发现了行星运动的面积规律。又花了十多年，他发现周期和距离的关系。这些被后人分别命名为开普勒第二和第三定律。但是开普勒并不以这些发现而骄傲，他不明白造物为什么不采用完美的圆，而是用椭圆。

开普勒是个极端勤奋的人。他的宗教热情和神秘主义倾向虽然导致他陷入狂想，但是也支撑他在极端繁杂的计算和数据分析中坚持了二十年。开普勒提出的问题是错误的，他的太阳系模型和他对于宇宙和谐的想法现在看起来也是荒唐可笑。很容易想到，如果没有第谷的观测数据，开普勒很可能不会取得任何成就。前人的天文观测数据成就了开普勒，使他能够矫正自己的思维偏差，从而得到关于现象的正确规律。用一句话总结，开普勒以一种戏剧性的方式做出了伟大贡献：开普勒研究了错误的问题，得到了正确的结果。

4.2　牛顿的《原理》

牛顿代表了经典力学的顶峰，代表了物理学的第一个高峰。与现代人对科学家应该具有怀疑精神的认识相反，牛顿是一位虔诚的信徒，他相信宗教经典是最终的权威。牛顿相信宗教经典包括了所有的知识，只是前人没有做明显的记录，而是把线索隐藏在经文之中。牛顿相信自己的使命就是在宗教经典中发现自然的奥秘和神的奥秘。他广泛收集不同版本的宗教经典，仔细研究对比。牛顿还是一位炼金术士，一生从事炼金术的研究，他希望通过炼金术研究发现生命的奥秘。不过他的宗教研究和炼金术研究没有得到什么有价值的东西。

牛顿这样一位看起来非常不像现代科学家的人又是如何在科学上获得成功呢？

首先，牛顿具有非凡的把经验规律抽象化的能力，并且有天才的数学能力；其次，牛顿生活在最合适的时代。

在牛顿之前，伽利略已经提出了关于惯性运动的思想，建立了关于匀加速运动的力学理论，但是他不知道如何处理变加速运动的问题。这需要微积分知识以及高超的数学技巧。在牛顿之前，虽然已经有人猜测导致行星运动开普勒三定律的是满足平方反比律的向心引力，但是以当时的数学知识，证明这个结论也需要天才的数学能力。最终这些问题都留给牛顿来解决。在《原理》中，牛顿总结阐述了力学运动定律。仅仅运用基础的几何学知识，他就证明：行星的椭圆轨道以及太阳在椭圆的焦点 (开普勒第一定律) 表明引力满足平方反比律。这最终表明，行星运动满足的力与地球表面上的重力是同一种力，即万有引力。这实现了天上与地上的力学规律的统一。他阐述了椭圆轨道回归点进动的规律、地月日三体运动的规律。最艰难的问题是：行星都有巨大的体积，平方反比定律还能不能用在有巨大体积的物体上？牛顿可能花了 20 年思考这个问题。最终在《原理》中他证明了，对于一个球对称物体，其引力效应可以由将其所有质量集中到一个点 (球心) 上而准确算出。

如果仅仅这样解释牛顿的成功，好像是说他除了是个数学天才之外也没什么高明之处。事实上，牛顿有非常高明的地方。牛顿具有非凡的把经验规律抽象化的能力。在力学方面，马赫总结牛顿在力学方面的主要成就有：

1) 把力的概念的普遍化；

2) 总结阐述了作用与反作用原理；

3) 总结阐述了力的平行四边形法则；

4) 引入了质量的概念。

在伽利略之前，力的概念主要指的是日常所感知的压力概念。伽利略认识到力是加速度的原因，发明了力的全新概念，但是这个概念还只是局限在落体的重力等日常现象上。牛顿把力的概念升华，以巨大的想象力把这个概念提升到包括月球的运动、行星的运动，提升到万有引力的概念，这是他的一个贡献。作用与反作用原理发源于对碰撞问题的思考，对这个问题的思考可以追溯到伽利略；牛顿第一次对这个问题做了明确的回答，并把这个回答当作一个原理提了出来。通过伽利略的研究，人们已经获知了力的分解规则；力的平行四边形法则总结了力的分解与合成的规则，这个规则需要等到瓦里翁尼和牛顿等人才被彻底表述清楚；牛顿是阐发和总结表述这一力学基本规律的贡献人之一。质量的概念是伽利略所不知的，虽然他已经知道力是产生加速度的原因以及加速度与力成正比，但是这距离质量的概念还有一些距离。在后面的章节，我们还会详细讨论牛顿的这一个重要贡献。此外，在《原理》一书中几乎看不出牛顿的宗教思想。这可以看出牛顿具有极其清醒的科学思维，他可以使他的具体科学研究不受他的宗教思想的影响。

拓展 4.1

经验规律和更普遍的抽象规律

把经验规律升华成更具普遍性的规律所具有的价值可以从以下例子看出。

伽利略从实验中发现，铜球沿斜坡运动具有的规律是：

(1) 运动距离与时间的平方成正比。

这一规律是从实验中观察到的，同时也只是适用于从静止开始的物体。伽利略寻求对这个现象的更进一步解释。他发现这种运动是匀加速运动，即

(2) 力的作用是产生加速度；对于同一个物体，加速度正比于力；在从静止开始的匀加速运动中，速度与时间成正比。

规律 (1) 是一个经验规律，而规律 (2) 是对规律 (1) 的抽象升华。规律 (2) 可用于具有非零初始速度的物体。在这种情况下，规律 (1) 不再是正确的。所以规律 (2) 比规律 (1) 具有更大的普遍性，是在规律 (1) 基础之上的一次飞跃。

牛顿对质量的引入以及对第二运动定律的表述是在伽利略的基础之上的再一次飞跃。这样就可以阐明，在相同力的作用下，不同物体的加速度应该具有怎样的比例关系；从而也就可以阐明，对于任意的力和任意的质量，物体具有怎样的加速度。

在《原理》中，牛顿综合前人的成就以及自己的研究成果，把部分定律当作基本假设，把力学理论建构为一个公理化的演绎系统，并且把这套理论应用于广泛的力学问题。在这里，牛顿借鉴了欧几里得几何学的做法。但是，牛顿的公理化体系和演绎体系与古希腊哲学又有一些重大的区别。在《原理》第二版的序言中我们可以看到这段对牛顿著作的评论[10]：

> 还有第三类人，他们崇尚实验哲学。他们固然从最简单、合理的原理中寻找一切事物的原因，但他们决不把未得到现象证明的东西当作原理。他们不捏造假说，更不把它们引入哲学，除非是当作其可靠性尚有争议的问题。因此他们的研究使用两种方法，综合的和分析的。由某些遴选的现象运用分析推断出各种自然力以及这些力所遵循的较为简单的规律，

由此再运用综合来揭示其他事物的结构。本书著名的作者恰恰采用了这种无与伦比的最佳方法来进行哲学推理，并认为唯此方法值得以他卓越的著作加以发扬光大。在此方面，他向我们给出了一个最光辉的范例，亦即他利用重力理论极其幸运地推导出的关于宇宙体系的解释。在他之前曾有人猜测或想象，所有物体都受到重力的作用，但唯有他是第一位由现象证实重力存在的哲学家，并使之成为其最杰出的推理的坚实基础。

从这篇文字可以看出牛顿的演绎体系与前人的演绎体系的关键区别。牛顿固然是像古希腊人创造演绎体系那样，希望从一些简单的、甚至自明的概念出发建构庞大的、公理化的演绎理论，从而把万事万物都囊括其中。他在引入力、质量等力学概念的时候也是试图这样做的。但是，牛顿理论的原理是从经受了很多检验的经验规律升华而来的，是建立在坚实的经验规律的基础之上的。

4.3 实验与科学方法

经过伽利略、开普勒、惠更斯和牛顿等多人的长期努力，作为现代物理学的第一个体系，力学得到了建立。科学革命也因此得以展开，物理学的研究范式成为了科学思维和科学方法的标准思维方法。伽利略、开普勒和牛顿以他们的巨大成就为科学思维和科学方法树立了典范。

作为伽利略和开普勒的同代人，培根对这种当时正在兴起的全新思维方式有极其深入的理解。在其著作《新工具》中，培根详细考察了古希腊人的思维方式与今人所说的科学思维、科学方法的区别。他写道[11]：

钻研和发现真理，只有亦只能有两条道路。一条道路是从感官和特殊的东西飞越到最普遍的原理，其真理性即被视为已定而不可动摇，而由这些原则进而去判断，进而去发现一些中级的公理。这是现在流行的方法。另一条道路是从感官和特殊的东西引出一些原理，经由逐步而无间断的上升，直至最后才达到最普遍的原理。这是正确的方法，但迄今还未试行过。

……

上述两条道路都是从感官和特殊的东西出发，都是止息于最高普遍性的东西；但是二者之间却有着无限的不同。前者对于经验和特殊的东西只是瞥眼而过，而后者则是适当地和按序地贯注于它们。还有，前者是开始时就一下子建立起某些抽象的、无用的、普遍的东西，而后者则是逐渐循级上升到自然秩序中先在的而为人们知道得较明白的东西。

……

希腊人的智慧乃是论道式的，颇耽溺于争辩；而这恰是和探究真理最相违反的一种智慧。

可以看到，培根明确认识到他那个时代兴起的全新的思维方式与古希腊人的思维方式的重大区别。在他看来，古希腊人思维的严重缺陷是不喜对现象以及现象规律做仔细研究，而是急于跳到普遍性的原理高度。《对话》第二天的对话有一个培根所批判的“从感官和特殊的东西飞越到最普遍的原理”的例子。这个例子以“自明”的原理做出一个演绎理论，反对日心说和地动说。伽利略以辛普利邱之口说出这个反对观点。他写道[1]：

辛普利邱：…… 这些公设的第一条是，一切效果都是由某些原因导致的；第二条是，没有一样东西是自身创造出来的；根据这两条又引申一条，引起运动的事物和被引起运动的事物，不能是同一个东西 ……

第三条公设是，对于那些属于感觉对象的东西说来，一个东西既然作为一个东西而言，就只能产生一种效果。诚然，在一个动物身上，灵魂的确制造出种种不同的功能，如视、听、嗅觉、生育等等，但是这是通过不同的器官才达到的；总之一句话，我们可以看到，有感觉的东西的不同的动作是由原因上存在不同引起的。

现在，如果我们把这些公设综合在一起，就会清楚看出，像地球这样的简单物体，按照它的本性，是不可能同时具有三种迥然不同的运动的。因为根据刚才做的假设，整体是不能完全依靠其本身来运动的。所以地球的三种运动必须分别由三种原因所造成；不这样的话，那么同一种原因就会产生一个以上的运动。但是一个物体如果本身含有三种不同的天然运动原因，再加上它的被运动部分，它就不会是一个简单物体，而是一个由三种运动原因加被运动部分组成的物体。由于这些缘故，如果地球是一个简单物体，它就不能具有三种运动。

辛普利邱说的三种运动指的是地球的周日自转运动、周年绕日运动以及地球南北极偏向太阳的运动。实际上第三种运动源于地球的周日运动和周年绕日运动的结合，不是一个独立的运动。我们可以看到，辛普利邱说的理论是一个十分漂亮的思辨理论，但是是错误的理论。辛普利邱所说的公设看起来都像是“自明”的，是无须置疑的，但是实际上是含糊不清的。如果按照这种方式思考问题，人们就极易使用含糊不清的概念，掉入思维陷阱之中。

相反地，伽利略、开普勒和牛顿走上的道路是与古希腊哲人非常不同的。对于前文所述的伽利略、开普勒和牛顿的物理学研究，我们可以将其特色做如下大致概括。

1) 开普勒：在现象中发现经验规律。

2) 伽利略：猜测隐藏在现象背后的规律，找到推论，用实验检验推论，从而发现规律。

3) 牛顿：把经验规律进一步抽象化，形成原理，构造具有普遍性的理论体系，与更多现象建立联系。

可以看到伽利略、开普勒和牛顿所从事的大致上就是培根所推崇的这样一条道路，即“从感官和特殊的东西引出一些原理，经由逐步而无间断的上升，直至最后才达到最普遍原理”。这是一条不脱离经验的道路。沿着这条道路，我们需要耐心地从经验出发，从特殊到普遍，从具体到抽象，先达到并检验一些中级的原理，并确认中级原理是对的，最终才达到最普遍的原理。

培根所不太清楚的一点是，他的“从感官和特殊的东西引出一些原理”的说法过于简化。开普勒从天文观测数据中拟合得到行星运动定律的模式确实符合培根所设想的这个模式。但是伽利略研究匀加速运动的思维模式并不符合培根设想的模式。实际的科学研究比培根的设想更加复杂，也更加具有创造性，本书附录中的一些例子更进一步说明了这一点。但是培根对科学思维和科学方法的设想大致是不错的。

对于古希腊人之所以不喜对现象做仔细研究而是急于跳到普遍性的原理高度，培根认为古希腊人喜好逻辑思辨是一个重要的原因。他写道[11]：

> 理解力如放任自流，就会自然地采取与逻辑秩序正相吻合的那一进程 (就是走前一条道路)。因为心灵总是渴欲跳到具有较高普遍性的地位，以便在那里停下来；而且这样之后不久就倦于实验。但这个毛病确又为逻辑所加重，是因为逻辑的论辩有秩序性和严正性。

这种思维模式的一大特点是，很可能按照自己的想象编排世界，而不是耐心去发现世界。培根说[11]：

> 第一类中最显著的例子要推亚里士多德。他以他的逻辑败坏了自然哲学：他以各种范畴铸出世界；他用二级概念的字眼强对人类心灵这最高贵的实体赋予一个属类；他用现实对潜能的严峻区分来代行浓化和稀化二者的任务 (就是去做成物体体积较大或者较小，也即占据空间较多或较少)……而在亚里士多德的物理学中，则除逻辑的字眼之外便几乎别无所闻……在他的关于动物的著作和问题集以及其他论著

当中，的确经常涉及实验，但这事实亦不值得我们予以任何高估。因为他是先行达到他的结论的；他并不是按照他所应做的那样，为要构建他的论断和原理而先就商于经验；而是要首先依照自己的意愿规定了问题，然后再诉诸于经验，却又把经验弯折得合于他的同意票，像牵一个俘虏那样牵着它游行。

培根提倡借助实验进行研究和思考。但是，他提倡的实验也不是简单的经验派哲学的实验。他写道[11]：

经验派哲学所产生的教条却比诡辩派或唯理派还要畸形怪状。因为它的基础不是得自普通概念之光亮（这种光亮虽然微弱和浮浅，却不论怎样是普遍的，并且这种概念的形成是参照到很多事物的），而只是得自少数实验之狭暗。因此这样一种哲学，在那些日日忙于这些实验而他们的想象力又被它们所沾染的人们看来是可然的，并且只能是准确的；而在一切其他的人看来却是虚妄的和不可信的。关于这方面，在炼金家及其教条当中有着十分明显的例子……

在培根看来，炼金家的实验是偶然的、粗糙的，没有理性认识的自觉。而培根提倡的实验是经过思考的，是理性认识的组成部分。他说[11]：

真正的经验的方法则恰与此相反，它是首先要点起蜡烛，然后借蜡烛为手段来照明道路；这就是说，它首先从适当地整列过和类编过的经验出发，而不是从随心硬凑的经验或者漫无定向的经验出发，由此抽获原理，然后再由业经确立的原理进至新的实验；这甚至像神谕在其所创造的总体上的动作一样，那可不是没有秩序和方法的。

培根虽然没有像伽利略、开普勒和牛顿那样在自然科学上取得巨大成就，但是他对刚刚兴起的物理学以及当时正在发生的科学革命的思想做了极其精彩的阐述。他提倡的新思维方法就是后人所称的科学方法。

他的著作《新工具》是一部真正的科学哲学著作，对科学的方法和科学的价值做了非常好的总结和展望。

培根认识到，人之所以需要采用这种思维方法，是因为人的认识能力具有极大的缺陷，如果仅仅依靠逻辑和纯粹思维，人不能到达真理。在第 2 章中，我们看到伽利略如何使用望远镜解决了日心说与地心说的争论。如果没有伽利略提供的全新天文观测，这两个世界观的争论几乎不可能得到解决。在下面的章节中，我们可以看到这样的争论在科学史上时有发生，如果没有实验的帮助，我们没有可能以纯粹的思辨走出那些歧途。实验和观测解决了很多分歧，设立了指明道路的路标。伽利略的天文观测是其中一个突出的例子。

伽利略、培根的这些认识深刻影响了后人，培根之后的玻意耳说[12]：

> 那些称颂抽象理性的人在言语上赞美理性，就像它是自足的，而我们则是在实效上赞美理性，我们把理性交予物理经验和神学经验，告诉理性如何请教它们并从中获得信息；后一种人比前一种人更能为理性提供有用的服务，因为前一种人只是恭维理性，而后一种人却能用正确的方式来改进它。

虽然仍然混杂着一些神学思想，但是玻意耳已经明确认识到需要经验知识来矫正理性认识。他总结实验和思辨的相互支持、相互矫正的作用，写下了如下要点[7]：

> 实验对思辨哲学的用处：
>
> 1) 补充和纠正我们的感官；
>
> 2) 建议一般和特殊的假说；
>
> 3) 对解释进行说明；
>
> 4) 化解疑问；
>
> 5) 确证真理；
>
> 6) 反驳谬误；
>
> 7) 为有启发性的研究和实验及其熟练完成提供线索。

思辨哲学对实验的用处：

1) 设计全部或主要依赖于原理、概念和推理的哲学实验；

2) 设计工具（无论是力学的还是其他的）来研究和试验；

3) 改变或改进已知的实验；

4) 帮助估计什么在物理上是可能的和可行的；

5) 预测一些尚未尝试的实验的结果；

6) 确定可疑的、看起来不明确的实验的界限和原因；

7) 精确地确定实验的条件和关系，如重量、尺寸和持续时间。

培根明确认识到这种科学方法是便利的工具，可以使获得知识的效率大大提高。使用科学方法可以大幅降低对人的卓越的要求，使普通的智慧也能做出贡献：

在机械力的事物方面，如果人们赤手从事而不借助工具的力量，同样在智力的事物方面，如果人们也一无凭借而仅靠赤裸裸的理解力去进行工作，那么，纵使他们联合起来尽其最大的努力，他们所能力试和所能成就的东西，恐怕总是很有限的。

……

赤手做工不能产生多大效果；理解力如听其自理，也是一样。事功是要靠工具和助力来做出的。这对于理解力和对于手是同样的需要。手用的工具不外是供以动力和加以引导，同样，心用的工具也不外是对理解力提供启示或示以警告。

……

我的这种发现科学的方法大能划齐人们的智慧，而甚少有赖于个人的卓越性，因为在这里一切事情都是依靠着最可靠的规则和论证来做的。

科学方法是更有效的思维方法。正如培根所认为，这种科学方法的运用可以大大降低对人的卓越性的要求，使大量才智不够杰出的人也可以投身于科学之中。因此，科学的研究和科学的发展不会被局限为只与少数哲人有关的纯粹智力游戏，而可以牵涉到更多的人和更多的资源。这对科学发展的促进作用也是难以估量的。此外，也正是因为实验科学的需求，科学的发展离不开技术的积累和发展。科学的发展逐渐成为一个牵涉大量人员的广泛社会活动，同时对人类社会产生广泛的影响。

此外，值得指出的一点是，以上引用的内容主要是把实验当作理性思考的一个环节。然而，实验科学的价值并不仅仅如此，实验常常是思考的起点。实验科学的最大价值是可以通过实验和观测带来全新的视野和经验，带来人类从来没有想到过的东西，并且驱动人们做出全新的思考。在这一方面，望远镜和显微镜带来的惊奇是突出的例子，实验发现在量子理论发展中的突出作用是典型的例子。实验科学不断给人带来新的发现和新的惊奇，使科学不停留在既有的领域，而成为一个可以不断进步的开放领域。物理学之所以被认作是一门实验科学在很大程度上正是因为这一点，即便在物理学家的思考中也可以看到很多理论思辨的成分。

拓展 4.2

大物理学家的思维方式

值得注意的一点是，人们常常混淆开普勒的研究模式和伽利略研究匀加速运动的研究模式，而没有注意到伽利略的这个研究模式与平常说的“从实验和观测中提炼出规律”的说法是不同的。这种说法实际上对应的是开普勒的研究模式。然而，伽利略的研究模式才是更具普遍性的研究模式和思维模式。这是因为，物理规律常常是隐藏在现象之后的，很难从现象中直接发现出来。像开普勒那样在天文观测中发现行星运动规律的机会十分少见。此外，像牛顿那样把经验规律普遍化和系统化的机会也是很少的。这种机会要等到大量的相关经验规律被发现之后才有可能。伽利略的方法是，借助由经验形成的直觉猜测规律，再通过推论和实验检验规律。这是更加常用的思维方式，可以用于发现多数的经验规律。所以，可以说伽利略所提供的这个思维范本具有更大参考价值。有证据表明，这种思维方式也是在未知领域探索的大物理学家们的通用思维方式。蓝志成教授曾经给我讲起美国女物理学家 Nina Byers 的一个故事：

> 费曼 (Feynman) 和施温格 (Schwinger) 是令美国人为之骄傲的两位大物理学家，曾因对量子电动力学的贡献获得诺贝尔物理学奖。
>
> 许多人认为他们两人是天才，以为费曼无须数学推导仅凭物理猜想就可以得到正确结果，而施温格在不借助物理图像的情况下，仅凭数学推导就能够得到一些神奇的结论。
>
> Nina Byers 与他们两人都合作过。在谈到两人时她说：其实他们和我们一样，为了接近真相，也需要尝试多种不同的方法；只有在使用了多种不同方法得到同样的结论之后，他们才会确信自己的结论有很大的可能性是正确的。他们两人的不同之处在于：在发表的论文中，费曼只写出有关物理的部分，而施温格只写出有关数学的部分。
>
> 人们因此认为他们用很少的方法就能破解难题，得到正确的结论，是不可思议的天才。但是这其实只是假象。

可以看到，费曼和施温格虽然是纯粹的理论物理学家，但是他们的思考方式与伽利略实际上很类似！

此外，可以注意到直觉和数学是物理学家思考问题的两种方式。在前沿科学研究中，人们常常处于非常困难的情况之下，有的时候没有合适的数学和合适的概念处理问题，这个时候可以依靠直觉，有的时候直觉不对或者不清楚，这个时候可以依靠数学推理。直觉和数学是物理学家思考问题的两个支柱，帮助我们走向远方。戴森曾经说起一个很有意思的故事，对此有生动的说明。他说他曾经有一个理论，他很自得地去向费米介绍他的理论。在听了他的介绍之后，费米对戴森说：“有两种好的物理，一种是有清晰的物理图像，一种是有严格的数学，你的理论是两者都不是。”戴森后来总结说，从费米这一句话里学到的东西比从奥本海默那里学了 20 年学到的东西还要多。

推荐阅读

培根，《新工具》

在《新工具》一书中，培根详细比较了古希腊哲学和中世纪哲学与当时兴起的科学思维和科学方法的区别。他论证了人的认识能力的缺陷，指出古希腊哲学思维的偏颇之处和不足之处，提倡运用实验和真正的归纳法来纠正思维的偏差和建立坚实可靠的概念，提倡这种全新的理性思维的方式。这本书虽然写于四百年前，但是对于新兴的科学的特色及其潜力，培根展现出极为彻底的自觉和洞察。

第 5 章

科学方法的威力和魅力

这些都是人推理过程所存在的危险，只有从实际的机械的实验哲学出发，才能补救所有这一切。这种哲学比辩论的哲学更具优势，因为辩论的哲学的主要目的在于推理和结论的精巧，但不太关注第一基础，而第一基础应该很好地安置于感觉和记忆之上。

——胡克《显微制图》

光和热是人类熟知的现象，对光和热的研究和猜想具有悠久的历史。早在先秦时代，中国古代墨家就通过实验发现了光的直线传播和光的小孔成像等现象。但是光和热到底是什么，长期以来人们并不知道多少。在伽利略之后，随着科学研究方法的兴起，对光和热的研究突然在一两百年之内结出了极其丰硕的成果。

人类对光和热的认识经历了曲折的发展，经历了多次的混乱和自以为理清混乱的清醒，十分具有戏剧性。在这个发展过程中，有许多不同的思想为加深对光和热的认识做出了贡献，同时也为制造混乱做出了贡献。但是在实验的帮助下，人们还是在不太长的时间之内逐渐把握住了光和热的基本属性，发展出了系统的关于光和热的科学理论。时至今日，人类对光和热的认识已经远远超出牛顿时代的人们所能想象到的范围，这应该归功于历代物理学家的持续努力，也应该归功于系统的科学方法的运用。通过大量的和系统的实验研究，物理学家揭示了许多关于光和热的前所未知的性质。有一些关键的实验还重新校准了人们的思维方向，把物理学家引导到了正确的道路之上。

在本章中，我们将以对光、热和真空的认识为例子进一步阐述科学方法在人类认识自然世界的过程中所起到的作用。

5.1　牛顿的光学实验与光的微粒说

光有许多有趣的现象，可以引起很多猜测。人们可以注意到光常常是和热伴随着出现的，例如被太阳光晒之后人们可以感到热，让人感到热的火堆也会发光。培根因此猜测光和热具有相通的本质。此外，人们总是可以通过光看到颜色。这里可以产生两种观点。一种观点是，颜色是物体所具有的，颜色不是光的性质；另外一种观点是，光具有颜色，颜色是光的性质。对彩虹的观察使人们认识到光可以脱离物体而具有颜色，帮助我们理清了这两种观点的冲突。但是光到底是什么？光的颜色又是什么？

在牛顿之前，人们已注意到白光经过棱镜后会呈现出彩虹的所有颜色。对此现象，笛卡儿认为，当光通过棱镜之后被转化为各种颜色的光。这个观点得到了广泛认可，并且与感觉直观看起来符合很好。

牛顿是一位出色的实验家，他做过许多光学实验。他说[4]：

> “1666 年我致力于磨制球形以外的其他形状的光学玻璃，并制造出一块三角形棱镜去实验这一有名的颜色现象。”

牛顿更进一步，做了图 5.1 所示的一个实验。牛顿的实验方案如下：

1) 牛顿先把白光投射到一个三角棱镜，产生一个光谱；

2) 然后把三角棱镜产生的光谱投射到一个平板上；

3) 在平板上开小孔，使不同颜色的光通过不同的小孔，控制小孔的开合，一次只允许一种颜色的光通过小孔；

4) 把通过小孔的光投射到第二个棱镜上。

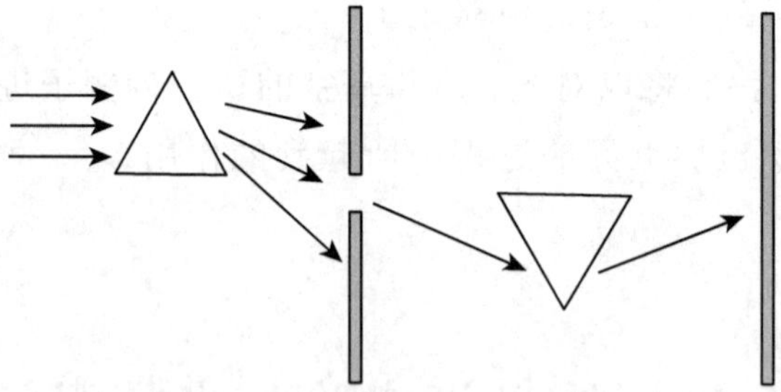

图 5.1　牛顿的色散光学实验

牛顿对第一个棱镜产生的所有颜色的光都做了一遍这个实验。他发现通过第二个棱镜后，光的颜色没有发生变化，不再变为更多的颜色。这使他认定笛卡儿的理论是不对的。他由此认为：白光是具有不同可折射的光的混合物。也就是说：不同颜色的光有不同的折射，白光是不同颜色的光的混合物。如果仅仅使用第一个棱镜做实验，可以得到两个可能的结论，即

1) 光的颜色被棱镜转化；

2) 白光是混合物，棱镜把白光分解成不同颜色的光。

只有通过第二个棱镜的实验，才能检查发现第一个观点是不对的。牛顿由此还得出结论：使用棱镜折射的望远镜会有折射造成的色差效应，会对大型望远镜造成很大影响。为回避这一问题，他设计了全反射望远镜。

牛顿解决了一个问题，同时也留下了一个新的问题。牛顿认为光是一种粒子，持光的微粒说。光的微粒说认为光是一种实体物质。早在古希腊时期，就有人以微粒说的方式解释视觉。这种学说认为，物体表面可以发出一些粒子，即一种光原子，这些粒子可以在真空中传播，进入人的眼睛之后形成视觉。这可以当作是微粒说的萌芽。牛顿支持这种前人提出的假说，并且进一步认为光是从光源发出的一种物质微粒，在均匀介质中以一定的速度传播。他用微粒说来解释光的颜色现象，认为不同颜色的光对应不同的微粒，光的颜色的混合来自具有不同颜色的粒子的混合。光的微粒说很容易解释光的直线传播现象。微粒说也很容易解释光在光滑平面上的反射现象，因为这可以被理解为粒子与光滑平面的碰撞。微粒说也可以解释光在透明介质边界上的折射现象。但是，微粒说难以解释光在两种透明介质的边界会同时发生反射和折射现象。此外，微粒说还很难解释光可以互不影响互相穿过的现象。虽然有很多不足之处，但因为牛顿的学术威望，光的微粒说在当时还是成为了对光的主流认识。

5.2　光的波动说与干涉实验

光的波动说也有很长的历史。亚里士多德反对原子论的真空学说，对他而言把光当作一种可以在真空中传播的微粒是不可接受的。他对视

觉的解释是，物体可以使周围的介质发生变化，这种变化通过介质传播出来，到达人的眼睛后被人觉察。这种解释可以当作是波动说的萌芽。到了 17 世纪，笛卡儿继承了这样一种思路，提出了光的波动说。笛卡儿也不相信真空学说，他认为世界中弥漫着以太物质。他把光与声波作类比，认为光是在以太中传播的压力。

波动说在胡克和惠更斯那里得到了系统的发展和完善。日常可见的波有水波和声波。这种波有一些显著的特点，例如：(1) 具有衍射和干涉现象；(2) 两列波可以互相通过；(3) 需要通过介质传播。胡克和惠更斯把光与声波作类比，把光当作是一种纵波。他们认为光是在以太介质中传播的一种机械波。胡克认为，光的颜色是由波的频率决定的。惠更斯提出了惠更斯原理，即波传播到达的每一个点都可以当作是一个新的波源，产生次级波。图 5.2 演示了这样一种思想。从 A 点产生的球形波传播到 BG 弧，BG 弧上的每一点都可以当作是新的波源。这些波源产生次级的球形波，传播到 KL 弧等众多弧线所示的位置。这些次级的球形波叠加在一起产生原始的球形波的 CE 弧，整个波动仍然表现为向外传播的球形波。

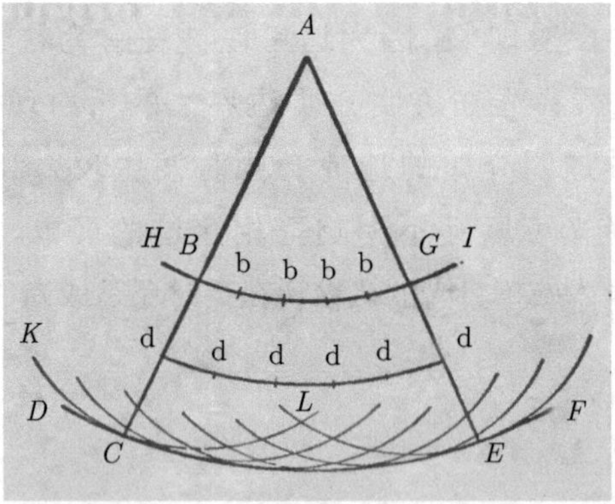

图 5.2 惠更斯对波传播性质的演示 (图片来自 *The Wave Theory of Light—Memoirs of Huygens, Young and Fresnel*)

惠更斯认为，以太可以渗透进通常物质之中，导致光可以在透明介质中传播。惠更斯使用他的理论解释了光的反射和折射现象。他还试图使用波动说解释光的直线传播现象，但是限于当时研究的深度，他的讨论不太令人信服。惠更斯理论最大的问题是，他的波动说是与声波作类比得到的，他假设了光波是纵波。这使他的波动学说在解释实验方面有许多弱点。

胡克和惠更斯的光的波动理论与牛顿的微粒说形成了巨大矛盾，在当时引发了巨大争论。但是由于牛顿的影响，在之后的岁月中，光的波动理论长期被人搁置遗忘。

一百年之后，托马斯·杨重新发掘了光的波动说。1801 年，托马斯·杨进行了著名的杨氏双缝干涉实验。他把一束光照射于两条平行的窄缝，在窄缝之后的探测屏幕上观察到了一系列明亮条纹与暗淡条纹相间的图样。这样一种结果与微粒说相矛盾，而与波动说符合。图 5.3 演示了双缝干涉实验的实验方案。托马斯·杨用实验证实了光是一种波，这产生了革命性的影响。在此之后，托马斯·杨又提出光波是一种横波，而不是纵波，从而可以解释光的偏振等现象。此后，菲涅耳进一步发展了惠更斯的波传播理论，使用该理论证明了光的直线传播规律。此外，菲涅耳还用实验证实了这个理论预言的奇特的衍射现象。在此之后，光的波动说终于建立起来，光的微粒说逐渐被人们抛弃。

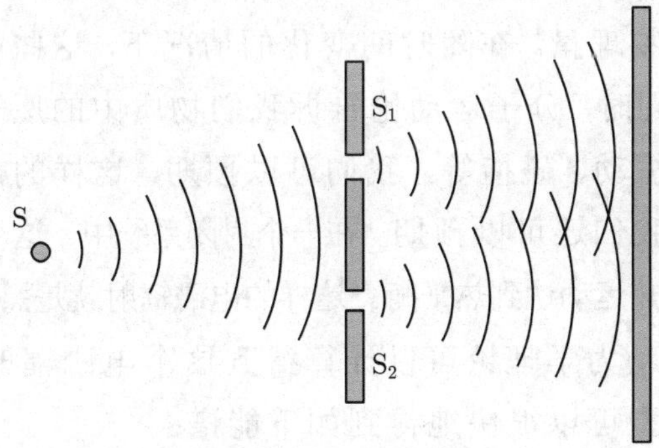

图 5.3 双缝干涉实验。来自 S 的波从两个狭缝 S_1 和 S_2 透过，在后边产生干涉

在此之后，麦克斯韦假设以太是电和磁现象的传播介质，使用位移电流假说论证电磁场可以在以太中传播，即预言了电磁波。他发现电磁波的传播速度大约等于光速，随即推断光是一种电磁波。其后，赫兹通

过实验发现了电磁波，并发现电磁波的传播速度等于光速。他还用实验证实电磁波有反射、折射和偏振等现象。这些实验证据使人们进一步认识到光就是一种电磁波。到 19 世纪末，光的波动说占据了支配地位，人们彻底相信光是一种波。

然而，故事并没有到此结束。在经历了短暂的遗忘之后，光的微粒说以另外一个面目重新得以复苏。导致光的微粒说复苏的是新的实验。

5.3 光量子假说与光电效应

到 19 世纪末，电磁学已经发展完善，而物质的原子分子理论也十分流行，使用原子分子从微观理解电磁辐射变成了物理理论的一种需求。

根据电磁学知识，我们已经知道导体中有可以流动的带电粒子，而绝缘体虽然没有可以流动的电荷，一般也有电偶极矩。根据已经完善的电磁理论，带电粒子在加速运动时会发出辐射，即发出光。即便电中性的粒子，也可以带有非对称的电荷分布，也就是带有电偶极矩、磁偶极矩或者多极矩等物理量。在随时间变化的情况下，这些极矩也可以发出电磁辐射。与此同时，分子运动论告诉我们物质中的原子分子时刻都在做热运动，包括振动、碰撞等。我们可以预期，这样的热运动将产生大量的电磁辐射。我们还可以预期，在一个封闭系统中，这个热运动导致的电磁辐射将与物质的热运动达到热平衡。这样的电磁辐射就是黑体辐射。

使用经典电动力学理论可以计算得到这个电磁辐射的能谱。例如，使用简谐振子模型可以很快地得到如下能谱：

$$u(\nu) = \frac{8\pi\nu^2}{c^3}kT, \tag{5.1}$$

其中 c 是光速，ν 是光的频率，T 是温度，k 是玻尔兹曼常量。然而，实验结果与这个计算并不符合，特别是在频率大的区域，差别非常大。普朗克通过对实验结果的分析发现，黑体辐射的能谱可以写成

$$u(\nu) = \frac{8\pi h\nu^3}{c^3}\frac{1}{e^{h\nu/(kT)}-1}. \tag{5.2}$$

图 5.4 演示了这两条曲线的区别。其中，纵坐标是功率谱除以 8π，横坐标是频率。为了简化，其他有量纲的量都取为 1。

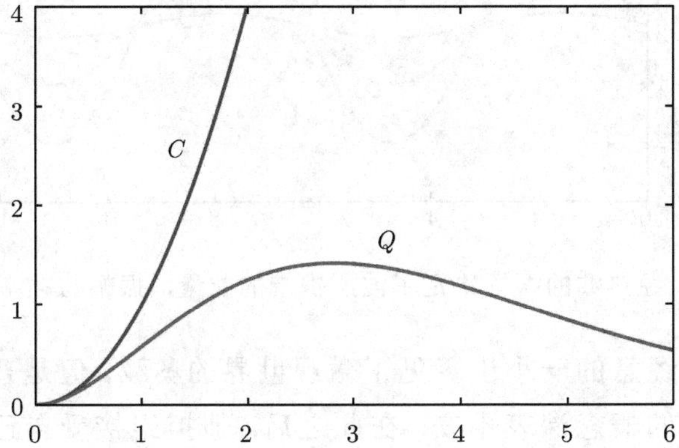

图 5.4　黑体辐射的能谱

C—经典理论预言的功率谱曲线，ν^2; Q—普朗克拟合的功率谱曲线，$\nu^3/(e^\nu-1)$

普朗克试图使用统计力学的方法得到黑体辐射的功率谱 (5.2)。他假设，具有特定频率 ν 的电磁波有一个最小的可能能量 $h\nu$，其中 h 后来被称作普朗克常量。电磁波由一份份携带最小能量的最小包裹组成，如果电磁辐射的能量是 E, 则就有 $n=E/(h\nu)$ 份的能量。这就是光量子的概念。普朗克把这 n 份电磁辐射的能量当作 n 个粒子那样进行统计力学的分析，发现可以很简便地得到公式 (5.2)。

普朗克不经意的一小步是一个巨大的飞跃。不论对经典的声波、水波，或者对电磁波，一个基本的认知是，波携带的能量取决于波的振幅，振幅越大的波携带的能量越大，但是振幅与频率是互不影响、相互独立的两个量。图 5.5 演示了具有相同频率但是不同振幅的波的情况，振幅越大则曲线的波动幅度越大，这代表着波携带的能量越大。从经典物理学的观点看来，振幅可以无限地小下去，而频率可以保持不变。普朗克假设电磁波具有一份最小的能量 $h\nu$。如果我们继续使用经典物理学的语言，这意味着具有特定频率的电磁波有一个最小的振幅，而且这个最小振幅与频率有关。这是一个与经典物理学中波的概念完全不同的概念。

如果为真，这说明光不仅具有波动性，而且具有粒子性。

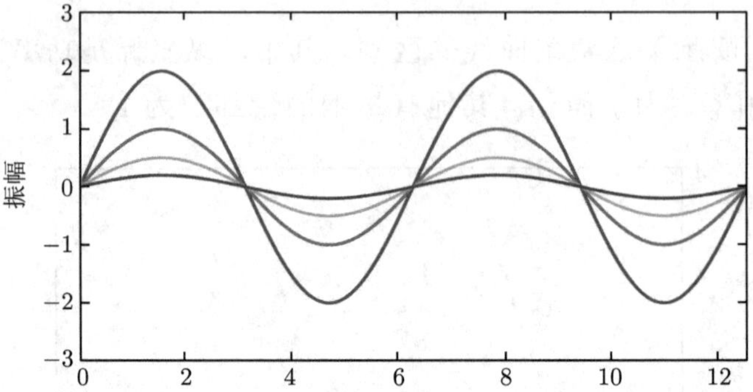

图 5.5 经典波的振幅决定了波所携带的能量，振幅与频率无关

普朗克不经意的一小步瞥见了微观世界的奥秘。但是普朗克自己却对于这个全新的概念深表不安，在此之后，他拒绝接受自己创造的光量子概念。要等到 1905 年爱因斯坦对光电效应的研究才再次使光量子的概念引起人们的瞩目。

光电效应是 1887 年由赫兹发现的现象。他在实验中发现，使用紫外线照射火花放电装置的隙缝中的金属材料可以使放电更容易。图 5.6 演示了这个效应。金属中的电子被束缚在材料之中，光照射之后，光的能量转给电子，使电子获得能量逃逸出材料。

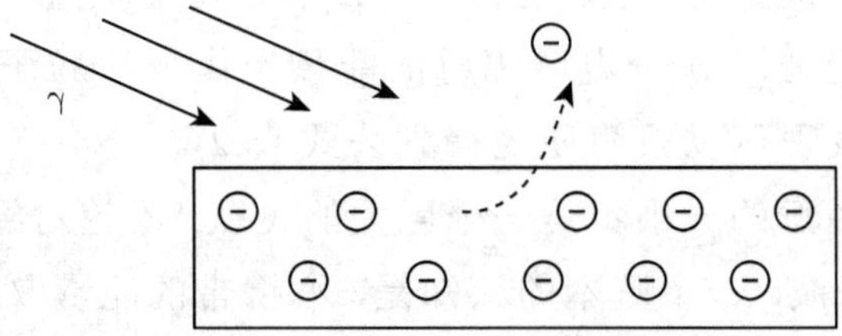

图 5.6 光电效应：在光的照射下，带电粒子吸收光子获得能量从物质中脱离出来

此后勒纳德对这种效应做了更进一步的研究。勒纳德使用阴极射线管来研究光电效应，并且由实验证实在实验中产生的阴极射线是由紫外线产生的。他发现，光电效应中产生的电流的强度与光强度具有正比关系，而且无论多么弱的光，都能产生电流。此外，发射出来的电子的能量与光强无关。这使他非常困惑。

如果电子的激发是通过吸收光波的能量来实现的，可以很轻易地想到，降低光的强度可以降低电子获得的能量。如果使用光强很低的光，即很弱的光，电子就不能获得足够的能量从物质中逃逸出来。所以，应该预期，在很弱的光的照射下电流应该减弱到零。但是，实验不支持这个物理图像。

在 1905 年，爱因斯坦写下论文《关于光的产生和转化的一个启发性观点》，对光电效应的物理含义做出了判断。他在论文中说[13]：

> 用连续空间函数来运算的光的波动理论，在描述纯粹的光学现象时，已被证明是十分卓越的，似乎很难用任何别的理论来替换。可是不应忘记光学观测都同时间平均值有关，而不是同瞬时值有关，而且尽管衍射、反射、折射、色散等等理论完全为实验所证实，但仍可以设想，当人们把用连续空间函数进行运算的光的理论应用到光的产生和转化的现象上去时，这个理论会导致与经验相矛盾。
>
> 确实，现在在我们看来，关于黑体辐射、光致发光、紫外光产生阴极射线，以及其他一些关于光的产生和转化的现象的观察，如果用光的能量在空间中不是连续分布的这种假说来解释，似乎就更好理解。按照这里所设想的假设，从点光源发射出的光束的能量在传播中不是连续分布在越来越大的空间之中，而是由个数有限的、局限在空间各点的能量子所组成，这些能量子能够运动，但不能再分割，而只能整个地被吸收或产生出来。

爱因斯坦认为，电子不是以连续的方式吸收光的能量，而是只能以吸收一份一份的光量子的形式。同时吸收多个光量子的可能性太小，可以不加考虑，而只考虑吸收一个光量子。因为只需要吸收一个光量子就可以，即便使用很弱的光照射金属，材料中的电子也能够吸收到足够的能量逃逸出去。同时这个理论也说明电子获得的能量与光的强度无关，这解决了勒纳德的困惑。

爱因斯坦的理论还有重要的预言。仔细研究可以发现以下一些性质。

1) 按照光量子假说，光量子的能量是 $h\nu$。当降低光的频率到一个值时，电子不能得到足够的能量逃逸，产生的电流消失。所以，有一个最小频率，低于这个频率的光不能产生电流。

2) 产生出来的电子从光量子获得能量 $h\nu$，从材料中逃逸出来需要克服阻力做功损失能量；电子的动能是从获得的光量子的能量减去逃逸出材料所需的能量 V, 即

$$E_{\mathrm{k}} = h\nu - V. \tag{5.3}$$

3) 产生出来的电子具有的最大动能与频率呈线性关系，而且该比例关系与材料无关，即 E_{k}-ν 直线的斜率与材料无关。

图 5.7 演示了这些性质。爱因斯坦得出了这些结论，他在论文中说[13]：

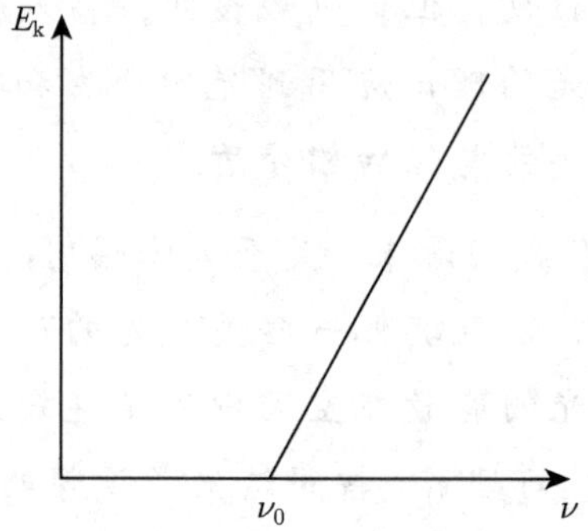

图 5.7 光电效应中电子动能对频率的依赖关系

如果所导出的公式是正确的，那么 Π 作为激发光频率的函数用笛卡儿坐标来表示时，必定是一条直线，它的斜率同所研究的物质的性质无关。

就我所知道的来说，我们的这些见解同勒纳德先生所观测到的光电效应的性质没有矛盾。如果激发光的每个能量子独立地 (同其他一切能量子无关) 把它的能量给予电子，那么电子的速度分布即所产生的阴极射线的性质就同激发光的强度无关；另一方面，在其他条件都相同的情况下，离开物体的电子数同激发光的强度成正比。

实验可以检验这些结论。如图 5.8 所示，后来的实验证实了爱因斯坦的理论预言，并且精确测量得到了普朗克常数量 h。

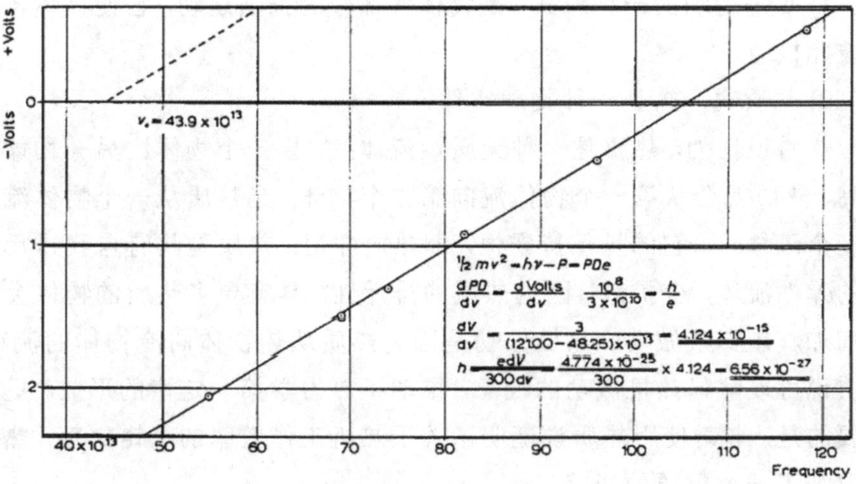

图 5.8 光电效应实验对光量子假说的检验 (图片来自 1923 年诺贝尔物理学奖获得者密立根的获奖演讲)

值得注意的是，普朗克通过光量子假说得到黑体辐射的正确能谱，这是对光量子存在的间接证据，而光电效应中激发电子的能量与光的频率的依赖关系是对光量子存在的直接证据。光电效应实验以及爱因斯坦的研究以无可辩驳的证据揭示了光的量子化效应。在此之后，光以全新面貌展现在人类面前。

人类对光的认识经历了多次转折。在经历了微粒说、波动说和多次关键性实验之后，人们终于认识到，光既是波，又是粒子，是在概念上难以被人理解和把握的物理实在。

5.4 热功实验与热质说

对于热的认识经历了漫长的曲折反复。这是一个典型的由实验给出关键性判据的例子。

关于热，历史上有两种典型看法：

1) 热是运动的一种形式，是物体各部分的强烈运动，它使物体各部分彼此松散。

2) 热质说，热是一种物理实体。

热质说认为，热质是一种无质量流体；如果一个物体比另一物体温度高，热质就会从第一个物体流向第二个物体；当热质从一个物体流入另一个流体时，它的量保持守恒，即热质守恒；热质是具有自我排斥性质的弹性流体，会扩散；因为热质的排斥性，具有更多热质的物体会体积增加，热膨胀做功；热机做功是因为热质从热物体向冷物体的流动。热质说可以解释热机做功的现象，推动了热力学第一定律的形成。更加重要的是，卡诺使用热质说证明了关于热机工作效率的卡诺定理，热质说取得了一个重要的成就。

这两个关于热的理论，哪一个是对的呢？1798 年，拉姆福德做了一个摩擦生热实验。他用钝钻头切削大炮。一次，他将约 9 公斤水放在装有大炮炮筒的容器中，切削两个半小时，水被煮沸腾了。他记录到[4]：

> 很难描述旁观者感到惊讶和震惊的表情——无任何火，却能加热这么多的水，确切地说是沸腾了……
>
> 在这个问题上进行推理，我们不应该忘记，最显著的特性是，在这些实验中，摩擦产生的热量似乎显然是取之不尽的。无需多说，任何绝热的物体或物体系统可以没有限制地连续提供的任何东西都不可能是物质实体。由那些实验形成可以被激发和传递的不同想法，如果不是不可能的，对我来说都是非常困难的。

拉姆福德的摩擦生热实验证明热确实是运动的一种形式，他还以实验测量了热功当量。不幸的是拉姆福德的实验长期不为人所知。人们非常讨厌他，他被认为是“自牛顿以来，科学史上最令人厌恶的名人”。

从 1843 年到 1847 年，焦耳做了一系列实验。他研究比较了驱动发电机所需做的功与电流通过电阻产生的热量，得到了一个功和热的比例关系，即热功当量；在另外一些实验中，他证明水通过窄管产生热。他做了空气膨胀实验，测量气体膨胀所做的功，并测量了空气在绝热膨胀过程中温度的变化，以这样一种方式再次测量得到热功当量。焦耳还进行了叶轮实验。他利用重力驱动叶轮做功，通过水与叶片之间的摩擦转化为热，他由此也测量得到了热功当量。通过这些实验测量得到的热功当量大致吻合，证明热和功确实具有一种固定的比例关系。通过这些内容广泛的实验，焦耳把关于热的科学建立在了牢固的实验基础之上，证明热确实是运动的一种形式。

在焦耳的实验广为流传之后，亥姆霍兹和克劳修斯提出了关于能量守恒的热力学第一定律。在此之后，作为现代物理学和工程制造的基础之一的热力学得以诞生。

5.5　布朗运动与原子分子假说

早在古希腊，德谟克利特就提出了原子论。他认为物质不能无限分割，而是有最小的基本单元。这种不能被分割、永不变化的基本组成单元被称作原子。罗马人卢克莱修在《物性论》中以诗句阐述原子论的思想，他写道：

物体可以分两种：
一种是事物的始基，一种是始基结合而成的东西，
始基没有什么能加以毁灭，
因为由于它们坚实的躯体。
……….
哪里是虚空，哪里就没有物体，
而物体所在的地方，
也就完全不存在着虚空。
所以原始物体是坚实而不带半点虚空。

德谟克利特的原子论当然只是一个哲学假说。但是在热力学建立之后这个假说重新焕发出了生机。在焦耳的热功当量实验广为人知并且热力学得以建立之后，克劳修斯提出了关于热力学的微观理论。他系统地研究了理想气体，采用原子分子假说，把气体分子当作理想球体并且不停地运动。这些球体与容器壁发生不间断的碰撞，因而对容器壁产生压强。由这些假说，他成功地推导出了关于理想气体的定律。

在此之后，麦克斯韦认识到分子速度的方向应该具有随机性，这样会导致气体的压强是各向同性的，从而与实验观测符合。这些概念最终导致了统计力学的诞生。统计力学把热现象解释为大量原子分子的无规则运动，热力学行为是大量无规则运动的原子分子的平均效应，并以统计的方式推导出热力学定律。热力学是描述物质宏观属性和宏观现象的理论，处理的是热、温度、压强之类的物理现象。而统计力学假设微观世界的存在，从一些关于微观粒子的简单假设导出关于宏观现象的热力学。这是一个极端简洁优美的理论！

但是这样一种理论与观测世界存在一个巨大的矛盾。如图 5.9 所示，考虑一个箱子，用板子分隔为两部分。箱子的左半部分填充了气体，而右半部分当作真空。当把隔板拿开之后，气体将从箱子左边扩散到整个箱子。宏观观察到的现象是气体总是扩散到整个箱子，而不会重新回到箱子的左半部分。这样一种观察结果说明气体的扩散过程是不可逆的。类似的现象还包括：热总是从温度高的物质传导到温度低的物质；对物质的一部分加热后，物质把热量传递给其余部分最终总是达到热平衡。热力学使用热力学第二定律描述这样的现象。这样一个观测事实与原子分子假说形成了矛盾。如果原子分子的运动满足力学的运动规律，例如牛顿力学，那么我们会预期这样的过程是可逆的。对这个例子而言，箱子中的粒子自由运动并与壁碰撞，一个粒子可以从箱子的左边运动到右边，那么也可以从右边运动到左边，这个过程是可逆的。微观粒子运动的可逆性与宏观现象的不可逆存在一个巨大的鸿沟。

玻尔兹曼对这个问题提出了精彩的解答。这个解答的大致意思如下。还是考虑图 5.9 的例子。

1) 一个粒子处于整个箱子中的概率可以看作是 1，而只处于左半边箱子的概率可以当作是 $\frac{1}{2}$。

2) 第二个粒子处于整个箱子中的概率可以看作是 1，而只处于左半边箱子的概率可以当作是 $\frac{1}{2}$；这两个粒子同时处于左半边的概率是 $\left(\frac{1}{2}\right)^2$。

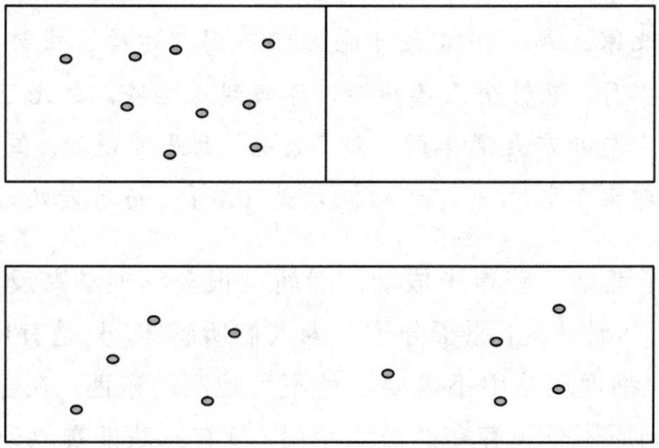

图 5.9　上图：气体被隔板限制在箱子的左半边；下图：隔板被拿开，气体扩散到整个箱子

3) 第三个粒子处于整个箱子中的概率可以看作是 1，而只处于左半边箱子的概率可以当作是 $\frac{1}{2}$；这三个粒子同时处于左半边的概率是 $\left(\frac{1}{2}\right)^3$。

4) 每个气体分子处于整个箱子中的概率可以看作是 1，而只处于左半边箱子的概率可以当作是 $\frac{1}{2}$；十个气体分子同时处于左半边的概率是 $\left(\frac{1}{2}\right)^{10}$。

5) N 个气体分子同时处于左半边的概率是 $\left(\frac{1}{2}\right)^N$。

可以看到，如果 N 很大，则所有气体分子都处于左边的概率是很小的。例如，如果有 $N = 10^{10}$ 个气体分子，所有气体分子都处于左半边的概率是 $2^{-10^{10}} \approx 10^{-3\times10^9}$。实际上，一克水蒸气对应有大约 10^{23} 个分子，这个相应的概率完全可以忽略不计。也就是说，如果气体中有极其大量的分子，虽然确实有那么一个概率，所有的气体分子都回到左半边，但是这个概率小到可以忽略不计。实际情况是观察不到气体全部回到左边这样的情况，所以宏观现象表现为不可逆的。这是玻尔兹曼的分子运动论对宏观现象不可逆的解释。对于这种微观可逆而宏观不可逆的现象，李政道先生有一个形象的比喻[14]：

> 北京目前是每天有一列火车往返于八达岭，如果一人完全随机地乘火车，那么他从八达岭上车，一定是到了北京，但是他在北京上车，那极大可能他回不到八达岭，或许要经过漫长的岁月，辗转全国各地后，再回到八达岭。由此可见，尽管八达岭与北京是通车的，即“微观”上是可逆的，但是往返的概率却大不相同，前者的概率是100%，而后者几近乎零。

虽然分子运动论获得了成功，然而有很多物理学家反对这一理论，特别是马赫。马赫认为，原子分子不为人们所感知，只是有用的工具，只是假设而已，物理理论中不需要这种不可观测的东西。在那个时代，没有可以观测到原子分子存在的技术手段，没有办法证实原子分子是否存在，原子分子是一种纯粹的理论假设。马赫认为，物理学中引入的概念需要有可观测现象与其对应，原子分子不是这样的概念。马赫的观点代表了物理学家中一大派人的观点，爱因斯坦也深受马赫的影响。玻尔兹曼承受了巨大的压力，于 1906 年 9 月 5 日自杀身亡。

在这个的关键时刻，爱因斯坦于 1905 年写下了一篇重要的论文。在这篇论文中，爱因斯坦表现出对物理问题的深邃洞察。早在 19 世纪，布朗就观察到水中的微小花粉颗粒做一种无规则的剧烈运动，花粉颗粒的直径一般在微米量级。这种运动后来被称作布朗运动。不只是对于花粉，对于气体或液体中各种不同的悬浮微粒，都可以观察到布朗运动。爱因斯坦认识到花粉颗粒的剧烈运动是颗粒对微观尺度上分子的随机热运动的反映。如图 5.10 所示，他把颗粒的扩散和与原子分子的碰撞联系起来，预言了颗粒的平均扩散速度。他预言，对于 17 摄氏度的水和一个 1 微米直径的颗粒，颗粒的平均扩散速度是在单个方向上一分钟内平均位移 6 微米。

1908 年，佩兰 (Perrin) 以实验观测证实了爱因斯坦的所有预言。这个实验最终说服了反对分子运动论的人，他们因而承认微观的原子分子的存在。在此之后，对于原子分子真实性的争论得以结束。

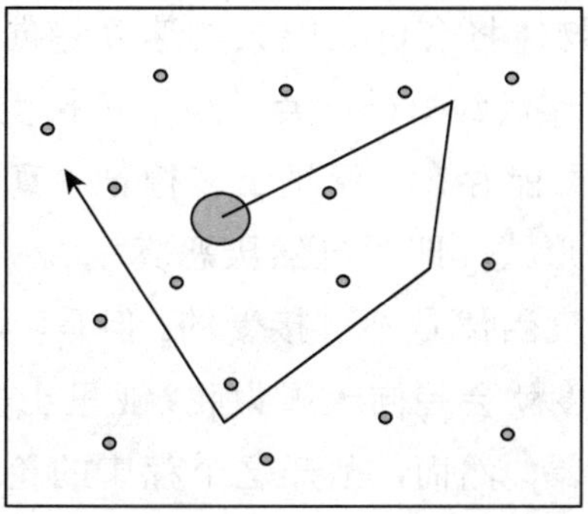

图 5.10 花粉颗粒与作随机运动的原子、分子碰撞，表现为随机的剧烈运动

5.6 真空是否存在

真空是现代人熟知的概念。对于现代人，真空的存在好像是理所当然，没有什么可以怀疑的地方。然而，在人类历史上，对于真空是否存在人们进行了许多争论，并且长期走入误区。

这些争论并不是没有意义。我们需要注意到，真空不能被人直接感知到，不是直接对感性经验抽象化就可以建立起来的概念，而是一个需要通过深入的理性思考和推论才能在头脑中建立起来的概念。但是在理性的论证过程中有很多歧途和误区，如果不够小心，人就可能走入误区。对于真空的认识就是这种情况，人们长期对其持有错误的认识。

真空是德谟克利特的原子论的一个基本假设。原子论假设存在不可分割的最小物质单元，即原子；而自然世界的丰富物质是由原子所组成的。真空是原子运动的场所，是德谟克利特的原子论所必需的一个假设。如果我们接受原子论这样的自然哲学观点，认为物质有最小的组成单元，真空就是难以避免的一个概念。

亚里士多德不认为真空可以存在。真空是没有任何物质的空，可以说是一种“非存在”。不过闻名于世的亚里士多德对真空不存在的论证并不是这种哲学式的论证。他以对运动学的思考来论证真空不能存在。他认为，假如存在没有任何物质、没有介质的真空，物体在其中运动就不会受到任何阻碍，物体将会以无限大的速度趋向其自然位置。这种无限大的速度是瞬时从一点到另外一点，是不可接受的。所以，亚里士多德得出结论，真空不可能存在。亚里士多德把“真空不存在”这个结论表述成一种目的论的形式，即“自然厌恶真空”。

无限大的瞬时速度当然是不可接受的。但是，如果没有介质的阻碍，为什么物体的运动速度就会趋向无限大呢？亚里士多德的论证并不正确，甚至可以说是十分粗暴。然而，抛开这个荒唐的论证不谈，我们应该承认亚里士多德的一些观点并不是完全没有道理。人们有非常强的理由反对没有任何物体或者介质的真空这样一种观念。人们可以想象，这种没有任何物质的真空不能传递任何运动。承认真空的存在就强烈意味着应该接受超距作用，也就是接受这样一种观念，即物体可以不通过接触或者不通过中间介质的帮助就相互影响。从古代的自然哲学，到现代物理学，没有人认为超距作用可以存在。古代自然哲学避免超距作用的一个办法是假设世界中弥漫着以太，以太作为介质为互不接触的物体传递相互之间的影响。

我们看到，“自然厌恶真空”这个命题虽然在现代人看来有些荒谬，但是这种观念并不是没有观念上的基础。此外，“自然厌恶真空”还可以用于简单地直接解释虹吸等现象。所以，我们也可以理解，这种学说长期在欧洲占据支配地位。伽利略虽然反对亚里士多德的运动理论，但是并不反对“自然厌恶真空”这种学说。在《对谈》中，他讨论当把两片平板玻璃紧密放在一起的时候为什么很难把玻璃分开，他使用“自然厌恶真空”学说来加以解释。在《对谈》第一天的对话中，伽利略借助萨耳维亚蒂之口说[2]：

> 首先我将谈谈真空，用确定的实验来演证它的力的质和量。如果你们拿两块高度磨光的和平滑的大理石板、金属板或玻璃板并把它们面对面地放在一起，其中一块就会十分容易地在另外一块上滑动，这就肯定地证明它们之间并不存在任何黏滞性的东西。但是当你试图分开它们并把它们保持在一个固定的距离上时，你就会发现二板显示出那样一种对分离的厌恶性，以致上面一块将把下面一块带起来，并使它无限期

> 地悬在空中，即使下面一块是大而重的。
>
> 这个实验表示了大自然对空虚空间的厌恶，甚至在外边的空气冲进来填满二板间的区域所需要的短暂时间内也是厌恶的。人们也曾观察到，如果二板不是完全磨光的，它们的接触就是不完全的，因此当你试图把它们慢慢分开时，唯一的阻力就是由重量的力提供的。然而，如果拉力是突然的，则下板也将升起，然后又很快地落回，这时它已跟随了上板一小段时间，这就是由于二板的不完全接触而留在二板之间的少量空气在膨胀中以及周围的空气在冲进来填充时所需的时间。显示于二板之间的这种阻力，无疑也存在于一个固体的各部分之间，而且也包含在它们的内聚力之中，至少是部分地并作为一种参与的原因而被包含在内聚力之中。

此外，比伽利略晚一些的笛卡儿也反对真空。笛卡儿的以太学说认为世界中弥漫着以太介质，他使用以太介质的机械运动来解释力的传递。

我们看到，这种对真空的怀疑具有合理的成分。在前几节讨论光的微粒说和波动说的时候，我们也遇到类似的问题。现代物理认为光并不需要介质就可以传播。此外，引力这样的力也不需要通过介质传播，但是也不是超距作用。光和引力都可以在没有介质的真空中传播，但是这样的观念是古代思想家完全想象不到的。为了避免超距作用，古代思想家们倾向于认为真空不存在。

综上所述，真空是否存在这个问题在概念上十分复杂，不可能仅仅通过思想家头脑中的思考就被辨析清楚。最终是托里拆利和帕斯卡的实验告诉我们真空确实存在。在这些实验的研究中，帕斯卡还同时创造了大气压的概念。

水泵是历史悠久的机械，使用水泵可以把水从低处提到高处。例如，如果使用一个长的管子，里面加上一个活塞，把管子一头和活塞一起放入水中，另一头竖起。如果在管子中拉起活塞，水会随着活塞沿着管子升起。这就是水泵和虹吸等现象的工作机制。“自然厌恶真空”理论对这个现象的解释是，拉起活塞后水填补空间避免出现真空。这个现象被认作是“自然厌恶真空”理论的一个支持证据，伽利略也持有这种观点。

有一次，当伽利略听说有一个很长的新建水泵只能把水提高到一个极限高度，他想到“厌恶真空”可能具有一个可以计量的力量。在前面的引文中，我们也可以看到他的这个观点。伽利略希望通过实验确定这个“厌恶真空”的力。在伽利略之后，托里拆利想到可以使用水银柱代替水柱对“厌恶真空”的力进行测量。帕斯卡听说了托里拆利的实验，他使用水银和红酒管重复托里拆利的实验。图 5.11 演示了托里拆利和帕斯卡的实验方案。使用一端封闭一端开口的玻璃管，先把玻璃管子注满水银，用手指堵住开口，放入水银盘，然后在水银盘中使管子开口朝下颠倒过来，使其处于竖直状态。放开手指后可以发现，水银柱下降，并且停留在一个高度不变。倾斜玻璃管，水银柱停留的高度也不会变化。

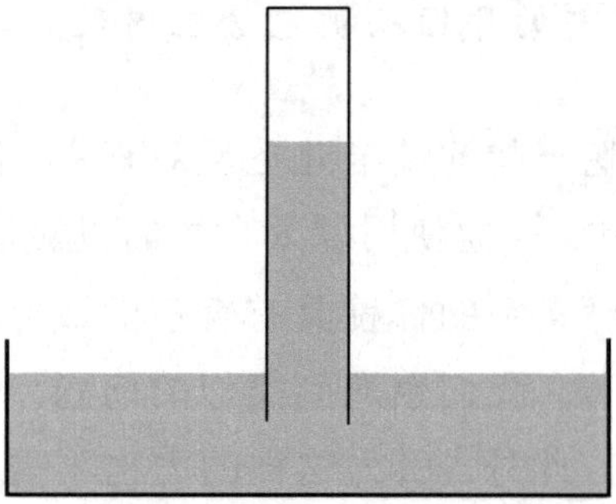

图 5.11　托里拆利和帕斯卡的大气压实验

帕斯卡认为，在这个实验中水银柱顶端没有水银的部分就是真空，他并且指出这就是产生真空的一个简便办法。帕斯卡指出，使用水柱同样可以得到这种现象，但是水的密度小很多，所以水会达到更高的高度，需要使用很长的管子。

帕斯卡做了一系列实验详细检查这类现象。图 5.12 演示的是他做的另一个实验。他使用一个装有水银的袋子，把水银袋的开口接到一个两端开口的玻璃管上，把水银袋放入水中。如果降低水银袋的位置，可以观察到管子中水银柱的高度上升。这可以解释为，在更深的位置，容器中的水提供了更大的压强，水银袋受到更大的压强，所以水银柱上升到更高的位置。

帕斯卡从这里得到了一个重要的提示，即图 5.11 的实验得到水银柱的机制应该与图 5.12 的实验得到水银柱的机制类似。但是，在图 5.11 的实验中，应该是大气的压强支撑了水银柱的高度。帕斯卡由此猜测了大气压的存在。作为与图 5.12 的实验的一个类比，帕斯卡立即意识到，当到高山上去做图 5.11 的实验时，水银柱的高度应该达不到在地面得到的高度。他把他的猜测告诉了自己的一个爱好登山的亲戚，这个亲戚登上一座高山的山顶帮他完成了测量，证实了他的猜想。

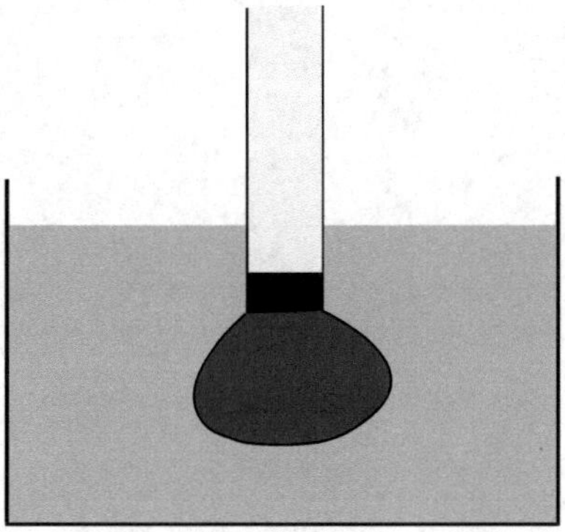

图 5.12 帕斯卡的实验

帕斯卡的一系列实验证实了大气压的存在，也证实了此前被认为是支持“自然厌恶真空”理论的现象实际上是源于大气压的存在。他的这些简单的实验还以无可辩驳的证据表明了真空可以存在，解决了哲学思辨在将近两千年内不能解决的问题。

推荐阅读

法拉第，《蜡烛的故事》

本书内容是法拉第所作的一个系列科普报告。在此系列报告中，法拉第通过一系列的实验非常漂亮地揭示出水的化学成分、蜡烛的组成成分等，非常优美地展现了科学研究的归纳法思想方法。本书不仅是一部极好的科普著作，也是一部展现如何运用归纳法根据实验现象揭示自然世界的奥秘并且建立描述自然现象的合适概念的典范著作。

第 6 章

科学方法与现象学

牛顿有一手。

——李政道

前几章阐述的科学方法与科学思想看似简单，然而人类却经历了漫长的时间和曲折才达到这样的认识。这是因为，看似简单的科学方法和科学思想与传统的思想有着非常重大的区别。已故麻省理工学院 (MIT) 黄克孙教授有一句话，生动地说明了这一点：近代科学是极为不显然的偶发的星火，是前此没有的思想。对于它，传统宗教自然是格格不入，传统哲学也是它一大障碍。

近代科学是从艰难的处境中诞生的，这种艰难的处境不仅仅在于社会环境比较艰难，还在于传统的哲学思想和宗教思想与新生的科学思想有许多格格不入的地方。新的思想家需要克服许多传统思想带来的无形束缚才可能大展身手。在伽利略、牛顿那里我们可以看到他们全新的创造，也可以看到一些不利的传统思想对他们的束缚。本章将讲述这些不利于科学的传统思想，并阐述新生的科学思想和科学方法与这些传统思想的根本不同。

6.1 不利于科学的思维倾向：目的论世界观、形而上学和数学神秘主义

目的论世界观与形而上学

在人生之中，每个人可能都会经历一些困惑。在困惑的时候，可能都会问人生的目的是什么、成为什么样的人、人生的意义何在之类的问题。有一些思想的人可能都会觉得自己在人世间是要完成某些事情、达

到某些目的。这是人所常见的目的论思想。

在人类的童年时代，万物有灵之类的泛灵论是广泛流传于人类世界的思想，这可以从流传至今的文学著作以及宗教文献中看出来。在《对话》第二天的对话中有一段根据这种世界观对日心说和地动说的责难，从中可以看到泛灵论对当时的人的影响。伽利略通过辛普利邱说出这条反对理由[1]：

> **辛普利邱**：这里是第六条也是最后的一条反对理由。他指出一个可毁灭的和无常的物体不可能具有持久的经常运动。他以动物为例来支持他的论点，因为动物虽然能做自然运动，却会感到疲倦，必须经过休息才能恢复体力。而动物的动作和地球运动比起来要相差得不可以道里计。可是地球却要做出三种不可协调的和方式上弄得人们莫名其妙的运动！除掉一个人死心塌地要为这种见解辩护外，试问谁能够坚持这样的看法?

辛普利邱说的三种运动指的是地球的周日自转运动、周年绕日运动以及地球南北极偏向太阳的运动。实际上第三种运动源于地球的周日运动和周年绕日运动的结合，不是一个独立的运动。辛普利邱说的这种泛灵论思想把自然世界的运动比作动物的运动，在持有这种思想的人看来地球的不停息的绕日运动是不可思议的。

目的论世界观是一种典型的把生物世界的特色和人的思维特色移情于自然世界的世界观，是泛灵论思想的升华。在这样一个世界观的笼罩之下，人与宇宙的关系好像更加亲密，人好像可以在宇宙中获得一个位置。亚里士多德的一个贡献是把这样一种目的论世界观打造成了一个精妙的理论体系。

亚里士多德的目的论世界观的一个表现是把物体的运动区分为自然运动和受迫运动，并且追问物体的自然运动是什么。他把物体分为具有重性的物质和具有轻性的物质。他认为具有重性的物质的自然运动是下落，例如石头，而具有轻性的物质的自然运动是上升，例如烟、火焰。亚里士多德认为自然运动是物体的本性，而受迫运动是违反物体本性的。

当物体受迫运动之后，将会自然地寻求自然的运动。例如，一个石头被提起是受迫运动，放手之后石头又自然地下落，是自然运动。

类似其他古希腊人的思想，亚里士多德把物质分为天界的和地界的。他认为地界的物质，即地球上的物质，是由地、火、风、水 (或称土、火、气、水) 四大元素组成，但是天界物质不是由这四大元素构成的，而是由第五种元素以太构成的。太阳、月亮、行星和恒星都是由以太构成的物质。这种物质的自然运动是做圆周运动，这是天界物质的本性。此外，亚里士多德认为天界物质和地界物质是完全不同的，具有不同的本性，天界物质是不朽的、完美的、永恒不变的，而地界物质是可朽的、不完美的、变化的。根据这种观点，地球做圆周运动是不自然的，是违反它的本性的。

与这种自然运动的观念密切结合的是亚里士多德关于和谐、有秩序的宇宙的观念。亚里士多德认为，所有实在的存在物自然地形成一个有秩序的整体宇宙。在这个整体宇宙中，万物都将达到符合自身本性的自然位置。地球的本性和自然位置就是静止不动，而天界物质的本性就是做圆周运动。一个和谐的、有秩序的宇宙就是由这样的处于符合本性的位置的物质组成的。亚里士多德的这种自然哲学与他的宇宙学说构成了一种相互补充、相互支持的世界图像，这也是一个非常漂亮、优美的世界图像。

亚里士多德并不是不关心现象，相反他很关心现象。亚里士多德并不是脱离实际的哲学家，相反他特别强调观察的重要性。例如，他根据月食期间地球在月球上的投影论证地球是球形，他还描述了对月虹的观察。亚里士多德对动物分类、动物胚胎学等的贡献也毫无疑问是建立于对现象的观察之上的。他所建立的所谓物理学是一种基于常识的物理学，也是基于对常见现象的观察之上的。但是，他建立学说的方法是为常识中常见到的性质取一个名字，例如把重物体下落取了一个名字叫重性，然后直接指认这个性质是物体本性的。这样一种指认是十分鲁莽的。经过这样一种指认，物体向上的运动就被认为是违反本性的。这样一种思考会极大地阻碍人们认识到运动的相对性以及运动的可合成和可分解的性质，阻碍人们对运动的现象开展更加深入的认识。这也正是在历史上所发生的情况。

我们可以看到，亚里士多德的这种学说先验地预设了一些概念，例如自然运动、受迫运动、自然运动是物体的本性而受迫运动不符物体的本性等等，把这些哲学概念强加给物质世界。预设一些先验的概念，然后把这样一些缺乏根据的概念强加给现象是一种典型的形而上学思维。目的论思维和形而上学结合为一体构成了亚里士多德的自然哲学。对亚里士多德而言，这样一种思维方式是难以避免的。亚里士多德有“四因说”哲学理论，即形式因、质料因、动力因、目的因。他认为事物的存在和变化有形式因、质料因和动力因等原因，但是目的因是最重要和最根本的。他把存在分为潜在的和现实的，把万物的变化视为是向着潜在的目标的实现。例如，树木从一个种子到成熟树木的生成变化过程就是一个向着完善形式的目的因的实现过程。他把作为目标的理想形式当作为本质，也就是目的因。这样一种哲学理论可以用于解释万事万物既存在又变化这两类相互矛盾的现象，特别是可以很漂亮地解释生物现象。但是亚里士多德直接把这样一种思想推广到了整个自然世界，这就造成了极大的错误。

拓展 6.1

对现象的客观描述

对现象的客观描述和形而上学式的描述有着极大的区别。

例如，对于石头下落，形而上学式的描述说石头下落是因为石头具有重性，这是石头的本性。而客观的描述只是说放开支撑之后石头会下落，但是避免做出本质性的判断。这个区别在进一步讨论物体在介质中是否下落时可以看得清楚。伽利略不认为存在“轻性”和“重性”两种物质的本性。他认为物体是否上升或下落取决于与周围介质的比重，例如木头在空气中自然下落，但是在水中自然上浮。所以并不存在所谓符合物质本性的自然的下落运动，轻或者重都是相对的。但是，如果说石头具有重性这样的本质属性，这是一个绝对的判断。根据这个判断，我们可以说，具有重性的物体在任何介质中都将下落。

对现象的客观描述应该极力避免对现象做过多解释，避免使用过多的概念，避免对难以回答的本质问题做出轻率的回答。这是自伽利略开始兴起的物理学的一个极为重要的思路。

牛顿的一大贡献是使人们认识到了重力是一种万有引力。在后文中我们可以看到，牛顿却极力避免对重力的本性做出形而上学的判断。他也曾构想过重力产生的以太理论，但是他强调他并不了解重力是否是物体所具有的本性。

亚里士多德的自然哲学对后世产生了重大影响。欧洲人的思维长期受到这种自然哲学的统治。我们可以从伽利略的老师博纳米科对物体运动的阐述中看到这种思维方式的影响[8]：

> 关于对立事物的方法与科学是相同的；然而，顺应自然的运动与违反自然的运动却截然不同。因此，讨论完顺应自然的运动之后，我们有必要根据我们已经建立起来的运动规则，来讨论一下那种由强迫所引起的违反自然的运动。不过，这种违反自然的运动又可分为两种类型，一种是完全违反自然，另一种是仅仅以某种特定的方式违反自然。因为，只有当被推动物体不能从它自身内部接受到一种力量，也就是说，当通过这种运动，物体不再能够借助返回并停留在其自然位置而获得自我完善，因而物体 (在它自身中) 也不再拥有使它运动的那种倾向时，人们才会说某物是被外力所推动的。因为物体所处的自然位置是一个适合其形式的位置，而这种形式已在更早时被另一个位置所破坏。然而，所有事物都在尽其所能地抗拒死亡。因此，运动物体是如此抗拒到那个对它而言并非其自然位置的地方去，以至于如果施动者的动质不足以克服它的阻碍，物体就永远不会运动；而且如果强迫的力量不能够占据优势，物体就总是会退回到它原先的位置。因此，施动者的动质绝不会助长运动者的运动倾向，就如我们用力将石头往下抛时发生的情况；在这种向下抛射石头的情况中，物体自身 (固有) 的动质添加到运动者的活动之中，从

而产生了一种大大加快的运动。因此，对于运动物体来说，一种纯粹受迫运动的原则是完全外在和非固有的，它的工作只有唯一的助手，即一种能够接受推动者的冲力并将其赋予运动物体的介质。确实，完全违反自然的运动物体根本没有获得任何一种力……但它却被施动者所克服，以致与当它顺应自然而运动时相比，运动物体在其运动过程中将会经历同样的路线，只不过这时它的运动方向刚好相反。因此，它在运动开始时比结束时速度更快。至于那种其运动仅仅以某种特定的方式违反自然的运动物体，它并不趋向它所要去的位置；由于受到外力强迫，它也并不沿着如果它顺应自然而运动时本应遵循的同样路线运动，而总是朝着某一侧有所偏离；尽管如此，它并非完全抗拒运动。这就是为什么介质会在它的运动中进一步帮助它和支持它。也正因此，当同样一木块石头被侧向抛出时，它将比被竖直向上抛出时运动得更快更远。然而，没有任何一个(被这样推动的)物体会仅仅趋向它被推向的那个位置，依照它的本性它也不会一直待在那里。但是，当推动力耗尽之后，它又开始回归它的自然运动和自然位置，并依照其本性在它先前运动的末端与世界的中心这两者之间画出一条垂直的路线。在这种运动中，它一边前进一边逐渐加速。但是，那些产生受迫运动的原则可能多种多样，而能够影响这类运动的原则通常是那些对立的原则。正如人们在闪电中所见，由于闪电属火，因而它才会被周围的水所浇灭；正如在重物中所见，如重物在某处被风吹起；正如在某些运动物体的牵引中所见，就像在高层空气中可能会发生的现象；正如在水的冲力中，或在做圆周运动的空气冲力中，以及在旋风中所见；一般说来，也正如人们尤其是在生物的推、拉、举和旋转等动作中所见的情形。

在这个关于运动的讨论中，我们可以看到博纳米科使用了许多目的论式和万物有灵论式的语言，例如“所有事物都在尽其所能地抗拒死亡”“停留在其自然位置而获得自我完善”。同时博纳米科所采用的理论也是一种形而上学的理论，这突出表现在他预设了顺应自然的运动与违反自然的运动等概念。在这样的理论框架中，物体的运动很难得到理解，特别是抛射体的运动很难得到理解。理论家转而寻求介质的帮助，并构造出介质帮助物体运动的复杂理论，例如设想箭被射出后被空气推着走。这种理论过于复杂，也过于离奇，在伽利略之前就受到不少人的严厉批判。但是，直到伽利略，这个问题才被理解清楚。总体而言，作为一个目的论哲学理论，亚里士多德的自然哲学是一个非常精彩和宏大的理论。但是这个理论预设了太多的概念，对于形成合适的概念来认识自然现象而言，这造成了许多障碍。

对伽利略时代的欧洲而言，亚里士多德的自然哲学并不仅仅只是一个关于自然世界的学说。比起纯粹的学院式学说，这个学说对于欧洲社会具有更加重要的意义。这个重要性表现在，亚里士多德的形而上学被宗教所采纳，并与神学结合形成了一种目的论式的新神学。在伽利略的时代，统治欧洲人思想的就是综合了亚里士多德形而上学和宗教思想的一种目的论式的神学学说。

这个结合出现在托马斯·阿奎那。托马斯·阿奎那在亚里士多德的学说与基督教神学之间打造了一个联盟。这个联盟在抽象层面把神的全能与亚里士多德的目的论倾向协调一致，以亚里士多德的理智论证神的启示，或者说可以以这样一种理智理解神的启示。人们以这样一种方式可以在宗教中安身立命。在这个联盟中，亚里士多德的形而上学和自然哲学都成为了神学的支撑。对亚里士多德学说的否定不仅是对古老的自然哲学的否定，而且是对自然哲学对宗教教义的支持的否定，也是对那种神学的否定。这样一种否定激起了人们的恐惧。当时的一位神学教授这样说起这种恐惧情绪[7]：一旦“实体形式”(亚里士多德学说的核心)的本质和存在遭到否认，人的精神就会陷入虚荣心、怀疑论、为所欲为和相互争斗的倾向，没有什么能够阻止他宣称：没有灵魂，没有人在子宫中的生殖孕育，没有风，没有光，没有三位一体，没有基督的道成肉身，没有原罪，没有奇迹，没有预言，没有神的意识在人的精神和意志中的觉醒，没有人凭借神的恩典复活，没有魔鬼在人的身体和精神中运作。这就是为什么当伽利略以坚实的证据反对亚里士多德学说的时候，伽利略会受到宗教的打击。

到了伽利略的年代，目的论思想和形而上学已经被普遍认作是有害于科学的。人们认识到，需要在对自然世界的研究中清除目的论思想的影响，科学应该客观地描述世界、客观地研究世界，而不应该先编造一些概念强加于自然世界。对于这样一种目的论思想，培根评论说[11]：

> 对于自然中的最普遍的原则，本只该照着它们被发现的样子认定它们就是绝对的，而不能再以什么道理来把它们归到一个什么原因；可是人类理解力由于自己不能罢休之故，却仍要寻求自然秩序中的什么先在的东西。结果，它在努力追求较远的东西中却回头落到近在手边的东西上，就是说，落到目的因上；这种原因分明是与人的性质有关而与宇宙的性质无关的，而正是从这个根源上就把哲学搅得不成样子了。

培根认为[11]：目的因除对于人类活动的科学外，只有败坏科学而不会对科学有所推进。培根之后的玻意耳并不排斥目的论解释，但是他认为，即便不质疑目的论的终极有效性，这种目的论世界观也是远远不够的。玻意耳说[12]：

> 要想解释一种现象，把它归于一种一般的动力因是不够的，我们还必须清楚地表明那种一般的原因是如何具体产生相关结果的。如果一个人需要得到关于钟表现象的解释，却满足于被告知它是由一个钟表匠制造出来的机械，则他必定是一个非常愚钝的研究者，因为由此并没有说明钟表的发条、齿轮、摆轮等零件的结构和接合以及它们是如何协调作用以使表针指示出正确时间的。

玻意耳认为，科学要回答的是世界如何运作的，正如考察一个钟表如何运作一样。对于这样一个目标，目的论世界观实际上不能提供什么帮助。玻意耳的观点切中要害。

目的论思想影响深远。虽然开普勒和牛顿没有亚里士多德那样的目的因哲学，但是他们也持有目的论思想。开普勒和牛顿都认为宇宙是有秩序的、和谐的，而他们的任务是去发现这个有秩序的、和谐的宇宙的运作的真理。开普勒的这种思想还深刻影响了他的科学研究，他的太阳系模型就是在这样一种思想的启发下做出的。但是开普勒和牛顿的目的论思想最终并没有对他们的科学成就造成影响。如在前文所讲述过的，开普勒的发现是基于第谷的天文观测数据，是对天文观测数据的拟合结果，与他的目的论思想没有什么关系。牛顿在他的科学研究中表现出一种成熟的科学思维，使自己的科学研究完全不受自己的目的论思维和宗教思想的影响。在科学革命之后，目的论思想逐渐在物理学中被清除出去，当然科学家还可以在自己的私人空间保留这种思想。世界逐渐被认作是机械的，当然也不再像目的论世界那样生动。

数学神秘主义

在古希腊，亚里士多德并不是唯一一个具有目的论世界观的哲学家。毕达哥拉斯和柏拉图没有目的因理论，但是他们也相信宇宙的和谐和秩序这样的观念。他们也都建立了关于世界的形而上学理论。他们的一大特色在于，他们的学说具有强烈的数学神秘主义倾向。

毕达哥拉斯提出“万物皆数”的观点，认为数是万物的本原。毕达哥拉斯把本原学说提高到了一个新的层次，他不再将某种具体的感性事物当作本原，而将超越感性事物的思维当作了真实的本原。这样一种信念激发了毕达哥拉斯以及毕达哥拉斯学派从事广泛的数学研究，做出了很多贡献。毕达哥拉斯学派试图使用数学的方式解释世界，认为宇宙是按照和谐的比例构造出来的，万物按照一定的数量比例形成和谐的秩序。例如，他们认为音乐的和谐是由不同的音调按照一定的数量上的比例组成，即“美是和谐”。他们认为天体的运行秩序也是一种和谐：星球保持着和谐的距离，沿着各自的轨道，产生和谐的音调和旋律，即“天体音乐”。

柏拉图与毕达哥拉斯一样，对数学真理具有强烈的信念。与毕达哥拉斯一样，柏拉图认为可感知的事物是不完美的、有缺陷的、变化的，而完美的、永恒的事物是不可由感知充分知觉的。柏拉图认为完美的、永恒的事物是理念。例如树、花、草之类具体的事物，是可感知的，但是是不完美的、有缺陷的。但是，树、花、草的理念是永恒不变的，是理想的形式。完美的事物、理想的形式只可能由人的理性思维把握，不能由感知所把握。与毕达哥拉斯不同的一点是，柏拉图把几何当作宇宙的本原。柏拉图认为几何学真理是永恒的、不朽的，是世界的真理。在《蒂迈欧篇》中，柏拉图讲述了一个创世神话，他描述一个智慧的造物主如何依照规则的几何图形来构造宇宙。他说[15]：

> 首先，每个人都明白，火、土、水、气都是物体。任何物体都有体积，每一有体积之物必然都被表面所包裹，每一由直线构成的平面则由若干三角形组成，一切三角形从根本上来说只有两种，各有一个直角和两个锐角，其中一种三角形连接底边两端，构成其半个直角的两条边是相等的，另一种三角形则可分成不相等的部分，有不相等的边。综合可能的解释与证明的方法，我们假定这些结构就是火和其他物体的原初成分，但先于二者的始基是什么则只有神和亲近神的人才知道。其次，我们必须确定这四种彼此不同但又可能在某些场合通过溶解而彼此相生的最美的物体是什么。如果我们发现了这个道理，就可以明白土、火，以及有比例的中间元素产生的真正源泉了。我们不愿意承认各种不同的可见的物体有比这些东西更美的。因此我们必须尽力构造这四种绝美的物体，并且确保我们可以对人声称自己已经充分理解了它们的性质。且说有两种三角形，其中等边三角形仅有一种形态，等腰三角形或不等边三角形则有无限多的形态。如果我们按照特定的秩序办事，那么我们必须从无限多的三角形的形态中再次选择一种最美的形态，如果有人能够为这些物体的构成指出一个比我们选择的形态更美的形态，那么他可以拿走棕榈枝，并且不是我们的敌人而是我们的朋友。现在我们认为最美的三角形乃是同样的两个三角形相合后可以构成一个等边三角形的三角形，而其他形状的三角形都不用谈了。其理由何在，细说起来就太长了。如果有人不同意这种说法，并能指出我们的错误，那我们甘拜下风。所以，让我们选定两种三角形

作为构成火和其他元素的东西：一种是等边三角形，另一种三角形的长边的平方等于其短边平方的三倍。

……

让我们把立体指定给土，因为在四种元素中土是最不活动的，又是最富有黏性的，而具有最稳定基础的东西必定要具有这样的性质。在我们一开始所设定的三角形中，有两条等边的三角形比不拥有等边的三角形具有更加稳定的基础；在用不同三角形所组成的复合图形中，等边四角形，无论就整体来说还是就部分来说，其基础都比等边三角形更加稳定。因此，在把这种形状指定给土的时候，我们坚持这种看法是可能的，我们还在其余形状中把最不活动的形体指定给水，把最容易活动的形体指定给火，而把活动性适中的形体指定给气。我们还把最小的形体指定给火，把最大的形体指定给水，把中等的形体指定给气；还有，我们把最尖锐的形体指定给火，尖锐程度其次的指定给气，尖锐程度再其次的指定给水。在这些基本形体中，其底面最少的必然是最容易活动的，因为它在任何情况下都是最锐利的、最有渗透力的；又由于它由最少数量的同等微粒构成，因此它的分量又必然是最轻；次一等的形体所拥有的这些性质就较差，再次一等的形体所拥有的性质就更差了。如果我们同意这些说法，那么按照严格的推理和可能性的解释，棱锥形的立体乃是火的原始成分和种子，而我们把按照生成秩序第二个产生的形体指定给气，把按照生成秩序第三个产生的形体指定给水。我们必须设想，所有这些形体都非常微小，如果单独拿某种元素的微粒来看，那是看不见的，只有许多微粒聚集成块，我们才能看见。关于各种元素在数量上所占的比例、元素的运动以及它们的其他属性，在必然性允许或同意的范围内，神到处都精确地按既定的比例使之成全与和谐。

最后，柏拉图把火元素认定为正四面体，把气元素认定为正八面体，把水元素认定为正二十面体，把土元素认定为正六面体。还有一个正十二面体，柏拉图没有明确说是什么。

毕达哥拉斯和柏拉图都认为应该使用数学的方式认识自然世界。但是他们比这种认识走得更远，他们进一步认为数学真理才是永恒的、不变的，才是自然世界的真理。此外，他们还把这种信念与他们的神学观念混杂在一起，变成了一种数学神秘主义的倾向。对于这样一种具有神秘主义倾向的形而上学思想，培根评论说[11]：

> 迷信以及神学之糅入哲学，这对哲学的败坏则远更广泛，而且有着更大的危害，不论是对整个体系或者对体系的各个部分都是一样。因为人类理解力之易为想象的势力所侵袭正不亚于其易为普通概念的势力所侵袭。那类好争的、诡辩的哲学是用陷阱来困缚理解力；而这类哲学，由于它是幻想的、浮夸的和半诗意的，则是多以谄媚来把理解力引入迷途。
>
> ……
>
> 关于这类哲学，在古希腊人当中有两个例子：毕达哥拉斯是一个刺眼的例子，他是把他的哲学和一种较粗糙的、较粗笨的迷信联结在一起；另一个是柏拉图及其学派，则是更为危险和较为隐微的。在其他哲学的部分当中，同样也表现出这个情形，如人们引进了抽象的法式，引进了目的性原因和第一性原因，而在最多数情节上却删除了中间性原因，以及类此的情况。在这一点上，我们应当加以最大的警惕。因为要尊奉错误为神明，那是最大不过的祸患；而且虚妄之易成为崇敬的对象，却是理解力的感疫性的一个弱点。而且现代一些人们正以极度的轻浮而深溺于这种虚妄，竟至企图从《创世记》第一章上，从《约伯记》上，以及从圣书的其他部分上建立起一个自然哲学的体系，这才是“在活人中找死人”。

我们已经看到，开普勒深受这种数学神秘主义的影响。开普勒的太阳系模型以几何学的模式建构了行星轨道的比例关系。这是开普勒心中希望的宇宙，反映着他心目中宇宙的和谐和秩序。伽利略没有那么强烈的神秘主义倾向，但是他也受到了这种倾向的影响。在《对谈》第一天的对话中，伽利略展现出数学神秘主义对他的影响。下面我们来欣赏一下伽利略的精彩讨论。

伽利略试图讨论物质世界是否无限可分的问题。伽利略使用了一个精妙的论证。

1) 如图 6.1 所示，以 G 为中心画一个任意边数的正多边形，例如 $ABCDEF$；另一个较小的正多边形 $HIKLMN$ 与 $ABCDEF$ 相似而且同心。

2) 把大的正多边形的边 AB 向 S 点无限延长，同样把 HI 向同一方向无限延长，得到直线 HT 平行于 AS；通过中心 G 点，画直线 GV 与 HT 和 AS 平行。

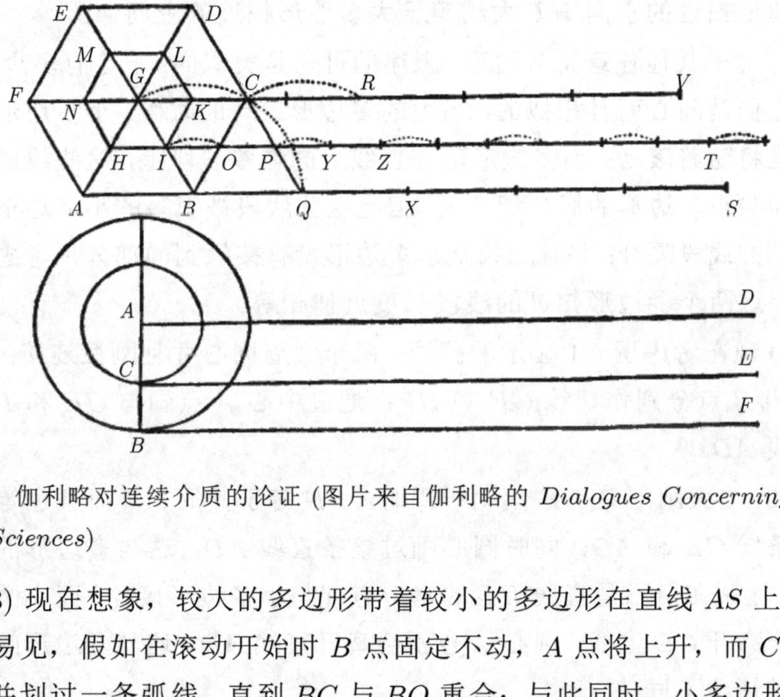

图 6.1　伽利略对连续介质的论证 (图片来自伽利略的 *Dialogues Concerning Two New Sciences*)

3) 现在想象，较大的多边形带着较小的多边形在直线 AS 上滚动；显而易见，假如在滚动开始时 B 点固定不动，A 点将上升，而 C 点将下降并划过一条弧线，直到 BC 与 BQ 重合；与此同时，小多边形上的 I 点将上升到直线 IT 之上，并且 C 点到达 Q 点之前不会返回到直线 IT 上；I 在 HT 之上画出一条弧 $\overset{\frown}{IO}$，并且 I 在到达 O 点时候 IK 到达 OP；与此同时，G 点在直线 GV 之上划过了一个 $\overset{\frown}{GC}$，并且在画完这个弧之前不会回到 GV。

4) 翻转过一次之后，多边形重新处于静止状态，BC 与 BQ 重合，而小多边形上的 IK 与 OP 重合，而 IO 没有被触及，同时 G 点走过弧线到达 C 点；翻转过一次的状态与翻转前的状态是完全相似的。

5) 所以，假如继续翻转多边形，大多边形上的边 DC 将与 QX 重合，小多边形上的 KL 将通过 PY 但不触及 PY，最后与 YZ 重合；与此同时，中心点将划过弧线 $\overset{\frown}{CR}$ 到达 R 点，而 CR 被彻底跳过。

6) 转过完整一圈之后，大多边形将没有间断地完整落到直线 AS 之上，六条线段的长度之和等于大多边形的周长；小多边形将落到六条线段之上，六条线段的长度之和等于小多边形的周长，但是这六条线段被五个线段隔开；除了在六个点上，G 不与直线 GV 接触。

7) 假如我们把 HT 理解为包含划过的五个弧线，那么很清楚的是，小多边形扫过的空间 HT 大约等于大多边形扫过的空间 AS。

8) 对于其他任意正多边形，上述的讨论是类似的：不论有多少条边，只要它们是同心而且相似的，当大的多边形滚动的时候，小多边形无论大小也将随着滚动；小多边形落在直线上的许多线段上，这些线段的长度之和与小多边形的周长相等的，但是这些线段被很多的小多边形没有接触到的线段隔开；并且如果把小多边形没有接触到的部分也考虑在内的话，这两个多边形扫过的线段长度近似相等。

9) 现在考虑图 6.1 显示的圆周；两个圆周同心并且刚性连接；通过 C 点和 B 点分别作切线 CE 和 BF；通过中心 A 点画与 CE 和 BF 平行的线 AD。

10) 当大圆沿着 BF 滚动一周时，BF 等于其周长，而且也等于另外两条线 CE 和 AD，同时圆心画过整条直线 AD；这与多边形的情况类似，区别在于不是直线 HT 的每个点都与小多边形接触，而小圆的圆周不会离开 CE 直线；圆心 A 也不会离开直线 AD，这与多边形的中心 G 点的情况不同。

11) 圆周的情况对应于具有无限多条边的正多边形；也就是说当大圆转动时，是无限多条边相继落在直线 BF 的无限多条线段上，这无限多条线段的长度的总和等于圆周的长度；小圆也落在直线 CE 的无限多条无限小的线段之上，同时在线段上留下无限多条无限小的空当。

12) 可以把大圆经过的线段当作是由无限多个无限小的点组成的;小圆经过的线段也可以当作是由无限多个无限小的点组成的，同时在直线上留下无限多个无限小的空当。

13) 可以看到，如果一个有限长度的线段被当作是由无限个无限小的点组成的，那么这个线段可以被插入到另一个更长的直线之中，并留出无限多个无限小的空当；采用这种方式，这个线段可以被延长成新的线段。伽利略认为，正是由于这个原因，图 6.1 所显示的大小两个圆周的同时滚动才是可能的。

伽利略得出结论：如果物体是无限可分的，即把物体理解为由无限多无限小的原子所组成，那么上面这种运动是可能的。相反，如果物体不是无限可分的，而只是可以分割为有限的部分，那么不可能把这些有限的部分重新组装起来变成更长的物体，除非再加入其他与构成物体无关的空间。伽利略认为这种物质的无限可分性质可以解释物体的膨胀和压缩等现象。

伽利略的论证非常精彩，也是对的，但是这只是在数学的意义之上是对的。他把数学的论证当作了物理的论证，由此得出了物质无限可分的观点。这种观点也就是说，在有限的程度上物质永远是分割不完，也就是说物质是连续的。但是，在物理上这个结论是非常仓促的，非常不可信的。伽利略把一种数学上的可能性当作了现实的可能性，这是一种对数学的过度信任，是数学神秘主义的一种表现。

数学神秘主义可以帮助人树立起对数学的信心，帮助人在研究自然世界的过程中大胆采用数学的手段。但是对数学的过度信心也可能会把人导入歧途。开普勒被这种思想导向一个荒唐的太阳系模型。伽利略被导向相信连续介质假说，但是他也在这种思想的影响下在物理研究中极力采取数学的方式，为定量研究物理学提供了一个榜样。

拓展 6.2

超对称是当代的数学神秘主义

超对称是当代粒子物理前沿研究的一个热门研究方向。超对称理论认为，我们世界中的费米粒子和玻色粒子是伴随在一起出现的，有一个费米粒子就会有相应的玻色粒子，反之亦然，如图 6.2 所示。例如，我们的世界中有电子，是一种费米粒子。超对称认为世界中存在着电子的超对称伙伴，一个带电的玻色粒子，其所带电荷与电子一样。

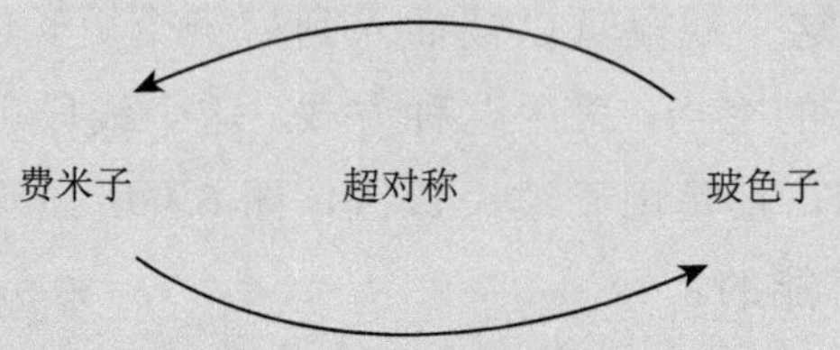

图 6.2 超对称认为费米粒子与玻色粒子作为伙伴一起出现

超对称可以被认为是一种时空对称性，是对狭义相对论中的庞加莱时空对称性的推广。超对称理论是一种非常漂亮的理论。当代有不少物理学家相信超对称，认为超对称是等待着我们去证实的物理。这些人的信心多数基于这样一种观点，即超对称理论非常简单优美，它不可能是错的。但是，超对称没有解决任何物理上的问题，也没有任何实验证据表明超对称存在。这些物理学家对超对称的信心没有物理基础。到目前为止，超对称只能说是一些漂亮的数学。当代人这种对超对称的信念是当代的数学神秘主义。

6.2 牛顿的质量和重力的本质

质量概念是在中学物理学就学习过的概念，很多人可能觉得质量概念平平无奇，没有什么特别的地方。然而，引入质量概念实际上并不简单，例如伽利略就没有意识到质量与重量概念的不同。与牛顿同时代的惠更斯，也是为力学的发展做出重大贡献的大师，但是惠更斯也没有意识到质量概念。在《力学及其发展的批判历史概论》一书中，马赫评论到：

> 牛顿的质量概念的价值的含义，使他凌驾于他的前辈和同代人之上。

此外，牛顿研究重力的方法和对重力本质的态度也同样值得深思和学习。在本节，我们讨论牛顿引入质量概念的方法和质量概念在经典力学中的处境，以及他研究重力的方法和对重力本质采取的态度。从这两方面我们可以看到物理学兴起过程中的新思维，可以从中看到这种新思维与前人的思维方法的重要区别。

牛顿的质量

伽利略创造了加速度的概念，知道了力是加速度的原因。这一观念被牛顿总结为牛顿第二定律：加速度正比于力，反比于质量，即

$$F = ma \quad \text{或} \quad a = \frac{F}{m}.$$

在此，牛顿引入了质量的概念。牛顿第一次区分了重量和质量的概念。

但是，什么是质量？牛顿不能回答！牛顿在《原理》中的回答是：质量是密度乘以体积。这实际上是一个对质量的描述，而不是一个对于质量的定义。从逻辑上说，这个回答可以当作是什么也没说！

牛顿当然不是什么都没说。质量是一个通过本能所获知的概念。我们首先应该引入这个概念，让其代表物质的量的概念。而对于质量是否能够得到一个逻辑合理的表达，这是下一步需要思考的问题。实际上，我们可以通过一个操作式方法，定义出质量的相对大小。拓展 6.3 讨论了定义质量相对大小的办法。牛顿这个引入质量的办法的要点在于：

1) 牛顿找到了一个使用重量度量质量的办法；

2) 可以用这个办法定义质量的相对大小，也就是量；

3) 牛顿没有纠缠于质量的本质问题，而是绕过了这个问题。

有了这个定义质量相对大小的办法，就足以建立起关于物体运动现象的力学理论。

拓展 6.3

对质量的操作式定义

根据伽利略的研究，具有不同重量的物体的重力加速度相同，即 g。

牛顿力学对质量的定义实质上是说 $m=\dfrac{F}{a}$：

1) 取一个标准物体 A，令其质量为 M；

2) 如果两物体的重量相同，则质量相同；

3) 如果一个物体与标准物体 A 的重量相同，则其质量与 A 的质量相同；

4) 如果两个重量相同的物体的总重量与标准物体 A 的重量相同，则它们的质量分别为 $M/2$；

5) 如果三个重量相同的物体的总重量与标准物体 A 的重量相同，则它们的质量分别为 $M/3$，如图 6.3 所示；

6) 依次类推，定义质量的“量”。

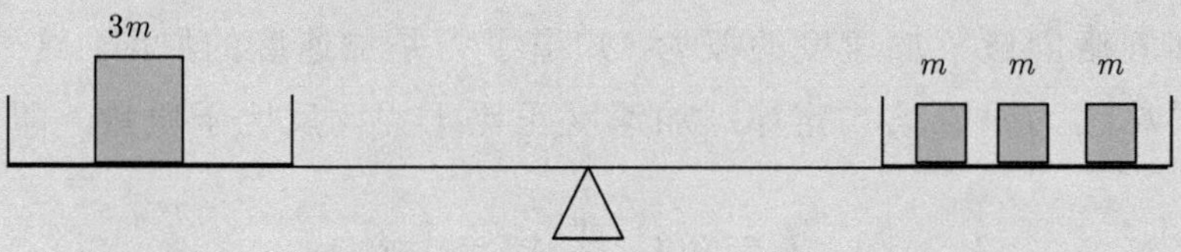

图 6.3 使用等臂长的秤称量物体的重量，标定质量

但是牛顿第二定律又说 $a=\dfrac{F}{m}$，这难道不是循环论证？这确实不是循环论证。

对质量的这个操作式定义，实质上没有回答什么是质量，没有回答质量的本质是什么，但是回答了如何定义质量的相对大小。这个定义借助重力提供的加速度来定义质量，之后就可以把这个质量应用于任意的力的普遍情况。这样的定义足以为建立关于物体运动现象的力学理论扫清道路。此外，质量是一个十分抽象的概念，这样一个操作式的定义还使质量这个抽象的概念具体化，为直观地思考运动问题和数学化地研究运动问题扫清了障碍。

这个定义的要点在于用重量来度量质量，其前提是所有的物质都具有相同的重力加速度。为了说明确实可以用重量来度量所有物体的质量，牛顿使用长度相同但材料不同的单摆做实验。他用不同材料制作了长度精确相同并且重量相同的摆，详细研究了空气对摆的阻力，最后用实验证实了重力加速度与物质的化学成分无关。

我们看到牛顿并没有回答“什么是质量”或者说“什么是质量的本

质”这个问题。牛顿之后的全部经典力学的发展也没有回答这个问题。“什么是质量的本质”是一个十分困难和深奥的问题，牛顿难以回答这个问题。如果当年牛顿纠缠于这个问题，他很可能一事无成。当前方有一个巨大困难的时候，牛顿找到办法，绕过了这个难题，并且建立了关于物体运动现象的牢固的知识。这是一个了不起的智力成就！

李政道先生曾说他在中学时期学习牛顿力学的时候，刚开始觉得那是什么也没说。后来发现，牛顿说了，说了很重要的东西，最后的感觉是：牛顿有一手。

关于重力的本质

重力的本性是一个长期受到关注的问题。牛顿发现了重力是一种万有引力，并且满足平方反比定律。然而，牛顿的研究只是让人知道了重力的一些规律以及可以产生的现象，但是这并没有回答重力的本性是什么。实际上，牛顿的研究不但没有回答这个问题，反而使这个问题更加复杂和困难。现在人们认识到行星的运动也由重力控制，但是行星距离太阳和地球都很遥远，远远大于日常可见的物体与地球的距离。这些距离遥远的天体之间的力是如何被传递的？还是不需要被传递，而是超距作用？

对于这个问题，笛卡儿认为宇宙中弥漫着一种以太介质，这些以太介质形成一系列的大小漩涡，天体在以太漩涡的带动下运动。这样一种学说把重力解释为以太运动的结果，消解了超距作用，引起了当时人极大的共鸣。实际上，当时没有哪位严肃的研究者认为万有引力是一种超距作用。人们对重力的本性产生了非常多的激烈争论。但是，在这种关于重力本性的讨论中，伽利略和牛顿的立场十分值得思考和学习。

在《对话》第二天的对话中，伽利略借萨尔维阿蒂之口说了一段话[1]：

> **萨尔维阿蒂**：我没有说地球的圆周运动既没有一个内在原因，也没有一个外在原因；我是说我不知道是哪个原因使它做圆周运动。我不知道这个原因，并不使我有权力排除这个原因。

但是如果这位作者知道别的天体靠什么原因做旋转运动，而且它们确实是在运动，那么我说那个使地球运动的原因，不管它是什么，也就是那个使火星和木星运动的原因，而他也相信，这也是使恒星层运动的原因。如果他肯告诉我，那些运动天体之一的推动力是什么，我敢保证我就能告诉他，使地球运动的是什么原因。还有，如果他能够教给我什么使万物落下来的原因，我也就可以告诉他地球运动的原因。

辛普利邱：这里的原因是众所周知的；谁都知道它是引力①。

萨尔维阿蒂：你错了，辛普利邱；你应当说谁都知道它叫做“引力”。我问你的不是它叫什么名字，而是它的本质，而你对它的本质和使星体运动的原因，同样毫无所知。我只知道它的名字叫什么，而这个名字是由不断的日常接触而变得家喻户晓的。但是我们并不真正知道是什么原因或者什么力量使石头降落，正如我们并不懂得石头离开抛掷者的手之后使它向上飞，或者什么使月亮周转。我刚才说过，我们只是对第一种情况给一个特殊和具体的名字“引力”……

可以看到，伽利略已经猜到了导致重物下落的重力就是导致天体运动的力，也就是牛顿的万有引力。然而，伽利略并不认为自己理解了重力，而认为只是基于相关的现象给了一个“重力”这样名称而已。这恰好说明了伽利略的伟大。伽利略敢于说出“我不知道”，敢于说出对力的本质一无所知，而不是说出超出现象范围的假设性的胡言乱语。有人评价说[12]：

但这里最后一次证明了伽利略革命性的伟大之处。在一个不受约束的思辨已成常规的时代，我们看到一个具有充分自制力的人留下了一些超出科学领域的基本问题没有解决；在

① 在周煦良译的《对话》中，此处译为“引力”，但是伽利略并没有后来牛顿发展出来的引力的概念，此处译为“重力”更合适。

了解那个时代思潮的人看来，伽利略的这种不可知论风格甚至是比他那些非凡的建设性成就还要高的天才的标志。

牛顿也不相信超距作用，认为重力这样的力需要传递机制，同时他也认为光、磁等现象也需要传递机制。在一封信中，牛顿说起自己的观点[12]：

> 没有某种非物质的东西从中参与，那种全然无生命的物质竟能在不发生相互接触的情况下作用于其他物质，并且发生影响，这是不可想象的；而如果依照伊壁鸠鲁的看法，重力是物质的本质属性并且内在于其中的话，那就必然如此。这就是为什么我希望你不要把重力是固有的这种观点归于我的理由之一。至于重力是物质内在的、固有的和本质的，因而一个物体能够穿过真空超距地作用于另一物体，无需其他任何东西的中介就能把它们的作用和力从一个物体传递到另一个物体，这种说法对我来说荒谬绝伦，我相信但凡在哲学方面有足够思考能力者绝不会陷入这种谬论之中。重力必定是由某个遵循特定规律的动因所产生的，但这个动因究竟是物质的还是非物质的，我留给读者自己思考。

牛顿也在某种程度上相信以太学说，在写给皇家学会奥尔登堡的一封信中，他说[12]：

> 现在就让我们来讨论这个假说：1. 在这假说中必须假定有一种以太介质，它的结构与空气十分相似，但要稀薄得多、精细得多，而且更有弹性。关于这种介质的存在，在抽去空气的玻璃容器中的摆几乎运动得和在空气中一样快，就是一个并非无关紧要的论证。但是不能认为这种介质是一种均一的物质，而是部分由迟钝的以太主体、部分由其他各种以太精气所构成，很像空气是由迟钝的空气主体和各种蒸汽与散发物混合而成一样。因为电的和磁的流质以及重力的本原似乎都为这种多样性提供了证明。或许整个自然体系只是某种以

太精气或蒸汽像在沉淀过程中那样凝结而成的各种结构，这很像蒸汽凝结成水，或者像散发物凝结成较为粗大的物质那样，只是没有那么容易凝结而已。凝结之后形成各种不同的形状，这最初是由于造物主的直接插手，此后则永远是自然的力量所致，因为自然在“增加和繁殖”的命令下就成为原型给它规定的范本的忠实模仿者。因此，可能一切东西都源于以太。

在致玻意耳的一封信中，牛顿进一步谈起以太假说[12]：

我也想在这里提出一个猜测，这是我在写这封信时想到的；它是关于重力的原因问题。为了解释它，我假定以太由许多在其精细度上相差极其微小的部分所构成。与较精细的以太成比例，物体孔腺中较粗大的以太要少于空气范围内较粗大的以太。但空气中较粗大的以太影响地球上方区域，而地球中较精细的以太影响空气的下方区域，以太就是按照这种方式从空气顶端到地面，再从地面到地球中心，不知不觉地变得越来越精细。试想有某个物体悬浮在空气中，或者躺在地上，根据假设，物体上部孔隙中的以太比下部孔隙中的要粗大。这种粗大的以太和下面精细的以太相比不大会滞留在这些孔隙之中，它力争跑出去让位于下面精细的以太，而如果上面没有物体下降，以便在上面留出位置，下面的以太也不能跑进去。

如用以太各部分的精细度逐渐变化的假定，前面提到的一些事物也许可以得到进一步说明而变得更容易理解；从我所说的话中，您将很容易辨别我这些猜测是否有些许可取之处，这正是我所希望达到的目的。**就我个人而言，我对这种性质的东西很少有兴趣，要不是您的鼓励打动了我，我想我绝不会为它们而多费笔墨。**

通过假设以太的精粗，牛顿把重力理解为类似于介质中的浮力那样的现象。这样一种思考完全是猜想性的，距离实验和观测可以检验的范围很遥远。从这些私人通信中可以看出，牛顿思维活跃，并不是不思考超出实验范围的问题。但是，在引文的最后一句他也强调了他并不关注这类问题。更加重要的是，这类思考对他的科学研究没有造成什么影响。他的主要成就和主要著作都不是以以太假说为出发点展开的，在他的著作中也基本看不见他的这些思考。相反，牛顿的成就立足于对重力现象的研究，而不是立足于对重力本性的研究。

在《原理》的最后，牛顿对此作了一段振聋发聩的声明，从中可以看出他对于自己的基于现象的研究方式具有充分的自觉。这段话常常被引述为“我不杜撰假说”或“我不做假设”。他说[10]：

> 迄今为止，我们以引力作用解释了天体及海洋的现象，但还没有找出这种作用的原因。它当然必定产生于一个原因，这个原因穿越太阳与行星的中心，而且它的力不因此而受丝毫影响……但我迄今为止还无能为力于现象中找出引力的这些特性的原因，我也不构造假说；因为凡不是来源于现象的，都应称其为假说；而假说，不论它是形而上学的或物理学的，不论它是关于隐秘的质的或是关于力学性质的，在实验哲学中都没有地位。在这种哲学中特定命题是由现象推导出来的，然后才用归纳方法做出推广。正是由此才发现了物体的不可穿透性，运动性和推斥力，以及运动定律和引力定律。对于我们来说，能知道引力的确实存在着，并按我们所解释的规律起作用，并能有效地说明天体和海洋的一切运动，即已足够了。

时至今日，相比于牛顿的时代，我们对质量和重力的理解已经得到了极大的改善。现代量子理论已经可以定量地研究物质的质量的产生。“引力是如何被传递的”这个问题已经可以得到回答，其回答也完全不是笛卡儿和牛顿可以想象到的。然而，从牛顿的时代算起，人类花了大约 200~300 年才达到对这些问题的较深入的认识。牛顿如果纠缠于这些问题，那就很可能一事无成。牛顿没有纠缠于这些问题，没有对这些问题作过多研究，正说明了他极其高明的地方。

6.3 自然哲学的新哲学：现象学

如我们在第 3 章所看到的那样，伽利略通过一种猜想 (直觉)—推理—实验的思维方法，实现了从现象到抽象规律的飞跃。在这个飞跃过程中，他创造概念、做出假设，他使用数学推理和直觉推理的办法得到推论，并在实验中检验推论。他研究物体运动过程中物理量之间的比例关系，使用数学的方法研究物体的运动，并且定量地开展实验研究。他把经验中的对象抽象化，既抽象又具体地思考运动问题，并且因此可以使用抽象的数学推理得到严格的推论。牛顿使伽利略的物理学更进一步深化、抽象化和普遍化，并且学习欧几里得几何学的方法构造了一个类似公理化的理论系统，达到了一个具有普遍性的力学理论，使之适用于天体的运动以及地球上物体的运动。

伽利略和牛顿所展现的是一个从具体现象到抽象规律，再到抽象的基本原理，再以抽象的基本原理构造理论体系的过程。在这样的一个过程中，伽利略和牛顿大量使用数学，使力学成为定量研究物体运动问题的科学，为物理学树立了一个典范。伽利略和牛顿都吸收了古希腊思想的许多精髓。牛顿所打造的力学理论，最终成为从第一性原理出发的演绎理论；在这个方面，可以说牛顿与古希腊自然哲学采取了类似思路。此外，伽利略和牛顿都大量使用数学，也是深受毕达哥拉斯、柏拉图、阿基米德的影响。然而，我们从伽利略和牛顿的研究中也可以看到与古希腊哲人的思维方式非常不同的地方。使用物理学行业的专业语言，我们可以说伽利略和牛顿展现的是现象学或者唯象学的思维方式。

伽利略和牛顿的力学研究集中展现了物理学的这种思维方式：

1) 关注于现象以及现象和现象之间的关联；

2) 拒绝形而上学的思维倾向；

3) 尽力使用数学，使对现象的研究成为对定量关系的研究，同时对数学采用一种实用的观点。

在这一节我们详细阐述这些特点，在附录的最后一节还将做更多阐述。

对形而上学倾向的拒绝

一种常见的说法是物理学 (或者大而言之科学) 是研究事物背后的原因。有的人甚至会说物理学是研究现象背后的本质。这类说法诚然有一些道理，但是实质上是含混不清的。物理学确实可以说是研究事物背后的原因，但是对原因的追问不是漫无边际的追溯，而是需要保留与经验的联系。对本质问题的追问就很可能是超出经验范围的，至少在科学探索的一个阶段很可能是超出经验范围的。伽利略和牛顿明确地认识到他们所从事的科学探索与古希腊人的思辨哲学是非常不同的。一个关键的不同之处就是：科学需要专注于研究现象、现象和现象的关联以及现象的规律，而不关心更深入的本质问题。这是一种反形而上学的思想。

伽利略明确地认识到，在研究物体运动问题的时候，需要专注于运动现象本身，而不需要对重力的本质做出假设。在《对谈》第三天的对话中，伽利略借助萨耳维亚蒂之口说[2]：

> **萨耳**：现在似乎还不是考察自由运动之加速原因的适当时刻。关于那种原因，不同的哲学家曾经表示了各式各样的意思：有些人用指向中心的吸引力来解释它，另一些人则用物体中各个最小部分之间的排斥力来解释它，还有一些人把它归之于周围介质中的一种应力，这种介质在下落物体的后面合拢起来而把它从一个位置赶到另一个位置。现在，所有这些猜想，以及另外一些猜想，都应该加以检查，然而那却不一定值得。在目前，我们这位作者的目的仅仅是考察并证明加速运动的某些性质 (不论这种加速的原因是什么)。所谓加速运动，是指那样一种运动，即它的速度的动量 (i momentidella sua velocità) 在离开静止状态以后不断地和时间成正比而增大。这和另一种说法相同，就是说，在相等的时段，物体得到相等的速度增量；而且，如果我们发现以后即将演证的 (加速运动的) 那些性质是在自由下落的和加速的物体上实现的，我们就可以得出结论说，所假设的定义包括了下落物体的这样一种运动，而且它们的速率 (accelerazione) 是随着时间和运动的持续

而不断增大的。

加速运动的现象和加速运动的原因 (力的本质) 是两个问题，在科学研究中完全可以把这两个问题分开。对现象的研究可以只关注第一个问题而不关心第二个问题。在《对谈》第三天的对话中，伽利略用委婉的语言再次表达了对形而上倾向的排斥。他写道[2]：

> **辛普**: 至于我，我用一种一般的方法来理解两种自然运动如何引起圆和球；不过关于加速运动引起的圆及其证明，我却还不完全明白。但是可以在最内部的圆上或是在球的正顶上取运动原点这一事实，却引导人想到可能有某种巨大奥秘隐藏在这些真实而奇妙的结果中，这可能是一种和宇宙的创生有关的奥秘 (据说宇宙的形状是球形的)，也可能是一种和第一原因 (prima causa) 的所在有关的奥秘。
>
> **萨耳**: 我毫不迟疑地同意你的看法。但是这一类深奥的考虑属于一种比我们的科学更高级的学术。我们必须满足于属于不那么高贵的工作者，他们从探索中获得大理石，而后那有天才的雕刻家才创作那些隐藏在粗糙而不成模样的外貌中的杰作。现在如果你们愿意，就让咱们继续进行吧。

重力的本质是个非常复杂的问题，对伽利略而言，这很可能是一个超出实验可以检查的范围的问题。此外，这个问题也很难用数学的方式开展定量研究和思考。伽利略有充分的理由把这个问题当作形而上学类型的问题加以拒绝思考。

对形而上学问题的讨论的一大后果是很可能变成漫无边际的纯粹思辨，最后很可能使我们一无所得。这是科学研究需要极力避免的倾向。在《对话》的第一天对话中，伽利略以萨尔维阿蒂之口说出了对这类“一般性问题”的观点，从中可以看到伽利略对此类思考的看法。在一大段关于一般概念和一般性问题的辩论之后，伽利略写道[1]：

> 我看到我们又一次掉到汪洋大海里，永远没法跳出来了。这等于航海而没有罗盘，没有星斗指明方向，也没有桨舵。这

样势必要沿着海岸航行，或者搁浅，或者永远迷失在大海里。如果像刚才建议的那样，我们要抓住主题的话，我们就必须把直线运动在自然界是否必要，对某些物体是否合适，这类一般性问题暂时搁置在一边，继续证明、观察和特殊实验……

可以看到，伽利略关心的是关于现象的具体问题，关心的是这些现象如何运作。对这些问题既可以进行抽象的思考，也可能进行实验研究。思辨哲学关心的一般性问题和形而上学问题不是伽利略关心的问题，对于伽利略而言，研究这些问题就像是大海中的迷航。这是伽利略发起的科学革命的一个关键思路，其后牛顿进一步发展了这种思想方法。

在上一节中，我们已经看到牛顿如何回避重力如何传递以及重力的本质这样的问题，还看到了他在定义质量的时候如何回避质量的本质。这两个例子展现了牛顿的科学研究的方法。

牛顿对自己的研究方法具有充分的自觉。在《原理》中，牛顿总结自己的科学哲学，写下了四条规则作为哲学中的推理规则[10]：

规则 I：寻求自然事物的原因，不得超出真实和足以解释其现象者。

规则 II：对于相同类型的现象，必须尽可能地寻求相同的原因。

例如，人与野兽的呼吸；欧洲的石头与美洲的石头的下落；炊事用火的光亮与太阳光；地球的反光和行星的反光。

规则 III：物体的特性，如果其程度不能增加也不能减少，而且在实验所及的范围之内为所有物体所共有，则应该被视为一切物体的普遍性质。

因为，物体的特性只能通过实验为我们所了解，我们认为是普适的属性只能是实验上普适的；只能是既不会减少又不会消失…… 我们无法逾越感官而了解物体的广延，也无法由此而深入到物体的内部；但是，因为我们假设所有物体的广延是可以感知的，所以可以把这一属性普遍地赋予所有物体。我们由经验知道许多物体是硬的；而全体的硬度是由部分的硬度所产生的，所以我们恰当地推断，不仅我们感知到的物体的粒子是硬的，其他所有物体的粒子都是硬的 ……说所有物体都能运动，并赋予它们在运动时或静止时具有某种保持其状态的能力 (我们称之为惯性)，只不过是由我们曾见到过的物体中所发现的类似特性而推断出来的。全体的广延、硬度、不可穿透性、可运动性和惯性，都是由部分的广延、硬度、不可穿透性、可运动性和惯性所造成的；因而我们推断所有物体的最小微粒也都具有广延、硬度、不可穿透性、可运动性，并赋予它们以惯性的性质 ……

规则 IV：在实验哲学中，必须将由现象所归纳出的命题或视为精确真实的，或者视为非常接近真实的，而不管其他所有可能的想象得到的相反假设，直到出现可以使其变得精确的其他现象或者使其他现象隶属于例外为止。

我们必须遵守这一规则，不可用假说废除归纳出的结论[①]。

在《原理》一书中我们可以看到，牛顿所做的研究都是关于具体现象的研究，虽然他大量使用数学。对牛顿而言，这两方面是紧密联系在一起的。他之所以能够在力学研究中大量使用数学，正是因为他所关注的问题是能够被数学式地抽象化和形式化的关于现象的具体问题，而不是不能由数学表述的含混不清的本质问题。例如，这些具体问题可以是，行星的运动，两个天体的运动，地、月、日三个天体的运动等问题。

牛顿所关注的是现象提出的问题，不关心关于现象的原因的假设，所以他说“寻求自然事物的原因，不得超出真实和足以解释其现象者”。他不做多余的假设，他说“在实验哲学中，必须将由现象所归纳出的命题或视为精确真实的，或者视为非常接近真实的，而不管其他所有可能的想象得到的相反假设”。牛顿反复强调和申明这一点，用他自己的话说就是“我

① 在王克迪译的《原理》中，此处译作“使不脱离假说归纳出的结论”，应为误译。在 Bernard Cohen 和 Whitman 的英文版 *The Principia* 中，此处为“This rule should be followed so that arguments based on induction may not be nullified by hypotheses”，本书据该英文版改译。前面引文中另有一些改动，不一一说明。

不做假设”。马赫评论说[3]：

> 牛顿反复的和强调的申明，即他不关心关于现象的原因的假设，而仅仅关注实际事物的研究和变换的陈述——这一思想方向在他的“我不做假设”的话语中明确而扼要地表达出来——这给他打上了最高明的哲学家的印记。牛顿不想用他的观念的独创性来一鸣惊人或使人想入非非，他的目的是认识自然。

牛顿认为自己科学研究的结果不是古希腊人那样的思辨，不是可以不断争论的议题，而是可以通过实验加以检验的决定性的定论。实际上，牛顿厌恶思辨哲学的漫无边际的想象和无止境的争论。在致英国皇家学会秘书奥尔登堡的一封信中，牛顿提交了关于色散的发现报告并简明扼要地表达了自己的信条[7]：

> 对我来说，我所提出的理论具有决定性的意义，不是因为我推断由于那不正确所以这必定正确，也就是说，不是因为我只是通过反驳与之相反的假设而导出了它，而是因为我从直接和最终决定这个问题的实验中导出了它。

拓展 6.4

数学与形而上学

物理学家反形而上学的思想倾向影响了数学家。在《什么是数学》一书中，柯朗 (Richard Courant) 写道[16]：

不论我们持什么样的哲学观点，就科学观察的目的来说，对一个对象的认识，完全表现在它与认识者 (或仪器) 的所有可能关系之中。当然仅仅是感觉并不能构成知识和见解，必须要与某些基本的实体即“自在之物”相适应、相印证。所谓“自在之物”并不是物体观察的直接对象，而是属于形而上学的。**然而，对于科学方法来说，重要的是应放弃带有形而上学性质的因素，而去考察可观测的事实，把它们作为概念和构作的最终根据。**放弃对“自在之物”的领悟、对“终极真理”的认识以及关于世界的最终本质的阐明，这对于质朴的热诚者来说，可能会带来心理上的痛苦，**但事实上它却是近代思想上最有成效的一种转变。**

物理学上所取得的一些最伟大的成就，正是由于敢于坚持“消除形而上学”这个原则的结果……

在数学中有些情况与此类似，甚至更突出。世世代代以来，数学家一直把他们研究的对象，例如数、点等等，看成实实在在的自在之物。但是，准确地描述这些实体的种种努力总是被这些实体自身所否定了。**从而19世纪的数学家开始逐渐懂得，要问当作实体的这些对象究竟是什么，这是没有意义的，即使有的话也不可能在数学范围内得到解决。**所有适合它们的论断都不涉及这些实体的现实，而只是说明数学上“不加定义的对象”之间的相互关系以及它们所遵循的运算法则。至于点、线、数，“实际上”是什么，这些不可能也不需要在数学中加以讨论。“可验证”的事实只是结构和关系：两点决定一直线，一些数按照某些规则组成其他一些数，等等……

幸运的是，创造性的思维不顾某些教条的哲学信仰而继续发展着，而如果思维屈从于这种信仰，就会阻碍出现建设性的成就。不论对专家来说，还是对普通人来说，唯一能回答“什么是数学”这个问题的，不是哲学而是数学本身中的活生生的经验。

从这个角度我们可以看到，牛顿对于科学所持有的是非常彻底的经验主义的观点。实际上，牛顿确实是一位极端的经验主义者，即便不是一位彻底的经验主义者。牛顿从经验中得到思维的素材，然后运用深邃的直觉和高超的数学技巧，在头脑中对这些思维素材进行抽象的思考。虽然他长期从事抽象的思考，但是他并不脱离经验，反而对经验极端重视。这就是牛顿的反形而上学倾向。牛顿的反形而上学倾向也有不够彻底的地方，这集中体现在他对绝对时空的观点[3, 12]。

伽利略和牛顿专注于对现象的研究，专注于对现象的抽象规律的研究，而不是像古希腊哲学家那样纠缠于本质问题。这样一种思路使伽利略得以有机会建立关于运动现象的牢固可靠的知识，并且使后人可以在这个牢固的基础之上做出更深入的思考，从而使物理学能够以一种可靠的方式积累知识。伽利略和牛顿这样的例子在物理学的发展历史中十分普遍。这是一种高效的积累知识的方式。如果物理学家们像古希腊哲学那样纠缠于对本质问题的含混不清的讨论，知识就不能得到积累，物理学就不能得到发展。

与实证主义的区别

以伽利略和牛顿为代表的经典力学的兴起带动了经验主义思想的兴盛。在此基础上，到 19 世纪，兴起了一种实证主义倾向的科学思想。这种倾向比经验主义更进一步，具有这种倾向的物理学家认为在物理学中引入的概念都要有经验基础。例如，19 世纪末兴起的分子运动论假设了原子分子的存在。以当时的实验观测条件，原子分子不可能被观测到。具有实证主义倾向的物理学家认为，这种完全假设性的东西应该从物理学中清除出去。在上一章，我们已经谈及了这一段历史。

然而，考察物理学的兴起，我们可以看到物理学的创立者并没有这种极端的实证思想。例如，伽利略引入的加速度概念是描述运动现象的非常有力的概念。但是，加速度是不能在实验中被直接测量到的。实验能测量到的是位置、位移以及时间，加速度是对这些物理量再做计算之后得到的物理量。特别对于伽利略那个时代的实验条件而言，瞬时速度都不能测量到，加速度更加不能在实验中通过测量得到。伽利略只能在头脑中想象加速度和加速运动的过程。通过在头脑中的想象和推理，他得到距离与时间的平方成正比这个推论，然后再与实验对比。通过对比运动距离与时间的平方的比例，他可以通过计算得到加速度。

对伽利略而言，加速度是非常难以观测的东西，几乎就是“不能测量到的东西”。特别是对于变加速问题，以伽利略所具有的技术条件，瞬时的加速度不可能通过观测得到。这些物理量只能通过对实验中测量得到的其他物理量做计算而得到，伽利略面对的问题与分子运动论的创立者面对的问题有类似之处。这种难题会随着技术条件的改善而得到改善。经过实验技术和计量技术的长足发展，以前很难做出的测量可能变得能够很容易测量，以前不能做出的测量也可能变得可能了。通过技术的发展，实验和观测的可能增多，经验的范围得到了扩大，可以用经验直接加以支持的概念也会增多。

但是，仅仅这些还不足以解释清楚现象学思路与实证思路的区别。

物理学的目标是创造简便、合适的概念描述现象并且用合适的概念表述关于现象的规律。这些概念是与现象有关的。如前所述，有些概念可能并不与实验观测直接联系，或者并不与当时的实验条件能建立联系。然而，还有一些概念不仅仅如此，甚至可能从根本上而言是错的，但是物理学仍然使用这些概念。例如，现代物理已经认识到，物质是由原子组成、原子由原子核与电子组成，而连续介质假说认为物质是连续的并且无限可分的，这是不对的。但是我们在研究宏观现象的时候，完全可以不管物质的组成是什么，而继续使用连续介质假说。例如，对于流体的运动，这种连续介质假说是非常有效的，也是非常必要的。实际上，在计算江河中的水的运动的时候，我们无法使用原子分子这样的概念。如果直接使用原子分子进行理论计算，那将需要非常非常多的计算资源。这样一种计算既没有必要，也无法实现。使用连续介质这类概念是为了方便地处理宏观的物理问题。对这类宏观问题，物质的微观组成是什么是无关紧要的。虽然连续介质假说在原则上是不对的，但是仍然是描述自然世界的简便有效的语言。其他描述自然世界的简便有效概念还包括固体物理中的声子、准粒子和力学中的质点等等。

物理学中还有一些概念，不仅仅不能与实验直接建立联系，而且甚至完全不可能在实验中被观测到。例如，量子力学使用了波函数的概念。波函数是一个复数，它不能与物质世界中的任何观测量对应，不可能被实验观测到。这样一种概念彻底突破了实证主义允许的范围。然而，使用波函数以及相关的一些概念，我们可以对量子物理的很多过程做出很多预言，并且与实验对比。虽然我们不能直接把波函数与实验对比，但是我们可以把使用波函数得到的理论计算结果与实验对比。对比结果告诉我们，使用波函数的一套量子力学语言可以很好地描述量子世界的现象和特征。因此，物理学家对使用波函数的一整套理论建立起了信心，认为这是描述量子世界的正确理论。这样一种思路与伽利略对匀加速运动的研究的思路是一致的。如我们在第 3 章所述，伽利略不能对匀加速这个假设做直接研究，他所能做的是找到这个假设的推论，然后把推论与实验对比。当多个推论与实验符合的时候，伽利略就建立起对他的假设的信心。

这样一种思维过程是典型的物理学的思维方式。可以用于说明这一思维方式的一个好例子是粒子物理中的夸克。虽然夸克被认为是基本粒子，是质子和中子的基本组成。但是实验中从来没有观测到自由夸克，这一现象曾经在粒子物理的发展过程中引起广泛的争论。最后，人们认识到夸克禁闭的机制，并且认识到自由夸克不可能被实验直接观测到。实验所能观测到的是夸克以及其动力学机制造成的间接效应。通过实验检验这些间接效应，物理学家树立起对夸克以及相关的动力学理论的信心。

可以用于说明这一思维方式的另一个典型例子是现代物理学中的大爆炸宇宙学。大爆炸宇宙学认为宇宙早期是一个高温高密度的物质世界。随着时间的演化，宇宙中物质的温度降低，密度不断下降。大爆炸宇宙这个猜想是不可能在实验或者在天文观测中直接加以检验的。天文观测所能检验的只能是大爆炸宇宙的各种后果，这也正是物理学家所做的事。通过在天文观测中检查大爆炸宇宙学的各种理论预言，多方面检查这一猜想，物理学家树立起对这一学说的信心。物理学家就像盲人摸象一样，通过这样的方式建立起对隐藏在现象背后的物理理论的信心。

对数学的实用观点

牛顿深受欧几里得几何的启发，在《原理》中，把力学领域积累的知识进一步抽象化和系统化，把力学建立成为一个类似公理化的演绎理论体系。但是，通过仔细研究，我们可以发现牛顿建立的这个理论体系实际上并不是逻辑严密的公理化体系。

公理化的理论希望做到的是，使用一些自明的假设，或者说明显正确的假设，建立起一套演绎理论。在力学里，这个理想是不可能实现的。牛顿引入的定律和基本假设都是经验规律，是通过实验得以建立的，没有一个是所谓自明的。退而求其次，我们还可以设想这些假设是独立的和无矛盾的，至少引入的概念是可以得到定义的。在上一节讨论质量概念的时候，我们已经看到，引入质量概念并不是自明的。质量是通过人的本能所认识到的概念，但是质量的本质是牛顿所不能回答的问题。我们所能引入和定义的是物体的量，即物体的质量相对于其他物体质量的相对大小。只有当引入了质量之后，牛顿第二运动定律才能够被完整地陈述出来。但是，我们已经看到，上一节对质量的定义实际上已经使用了牛顿第二定律的内容。这个定义的要点在于使用重力提供的重力加速度来定义物体质量的相对大小，然后把通过这个定义得到的质量用于任意的力和加速度。这样一个定义当然不能被当作是自明的，它依赖于牛顿第二定律的内容。但是牛顿第二定律的表述又依赖于对质量概念的引入。这是一个逻辑循环。在这样一个定义中，质量和牛顿第二定律只能被看作是同时引入的。

一个解救的办法是，不再使用重力，而利用牛顿第三定律定义质量的相对大小[3]。这样一种定义是把质量的引入和牛顿第三定律的引入联系在一起。这个定义比上述定义要更加普遍和合理一些。但是，在这样一个定义中，质量和牛顿第三定律应该被看作是同时引入的，实际上也没有摆脱逻辑循环。此外，这个定义使牛顿第二定律的陈述依赖于牛顿第三定律。在拓展 6.5 中，我们还可以看到力学理论的其他逻辑问题。总之，牛顿为力学演绎理论所引入的概念和假设不是自明的，也不是独立的。这些概念和假设只能被看作是一系列相互依赖的概念和假设，对其中一些的解释需要用到另外一些，反之亦然。

拓展 6.5

力学理论的逻辑困难

牛顿总结的第一运动定律说，一个不受外力作用的物体将保持静止或者匀速直线运动。他的第二运动定律说，物体受到的加速度正比于所受到的力，反比于质量。

从对定律内容的陈述看来，有人可能会把第一定律当作第二定律的特殊情况，即外力为零的情况。这种理解在物理上是不正确的。这是因为，首先需要定义什么是没有外力情况下的运动，然后才能说在有外力的情况物体怎样运动。第一定律是对无外力情况下物体运动状态的陈述，这为在考虑有外力情况下物体的运动提供了一个基础和参照。因此，第一定律在逻辑上和物理上占有更优先的地位。

> 但是，我们怎么知道一个物体是不受力的呢？把一个预先没有任何相关知识的人突然放到太空中，让他在太阳的引力作用下做绕太阳运动，这个人可能不会感知到自己在做受力运动，反而可能会认为自己是不受力的。实际上，在力学中，没有一个明确的办法知道什么是真正不受力的状态。力学的基础在这里遇到一个困难，这是力学理论的一个逻辑弱点。

牛顿非常推崇古希腊的数学传统，但是他那里已经没有类似毕达哥拉斯和柏拉图那样的数学神秘主义。他推崇欧几里得几何的公理化的数学思想，但是我们看到，牛顿实际上对数学采取的是更加灵活和实用的观点。古希腊的公理化导致了数学发展的僵化，推迟了数的概念的发展和代数的进步①。在牛顿这里，虽然公理化是学习的榜样，但是逻辑的严格性已经不被严格遵守。这样一种对待数学的灵活和实用的思路实际上也成了物理学家对待数学的通行思路。对物理学家而言，数学是研究自然、帮助思维的工具，对严格性的要求没有那么强。实际上，伽利略频繁使用无限小元的概念也是这种实用的思路。伽利略实际上不知道怎么定义这种无限小元，也不知道如何定义对应于无限小时间元的瞬时速度。对这类问题的严格定义需要等到微积分数学发展到很完善之后才有可能实现。实际上，微积分是随着力学的发展一同发展出来的，是随着人类研究自然世界的物理问题所发展出来的数学语言。物理学家不可能等到所需要的数学已经发展完善之后才去研究物理问题。特别是在极具创造性的物理被引入的时候，人们常常缺乏合适的数学语言和概念，人们常常也不知道如何恰当地定义新引入的概念，这个时候物理学家经常把

① 实际上，在数学发展历史上，公理化的思路也不是常态。在数学大发展的 17 世纪和 18 世纪，数学家并不重视公理化思路，数学反而在暂时摆脱了公理化和严格化对思维的束缚之后得到了极大的发展。在《什么是数学》一书中，柯朗评论说 [16]：

由于较早地发现了与“不可公度”的量有关的这些困难，使希腊人没能发展早已为东方所掌握的数字计算的技术。相反，他们却迫使自己钻进了纯粹公理几何的丛林之中。于是科学史上出现了一个奇怪的曲折。这或许意味着人类丧失了一个很好的时机。几乎两千年来，希腊几何的传统力量推迟了必然会发生的数的概念和代数运算的进步，而它们后来构成了近代科学的基础。

经过一段缓慢的准备，到 17 世纪，随着解析几何与微积分的发展，数学和科学的革命也开始蓬勃发展起来。虽然希腊的几何学仍然占有重要的地位，但是，希腊人关于公理体系和系统推演的思想在 17 世纪和 18 世纪不复出现。从一些清清楚楚的定义和没有矛盾的“明显”公理出发，进行准确的逻辑推理，这对于数学科学的新的开拓者来说似乎是无关紧要的 ······

逻辑严密性和数学严格性等问题置于一旁，等到确定物理理论正确之后再回头考虑这类问题。在美国物理研究所 (AIP) 的口头历史记录中，狄拉克对采访者说：数学家对数学严格性的标准高于物理学家所需 (The mathematicians wanted a higher standard of rigor than was necessary for the physicists)。狄拉克的这个说法很好地反映了物理学家对数学的态度。

值得注意的另外一点是，只有当一个理论已经接近于成熟或者完成的时候，才可能全面认识到这个理论中的许多命题之间的逻辑联系，从而把这个理论发展成一个系统的公理化体系，即把少数命题当作公理，并把所有其他命题作为公理的推论推导出来。牛顿之所以有机会以类似公理化的方式把力学建造为一个体系，也正是因为力学在牛顿那个时代已经接近完成，牛顿之后力学的发展主要在于发展出更加合适的表述形式 (例如分析力学)，而不是在内容上有根本的创新。然而，物理学是未完成的，物理学中也还有一些互相割裂的重要组成部分，物理学距离统一还很遥远。处于发展中的物理学的一个典型情况是，人们可能对一些命题之间的联系有了深入了解，并且对另外一些命题之间的联系也有深入了解，但是对如何在这两套命题之间建立联系却缺少认识。在这种情况下，人们不可能把这些命题统合在一起建立一个公理化的体系。处于发展中的物理学的另一个典型情况是，物理学家偶然地发现一些现象与现象之间的联系或者命题与命题之间的联系。当这种偶然的发现积累到一定程度，以至于对现象之间或命题之间的联系可以形成一个整体的图像的时候，其中的必然性就可能展现出来，然后就可能猜想到其中的基本原理，最后形成公理化的理论体系。但是在积累到这种程度之前，物理学家对其中的必然性缺乏认识。物理学正是处于探索和发展之中的，虽然人们可以把物理学的一些发展成熟的分支建造为公理化的体系，但是把处于发展之中的物理学总体建造为一个公理化的体系是不可能做到的。在这个意义上，费曼在 1964 年的一个演讲中 (*The relation of mathematics to physics*) 说物理学对数学的运用是巴比伦式的而不是希腊式的或欧几里得式的。

此外，还应该注意到古希腊对数学的另一个主要贡献 (即抽象的纯粹数学) 也不是物理学运用数学的主要方式。如果用现代一些数学家的说法，纯粹数学讨论的问题是关于“数学实在”的“数学真理”，例如古希腊人论证的问题“素数是否存在无限多个”和“无理数是否存在 (或者举例 $\sqrt{2}$ 是否是无理数)”等等。古希腊人以对这类像是抽象哲学问题的精妙研究为纯粹数学树立了典范，这也是值得所有后人学习品味的典范。“无理数是否存在”这样的问题事关数学的基石，对于大量使用数学的抽象物理理论而言，这样的问题毫无疑问也是重要的。然而，物理学的实际预言肯定只可能使用具有有限精度的数字，在实际计算中 $\sqrt{2}$ 这样的无理数一定是被当作一个有限精度的有理数来处理。对于物理学的实际预言和实验测量而言，“素数是否存在无限多个”和“$\sqrt{2}$ 是否是无理数”这样的问题是无关紧要的。当然不可否认在物理学中也有一些重要工作需要使用数学证明完成，例如牛顿证明行星绕日运动的轨道是椭圆并且力心为焦点等价于引力满足平方反比律。物理学也使用了不少纯粹数学的成果，例如在现代物理中广泛使用的群论和拓扑学。即便如此，总体而言物理学对数学的运用并不是古希腊数学家那样的纯粹数学的方式。举个例子，一位意大利物理学家说与她的数学家妹妹谈起麦克斯韦方程，数学家妹妹反问她：这个方程的解是否存在、是否唯一？物理学家会考虑方程的解的多方面性质，但是一般不会像这位数学家妹妹这样考虑一个方程。打个比方，物理学家就像劳心的长辈一样会问某人是否有对象、对象人品怎么样、身高如何、长相如何、工作如何之类的多方面问题，但是一般不会问：对象是否存在、是否唯一。物理学对数学的运用方式更加接近于自然形态的数学，类似工程应用中的数学和古代天文中的数学。在这个意义上，我们可以借用费曼的话说物理学对数学的运用是巴比伦式的而不是希腊式的。

总之，物理学家与纯粹数学家对待数学的态度有着重大的区别。这种区别在如何看待量子场论的数学上表现得特别突出。以数学家的标准，量子场论的数学是既不严格也不优美，甚至应该说完全不像是可靠的。然而，使用这种看上去非常不可靠的数学得到的物理预言却与实验符合得很好。很多人学习量子场论的时候会遇到严重的困惑，这主要就是因为很难理解量子场论所使用的数学，这些人通常是习惯于从数学的视角看待物理，而不知道以物理的视角看待数学。物理学家对待物理理论和运用数学的方式主要是根据其有效性，即其是否具有预言能力以及其预言是否与实验符合，而不是根据是否符合数学家对于数学的标准。物理学家满足于量子场论的数学可以提供强大的预言能力并且其预言与实验符合得很好。至于这种离奇的数学为什么能够做对，到目前为止没有人能够回答。也许需要全新的数学才能回答这个问题。但是这是下一步的问题，可以留给未来更聪明的人回答。

现象学对本质问题的逼近

物理学对简便有效概念的采用以及对数学的实用态度可能会使人认为物理学家是一些实用主义者。实用主义认为真理是对经验的解释，认为有用的就是真理，不关心客观真理。实用主义之所以不关心客观真理，是因为认为人所能认识到的只能是在经验范围之内，而不能超出经验，超出经验的是不可知的。实用主义不关心本质问题，具有明显的反形而上学倾向。然而，实用主义的反形而上学并不是物理学现象学思路的反形而上学。

伽利略专注于对运动现象的研究，而不是像古希腊哲学家那样纠缠于本质问题。他不关心重力的本质，只关心重力导致的加速运动过程具体是怎么样的。这样一种思路使伽利略得以有机会建立关于运动现象的牢固可靠的知识。但是，这种反形而上学的倾向并不意味着物理学家不对更进一步的问题做更深入的思考和探索。在伽利略之后，牛顿更进一步，把人类对重力的理解推进了极大的一步。两百年之后，爱因斯坦再次把人类对重力的理解推进了极大一步。毫无疑问，现在我们对重力和对质量的认识已经远远超出了伽利略和牛顿的想象。这说明，物理学并不是不思考更深入的本质问题。恰恰相反，物理学通过研究现象和现象背后的规律，逐步积累起牢固可靠的知识，并在牢固的基础之上探索更深入的问题。现象学思路与形而上学思路的区别在于：形而上学空泛地、漫无边际地研究关于本质的概念，而现象学思路希望通过坚实的知识积累把本质问题转化为与经验联系的问题，把本质问题转化为科学问题。

在这个认识不断深化、知识不断积累的过程中，人们同时积累新的实验手段和探测手段。例如，光学显微镜的发明使人得以观测到细胞层次的微观世界，电子显微镜的发明使人得以直接观测到原子尺度的微观世界，加速器的发明得以使人直接探测到原子核尺度甚至更小的微观世界。通过这些实验技术，曾经只能在头脑中想象的微观世界可以在实验室中加以探测。人类的经验范围扩大到远远超过人的感官所能直接感知的范围，一些以前被认作是不在经验范围之内的问题可能变成了在经验范围之内，以前被当作是形而上的本质问题可能会变成可以由科学研究的现象学问题。物理学的现象学研究思路使我们能够逐步积累关于自然世界的可靠知识，同时积累实验探测的新手段和新方法，使这种认识的不断深化成为可能。

这样一种知识逐步积累、对本质问题逐步逼近的过程之所以可能，一个原因是人类可以通过经验认识到隐藏在经验背后的规律。诚然，人所能感知的确实只有经验而已。但是这不意味着，人不能认识超出经验的事物。人可以通过经验认识到超出经验但是与经验具有联系的事物。一个最明显的例子是时间和空间。时间和空间都是不能直接被人所感知的，人所能直接感知到的是物体的运动。如果把一个人放到空无一物的空间，这个人看不到任何物体，感受不到自己的心跳和自己的肢体。在没有任何运动参照的情况下，这个人不会知道距离，也不会知道时间的流逝，不能建立起关于空间和时间的概念。然而，如果有参照物体以及参照物体的运动，通过感知物体的运动，人就可以间接地感知时间和空间或者说在头脑中重建起对空间和时间的认知。在建立起对时间和空间的概念之后，人们再以时间和空间度量物体的运动。所以，实际上人们是以时间和空间作为中介以运动研究运动，并且在这样一种研究中推断时空的性质。早在伽利略和牛顿的时代，人们对这一点就有了相当深入的认识。牛顿的老师巴罗说过一段精彩的话[12]：

> 但是你会说，我们如何知道太阳做的是均等的运动？比如一天或一年精确地等于另一天或另一年，或具有相等的时长？我的回答是，除非把太阳的运动与其他均等的运动相比较，否则我们无法知道这一点……严格说来，第一个原初的时间量度并非天体，而是能够用感官察觉到的、服从实验的我们周围的运动，因为我们是借助它们来判断天体运动的规律的

……

> 所有人都承认，时间通常被视为运动的量度，运动的差异(较快、较慢、加速、减速)是通过假设时间是已知的而得到规定的；因此，时间的量不是由运动来确定的，而是说，运动的量是由时间来确定的：因为没有什么东西能够阻止时间和运动在这方面互相帮助。显然，正如我们先是通过某个大小来度量空间，了解它有多大，然后再通过空间来判断其他合适的大小，同样，我们也是先从某种运动来计算时间，然后再通过时间来判断其他运动；显然，这只不过是以时间为中介对不同的运动进行比较，正如我们以空间为中介来研究大小之间的关系一样……

时至今日，我们对时间和空间的认识已经远远超过伽利略和牛顿时代的人们的想象，也远远超出历代哲学家的想象。我们已经知道，在宇宙尺度上空间在膨胀，时间空间背景可以具有扰动，这个扰动还可以传播，即引力波。使用精密的实验装置，物理学家已经探测到引力波。这些成就巨大，但是这些成就都没有脱离上述的原则，即通过观测物体的运动来认识时间和空间，把时空作为中介以运动研究运动。这个例子说明，虽然人的感知只能局限在经验范围之内，但是人的思维和人的认识确实可以超出经验，虽然是有限地超出经验。上文举的其他例子，如夸克、大爆炸宇宙，都是这种既超出经验又和经验联系的例子。虽然夸克、大爆炸宇宙不能被直接检验，人们还是可以通过实验或者观测检验它们的间接效应，从而建立起对它们的认识。

实际上，物理学家认为，本质必定全部展现在现象之中，现象就是本质。这个思想就是量子散射理论中的幺正性假设。通过不断地积累牢固的知识，不断地增加实验手段和探测手段，不断地扩大经验的范围，我们可以观测到更多的现象，可以增加对本质问题的认识手段和认识工具，也就可以不断地逼近对本质问题的认识。这可以说是物理学家的新式的形而上学假设，但是这不是一个空泛的形而上学假设，而是一个可以不断通过科学实践加以验证的假设。**这里有个关键点，即需要不断地积累**

新的实验技术和实验手段，扩大经验的范围，才可能使本质呈现在现象之中。这一点也回答了人类从已知领域迈向未知领域如何成为可能。

拓展 6.6

现象学要义

我们可以以演绎的方式探究物理学的现象学和幺正性思想，看看这意味着什么。

现象学的基本假设如下：

公设 1：本质必定全部展现在现象之中，现象就是本质。

公设 2：人必须依靠经验形成概念而获得对事物的认识。

根据这两条公设，我们直接可以推论得知：

推论 1：人只能通过现象和对现象的经验达到对本质的认识。

根据有限的 (或者说部分的) 现象和经验而获得的认识，即便可能是普遍的 (例如物理学中的一些守恒律)，依据有限的现象和经验也无法得出结论是否是最具普遍性的认识。我们可以得到如下推论。

推论 2：获得对本质的认识的必经途径是扩大经验的范围，即在更大的经验范围内和更广大的现象世界内寻求对世界的理解。

因为感知能力十分有限，人必须依靠实验或者观测工具才能扩大经验的范围，由此可以得到：

推论 3：发展实验技术、观测技术和分析技术是扩大人的经验范围的唯一途径，是获得对本质的认识的必经途径。

发展实验技术和观测技术必须依靠已知的知识。因此，人们实际上是依靠已知的知识，建造实验和观测的桥梁，达到未知世界，从而获得对新领域的经验和认识。我们可以推论得到：

推论 4：对本质的认识是一个过程，在此过程中人们以实验和观测为桥梁从已知世界达到未知世界。

但是有限的已知知识的潜力是有限的，通过依靠这些有限的已知知识而建造的实验和观测的桥梁只能达到有限的未知世界。进一步获得对本质的认识的途径是，在新的领域建立起牢固的知识，并且在更大的知识范围内获得全新的实验技术和观测技术，从而达到以前达不到的未知世界。我们可以推论得到：

推论 5：对本质的认识是个不断推进的过程，在这个过程中实验和认识不断地互相推动对方发展。

这样一个现象学的理论告诉我们，科学如何成为一个开放的领域，人类如何可能不断地拓展认识的边界，不断地从已知世界到达未知世界，从而逼近对本质的认识。

《庄子·大宗师》开篇有一句话：以其知之所知，以养其知之所不知，是知之盛也。借用这句话，我们可以说物理学的现象学是知之盛也。

推荐阅读

马赫，《力学及其发展的批判历史概论》

这本书对力学的历史以及力学中概念的发展历史做了精彩回顾。在历史回顾中，作者十分精彩地展现了物理学家思考问题的特色以及对哲学问题的思考和态度。阅读此书只需要高中物理知识，不需要过多的知识准备。阅读此书可以让人极好地领会科学思维和科学精神，并可以使人很好地领会物理学思维的艺术。此书可为具有不同专业背景的人员快速和深入地了解物理学的思维方式提供十分有益的帮助。此书也是一本适合物理学专业的学生和从业人员阅读的著作。

第 7 章

科学革命的变奏

非常遗憾的是，在亚里士多德时代没有大炮。借助于大炮他就会击溃愚昧，并且毫不犹豫地说出有关宇宙的一切。

——伽利略《关于托勒密和
哥白尼两大世界体系的对话》

你们威尼斯人在你们颇负盛名的兵工厂中所显示的经常活动，向有研究精神的人提示了一个广大的探索领域，特别是工厂中涉及力学的那一部分。因为在那一部分中，所有类型的仪器以及机器正在不断地由许多技师制造出来，其中必定有些人，部分地由于固有的经验而部分地由于他们自己的观察，已经在解释方面变得高度熟练和精明了。

——伽利略《关于两门新科学的对谈》

蒸汽机的出现在一定程度上把相距最远的国家连在了一起。它倾向于把地球上的人们团结起来，好像他们都生活在同一个国家……就像人类的大多数发明一样，蒸汽机的诞生是由于许多人的大胆粗放的尝试，而其真正的发明人却无人知晓……它的理论很不先进，改进它的尝试仍然几乎是偶然的……现在我们建议对这些问题进行详细慎重的考察。

——卡诺《关于热的原动力以及
开发这种动力的机器的思考》

伽利略和牛顿创建的物理学带来了对自然世界的全新认识方法，带来了科学革命。伽利略和牛顿的这个创造不是凭空而来的。在上文中，我们强调了伽利略和牛顿的创造，同时也提及了他们对前人的一些继承。伽利略和牛顿之后的物理学家，继承了伽利略和牛顿留下的遗产，并在此基础上做出新的创造。在本章，我们重新检视这些思想遗产，并探讨这些思想的价值。

7.1 科学革命与古代智慧：理智主义和经验主义

培根把认识自然的方法分为三种：蚂蚁、蜘蛛和蜜蜂的方法。蚂蚁式的研究是耐心地收集资料、分类资料并对资料进行归纳，这是经验主义式的方法。蜘蛛的方法是自己不断吐丝并编制一个巨网，然后可能碰巧用巨网碰到一个东西，这是理智主义式的方法。蜜蜂的方法是吸取花粉并且在蜂巢中加工成蜂蜜，这种办法既收集材料又运用概念对材料进行加工，是对经验主义和理智主义的综合。单纯的经验收集和整理，效率太慢。更加重要的是，规律是隐藏在现象之后的，需要抽象的思维来把握材料。单纯的经验收集和整理，缺乏必要的抽象，不能走太远。古希腊哲人那种理智主义的方法，是把抽象的概念作为原理编制整套的理论框架。这种做法可能可以碰巧抓到一些东西，但是也很难走远。我们看到，伽利略和牛顿的工作就是类似蜜蜂的工作方式。伽利略和牛顿带来的科学革命既是对经验主义和理智主义的综合，也是对经验主义和理智主义的双重超越。

古希腊人的理智主义传统包括自然哲学传统以及数学 (几何学) 传统。古希腊自然哲学的代表人物包括德谟克利特、亚里士多德、柏拉图和伊壁鸠鲁等人。古希腊数学的代表人物包括毕达哥拉斯、柏拉图、欧几里得、阿基米德和托勒密等人。自然哲学希望用简单的原理解释世界的纷繁复杂以及世界的变化。例如，原子论把万物归结为单一的本原，即原子，认为物质是原子的组合。这个学说超出了地火风水 (或土火气水) 之类的被具体物质形态启发的本原说，把物质的本原归结到质相同但量不同的原子。亚里士多德对物质的组成持四元素说，同时把事物的运动归结为四因。这种理性思维的思路是把万事万物及其运动归结到少量的原理。这当然不是古希腊人独有的特色，很多古代文明都有类似的自然哲学。中国古代有元气论和阴阳五行说，这个学说既讨论物质的构成，又讨论事物运动的规则，这也是一种以简单原理理解复杂世界的方式。古希腊自然哲学的一大特色是，采用演绎的方式把这种自然哲学编织成整套的庞大理论体系，并且具有极强的形而上学倾向。这种形而上学倾向以及使用先验原理构造庞大理论体系的思辨思维倾向遭到伽利略时代思想家的激烈反对。

古代自然哲学还有一个普遍的弱点，那就是很难被数学化地表述，很难用数学化的方式定量讨论问题。虽然古希腊有很强的几何学传统，柏拉图以几何学打造自己的自然哲学，但是亚里士多德反对这种倾向，他甚至认为几何学这样的数学不可能抓住现象。几何学研究的内容是静止的、孤立的、抽象的几何物体，亚里士多德不相信使用这样的数学可以把握住变化的运动世界。亚里士多德的怀疑并不是没有道理，确实很难使用几何学这样的数学语言描述事物的变化和运动。牛顿的《原理》是使用几何学的方式写成的，在阅读牛顿的《原理》的时候，人们可以深入体会到这种使用不合适的数学语言的困难。现代的经典力学使用代数式的数学语言描述运动现象，比起牛顿那样的古典几何学式的数学语言，使用这种数学语言描述运动现象要简便得多，而且强有力得多。伽利略当然没有机会使用这种简便的语言，这种语言要等到力学发展起来之后才被物理学家和数学家逐渐开发出来。

伽利略的一个主要贡献是，他把难以数学化的自然哲学改造为可以用当时的数学表述的物理学。伽利略深受古希腊数学传统的影响，他推崇阿基米德，他相信物理世界的规律是使用数学书写的。在 1624 年出版的《试金者》一书中，伽利略写道[4]：

> 我们眼前的这部伟大的书 (我指的是宇宙) 中包含的哲理，除非你首先弄懂它的语言以及写作符号，不然你是读不懂它的。它是用数学语言来写的，其符号是三角形、圆形和其他几何图形；没有这些工具，你连一个字都无法读懂，就只能一无所知地在黑暗的迷宫中苦苦摸索。

伽利略的这段话常常被提炼为：大自然这本书是用数学符号来写的。在伽利略的基础上，牛顿总结阐发运动规律，并把这些可以数学化表述的规律当作原理，把力学建造为一个具有普遍意义的数学演绎理论。通过伽利略和牛顿的工作，古希腊人的自然哲学和数学实现了一次升华和综合。一位现代的科学史家评论说[7]：

> 17 世纪末，随着新的认识逐渐被接受，人们越来越清楚地看到，自然的奥秘几乎无法通过显而易见的手段、常识和单纯的感官来揭示，也不能由第一性原理思辨性地导出，而一些纯粹定性的描述只能非常有限地理解自然。要想彻底理解自然，就必须深入下去，学习数学的语言，(尽可能通过精确的测量) 并且把实验当作知识的源泉和检验标准。

伽利略之所以能够把自然哲学数学化，是因为他看待自然世界具有全新的视角。古代自然哲学的第一原理距离经验过于遥远，难以被经验把握，更加难以被经验数学化地把握。与古老的自然哲学不同的一点是，伽利略关注的是经验中的具体现象。他研究的是现象与现象的关联，特别是其中的比例关系。例如，他重点研究物体运动中距离与时间的比例关系。这样的现象是可以被直接经验的对象，也是可以被数学化研究的对象。通过对现象之中比例关系的深入思考，伽利略更进一步发现了隐藏在运动现象背后的规律，即力产生加速度。

毫无疑问，伽利略需要抽象地思考问题，只有抽象地思考问题才可能把问题数学化。但是，伽利略不会像古代自然哲学那样停留在空泛的抽象概念，而是抽象地研究具体问题，是既把具体问题抽象化，又把抽象问题具体化。

简单地说，伽利略的成功是因为他把自然哲学的思考对象转向可以经验到的、可以在实验中操作的对象。这样的研究对象，如距离和时间，既可以在头脑中抽象地思考，可以被数量化地进行研究，又可以在实验中操作检查。牛顿引入质量概念并且使用重量来定义质量，也是抽象地研究现象问题并且使抽象问题具体化的一个很好的例子。此外，爱因斯坦的相对论对时钟校准的讨论也使时间概念从一个难以思考的抽象空泛的概念变成了一个具体的概念。这也是一个使抽象问题具体化的极好例子。

毫无疑问，伽利略的新视角来自经验，来自经验主义的影响。他的斜坡实验装置、他的计时工具、他对炮弹运动的观察，这些滋养了他的物理学研究的东西，全都来自新的经验。从伽利略对实验的讨论和对实验装置的制造中，我们可以看出当时的机械制造和机械工程为他提供了许多新的经验。虽然对抛物运动的研究历史悠久，但是火炮带来的强烈体验也对他的抛物运动研究提供了全新的经验。他在新的经验中发现了新的问题，发现了可以数量化地研究的问题，并且找到了研究新问题的工具和实验方法。伽利略对此有充分的自觉。如在本章开始所引述的，在《对谈》的开始第一段伽利略就讲述，在威尼斯兵工厂的经验为他的科学研究提供了广阔的思考素材。

人们一般认为中国古代科技是很不系统的，其主要特征是经验主义的。这个认知大致没错。中国古代虽然有墨家的实验科学和逻辑学，但是很快失传。大体上我们可以说，中国古代科技缺乏系统的探索，特别是比较缺乏系统的理论思维，很多发现和发明具有偶然的成分。与中国相反，欧洲的传统主要是理智主义，经验主义是古希腊哲人所没有的思想。到目前为止，我们并不知道经验主义在欧洲大陆是如何兴起的。我们所知的是，在中世纪之后，到了伽利略的年代，经验主义已经兴起了一段时间。在伽利略之前，抱有经验主义思想的人有达·芬奇、吉尔伯特、第谷、炼金术士和医生帕拉塞尔苏斯等人。与伽利略同时代的，有培根、血液循环的发现者哈维等人。

人们常常以为经验主义的价值主要在收集材料和分类材料方面。从这种思路看来，经验主义的价值主要是为抽象化的理性思考提供思维素材。这是一种对经验主义的片面看法。提供思维素材只是经验主义的一个方面，经验主义另一个重要方面是可以扩大人类的视野，解决老的争议，提出新的问题，并且可能导致人的思维的革命性变化。在这个方面，伽利略的天文发现是一个很好的例子。提供思维素材的工作并不一定会导致人的思想的革命性变化，特别是仅仅在量的方面积累素材的工作不太可能做到这一点。伽利略的天文观测不是对天文数据的量的积累，不是提高了观测行星视运动的效率之类的科学工作，而是对天文观测的质量和内容的本质性提升。他利用望远镜观测到了前人完全观测不到事物，例如金星的盈亏、木星的卫星、月球上的阴影和太阳黑子等等。这些全新的观测现象扩大了经验的范围，扩大了人类的视野，同时带来了革命性的思想。这是经验主义科学的最大价值。

这种经验主义的视野转换并不一定是由科学研究导致的，也可以由社会发展和社会生产的发展所导致。伽利略生活和工作过的威尼斯地区长期以来是欧洲最发达的地区，具有发达的工业基础。作为威尼斯兵工厂的顾问，伽利略可以广泛地接触到当时欧洲最先进的工业和机械制造行业。在这种环境下，我们可以预期肯定会有人把他们的思考对象从自然哲学中抽象空泛的第一原理转向具体现实的运动问题和其他静力学问题。伽利略之前的达·芬奇已经做出了这种转变，伽利略并不是唯一的这类思想者。这也是古希腊阿基米德和中国古代墨家的思想的经验来源。伽利略推崇阿基米德，把阿基米德当作自己的事业的先驱。我们可以理解，伽利略对阿基米德的推崇并不是偶然的。在这个方面另一个很好的例子是热力学的发展。蒸汽推动机械的现象早就被人观察到，蒸汽机也不是瓦特发明的机器，实际上瓦特是在前人发明的基础之上改进蒸汽机。但是在人类社会广泛地使用热机之后，热和机械功的关系得到了广泛的关注，同时热机工作效率的问题对物理学提出了新的重要研究方向。

这种新经验带来的视野上的扩大是非常重要的。它可以使人意识到原有思想的局限，使人从旧的藩篱之中脱离出来。在新的环境之中，人们可以重新审视原有的思想和理论，找到以前不能发觉的问题和错误，甚至进而阐发新的思想和理论。这就是伽利略所处的时代的特色。培根生活在同一个时代，对于这样一种由视野带来的思想上的变化，培根有相当深入的认识。他说[11]：

> 在我们的时代，由于人们的经常的远航和远游，自然中可能对哲学引进新光亮的许多事物已经摆明和发现出来，这一点也不能是毫无所谓的。很明确，在我们这时代，当物质的地球的方域——就是说，大地、海洋以及星宿等方域——业经大开和敞启，而我们智力的地球若仍自封于旧日一些发现的狭窄界限之内，那实在是很可羞的了。

7.2 思想驱动的科学变革与工具驱动的科学变革

理智主义和经验主义都具有深远的影响。在科学发展历史上，我们可以找到许多例子具体地说明这两种思想倾向的成功之处。这些例子可以分为思想驱动的科学变革和工具驱动的科学变革，分别对应理智主义和经验主义。从这些例子中，我们可以学到很多有益的经验教训。

思想驱动的科学变革

思想驱动的科学变革指的是：因为新的概念的创造或者新的思想的引入，使人们看待和研究世界的方式发生了变化，从而导致革命性的进步。

伽利略所倡导和实行的把物理学数学化的举措是一个典型的思想驱动的科学变革。在第 3 章中，我们已经看到了这种思想所产生的效果。我们回顾一下，伽利略的斜坡实验是十分困难的，他只能使用斜坡实验得到一些很有限的结果。伽利略能够验证，物体沿着斜坡下滑时运动距离与时间平方成正比。但是，由于测量仪器的简陋，他不能测量物体在每个时间所具有的速度。

在这种困难的情况下，伽利略使用数学得到一些重要的推论。例如，他得到的一个重要推论是：如图 7.1所示，物体在 A 点从静止出发沿 AB 到达 B 点的速度与从 A 点沿 AC 到达 C 点的速度大小相同。这是一个十分重要的推论，也是一个很难用实验检验的推论。如果不使用数学的论证，人们很难在实验中去发现这个结论。一方面，这是因为以当时的技术条件很难准确地测量到达 B 点的速度和到达 C 点的速度。我们可以设想的一种办法是，使物体到达 B 点后再沿着水平光滑平面运动一段距离，并测量运动这段距离所需的时间，从而计算得到速度。这种办法原则上是可行的，但是这需要打磨出一个比较长的光滑平面物体。此外，为了做这个实验，还需要再另外打造一个具有不同长度的光滑斜坡，且需要考虑物体沿着长度不同的斜坡运动时所受到的摩擦阻力可能是不同的。总之，实验检验这个推论很不容易，在实验中首先发现这个现象基本上不太可能。伽利略以数学推理的方法发现了这个结论。这是使用抽象的数学方式研究运动现象的一个非常成功的例子。

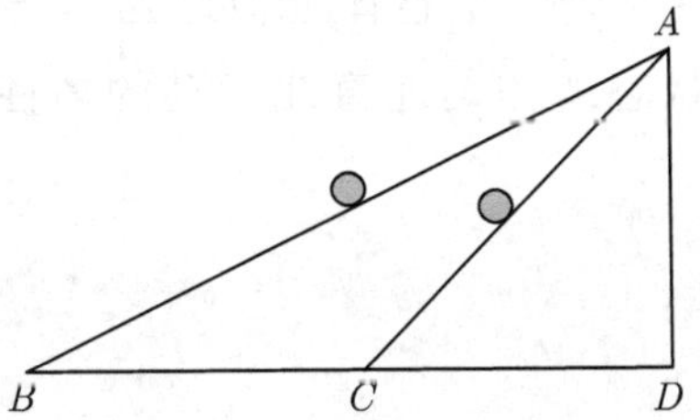

图 7.1　伽利略对沿斜坡运动的数学推理

在此基础之上，伽利略进一步论证，物体沿着任意光滑斜坡下滑到达终点后的速度大小都是一样的。最终速度的大小只与下落的高度有关。然后，他再论证，如果再沿着一个对称的斜坡上升，物体将回到与下落之前所处的相同高度。图 3.5 和图 3.6 演示了他的论证。通过这样的论证，伽利略把图 3.4 所演示的、难以用实验直接检验的结论转化成了容易使用实验加以检验的结论，并且建议使用图 3.7 所示的实验方案对自己的结论做出检验。从这个论证之中，我们也可以看出数学式的推理是必不可少的。抽象的数学推理帮助伽利略得到很多难以在实验中加以检验并且也难以通过实验发现的规律。通过抽象的数学推理和直觉推理，伽利略还最终找到了比较容易在实验中加以检验的推论。在这个例子中，我们看到伽利略展现出高超的思维艺术，也可以很清楚地看到把物理学数学化所具有的巨大威力。

爱因斯坦创造广义相对论是思想驱动的科学变革的另一个极好的例子。伽利略的相对论思想是在与地心说论战的过程中创造出来的。伽利略发展相对性思想的目的在于解释为什么地球上的人感觉不到地球在运动。通过使用运动的合成与分解，伽利略论证运动是相对于观察者而言的。在地球上的观察者与地球共享了地球的运动，因而不能感知到地球的运动。通过伽利略的论证，运动的相对性被揭示了出来。在《原理》中讨论日、地、月三体系统运动的时候，牛顿使用运动的相对性把三体问题简化为地和月的两体问题。牛顿认为，太阳距离地球和月球的距离远远大于地月之间的距离，太阳对地和月的加速是大致相同的，在考虑地、月相对运动的时候可以把太阳的影响忽略不计。所以，虽然地、月做绕日运动，并不是做匀速直线运动，但是在考虑地、月的相对运动的时候，可以把地和月作为一个整体近似地当作一个不受外力作用的物理系统，即处于静止状态或作匀速直线运动的惯性系统，如图 7.2 所示。

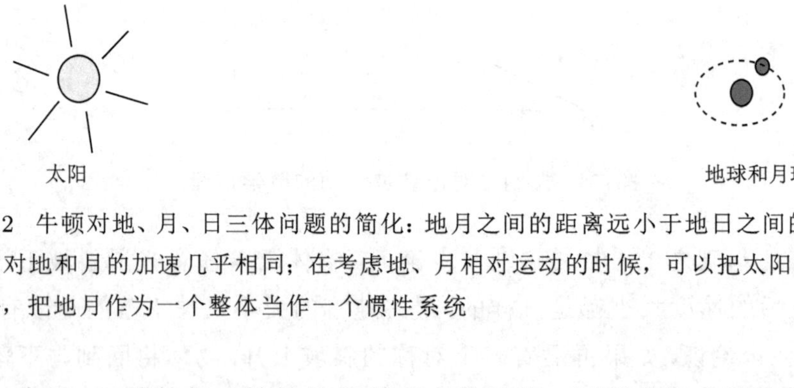

图 7.2　牛顿对地、月、日三体问题的简化：地月之间的距离远小于地日之间的距离，太阳对地和月的加速几乎相同；在考虑地、月相对运动的时候，可以把太阳的影响忽略，把地月作为一个整体当作一个惯性系统

此后，运动的相对性被物理学家充分认识，逐渐成为力学的基本原理。相对性原理认为，虽然物体的运动状态对于不同观察者而言可以不同，但是不同观察者观察到的物理规律是一样的。这个原理特别强调的一点是，这种物理规律的等价性是对于相互之间做匀速直线运动的观察者而言的。

爱因斯坦更进一步，他思考物理规律在加速系统与惯性系统之间的等价性。通过考虑运动的合成和分解，牛顿把地、日、月三体系统简化为两体考虑。这说明，地、月虽然在太阳的影响下处于加速状态，但是当考虑地、月之间的相对运动的时候，可以忽略这种加速的影响而把地、月整体当作一个惯性系统。牛顿的这个论证实际上隐含了，外部观察者看到的在太阳影响下地、月运动的物理与地、月惯性系统中地、月运动的物理具有等价性。但是，在牛顿这里，这是作为运动的分解和合成规则的结论而出现的。爱因斯坦认为，这应该被当作一个原理，如果只考虑观察者周围小范围内的事物，在引力作用下运动的一个观察者不能知道自己是在引力作用下做加速运动，而必定认为自己是在做惯性运动。当然，从外部观察者的角度看来，这个物体是做加速运动。爱因斯坦认为，虽然这两类观察者观察到的现象是不同的，但是他们观察到的物理规律是相同的，或者说是等价的。因此，当我们使用数学的方式表述物理规律的时候，需要考虑到这两类观察者得到的物理规律实质上是相同的。

爱因斯坦的这个思想是对古老的相对性思想的质的飞跃。这样一个新的原理对物理规律提出了一个新的要求，即一个惯性观察者观察得到的物理规律与一个非惯性观察者得到的物理规律是等价的。实际上，这个原理告诉我们怎么从一个惯性观察者观察到的物理规律得到非惯性观察者看到的物理规律。此外，这个原理还告诉我们引力的现象在一个观察者那里出现，在另一个观察者那里可以不出现。然而，这些不同的观察者只是做不同的相对运动而已，这可以使用观察者之间的坐标变换加以表述。例如，对于观察者 A 而言，如果观察者 B 处于匀速直线运动，B 的位置可以用方程 $x_{\mathrm{B}} = c + vt$ 描述。如果观察者 B 处于匀加速运动，B 的位置可以用方程 $x_{\mathrm{B}} = c + \frac{1}{2}at^2$ 描述。如果观察者 B 处于任意的运动，B 的位置可以用方程 $x_{\mathrm{B}} = f(x_{\mathrm{A}}, t)$ 描述，其中 f 是一个任意函数。这说明，引力的效应可以被数学化，可以归结成几何的效应。爱因斯坦沿着这条道路思考，最终发展出了广义相对论。

但是，爱因斯坦并不知道应该使用什么样的数学表述他的理论。他求助于他的同学格拉斯曼以及大数学家希尔伯特等多人。在他们的帮助下，爱因斯坦使用黎曼几何成功地把他的思想表述为具有巨大威力的理论。这个理论预言了在引力场中光线偏折的现象，解释了水星近日点的进动现象，预言了黑洞。这个理论把引力当作时空几何的弯曲，把引力的扰动当作时空本身的扰动，并且预言了时空本身的扰动可以传播，即引力波。这个理论还第一次为从整体上研究宇宙提供了理论框架。从此以后，人们可以对宇宙的演化和结构的形成做系统的理论研究。广义相对论使人们对时间和空间的认识达到了一个全新的高度，远远超越了古代哲学家的想象。如果没有黎曼几何这样的数学，爱因斯坦的天才思想也仅仅是一些深邃的洞察，不会变成具有强大预言能力的理论框架。黎曼几何的使用让爱因斯坦有机会把他的相对性思想具体化为一整套的具有预言能力的理论，这是思想驱动的科学变革的一个极好的例子。

工具驱动的科学变革

人类的一个常见弱点是，容易被系统精妙的理论说服，而不能想到这种理论有可能仅仅只能说明世界的一角，物理学家也不例外。在 19 世纪末，物理学已经在经典力学、热力学统计力学和电磁学三个方面发展出了系统的理论。这三个理论很好地描述了广泛的自然现象。1900 年，物理学家威廉·汤姆孙发表了一个演讲。他认为，虽然在物理学晴朗的天空上仍然有两朵小小的乌云，但是那无关大局，物理学已臻完善，物理学的大厦已经建成，剩下的只是修补性的装修工作。事实证明，物理学并没有在那之后结束，反而获得了革命性的新发展。19 世纪末弥漫在物理学家心中的乐观和自满只是一种幻觉，源于对世界的发掘和探索还远远不够，源于对世界的视野远远不够。在这之后，在不断积累的新实验和新现象的启发下，人们的视野被新的经验彻底打开，量子物理的世界展现在人们的面前。在新经验的启发下，革命性的新思想被不断地提出，物理学突然进入一个狂飙猛进的黄金时代。

这样一种由新探测工具、新实验和新经验导致的科学变革已经在历史上多次出现。伽利略制造的望远镜和他的天文发现对人类的心灵产生了一次巨大的冲击。伽利略之后的胡克和列文虎克使用显微镜对微观生物世界的发现是又一次巨大的冲击。胡克使用显微镜观察微小的世界，做出了许多发现。胡克具有高超的绘图能力，他为他的发现绘制了精美的图片，出版在《显微制图》(*Micrographia*) 一书中，图 7.3、图 7.4、图 7.5 显示了他做出的这些发现。他发现跳蚤苍蝇都具有完美的器官。有一次，他拿一块薄的软木片放在显微镜下观察。他发现软木片由很多小室构成，每个小室之间有壁隔开，类似蜂巢的结构。胡克觉得这些小室很像修道院里的小

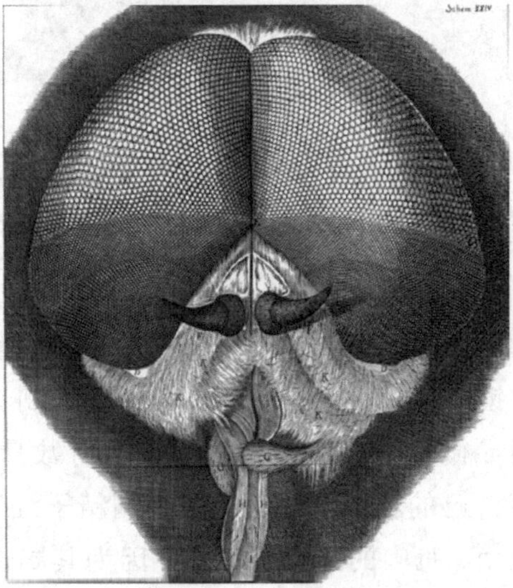

图 7.3　胡克绘制的苍蝇的复眼图 (图片来自胡克的 *Micrographia*)

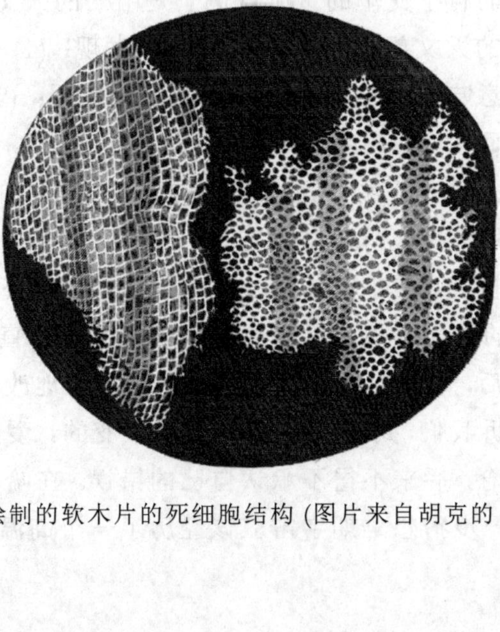

图 7.4　胡克绘制的软木片的死细胞结构 (图片来自胡克的 *Micrographia*)

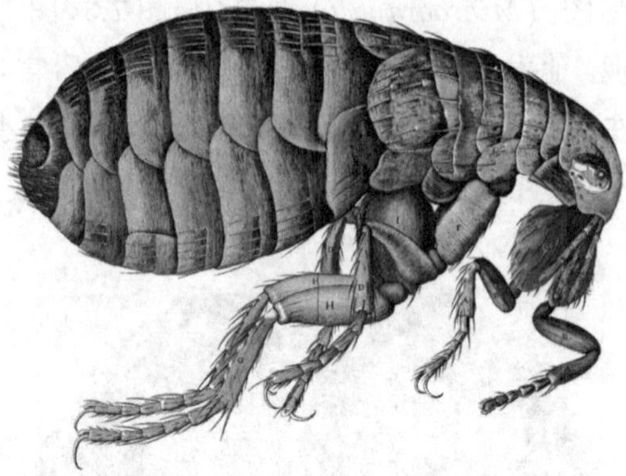

图 7.5 胡克绘制的跳蚤图 (图片来自胡克的 *Micrographia*)

房间，他借用这个词汇，给这样的小室取名为“细胞”。列文虎克掌握了非常高超的制造透镜的能力，他制造了放大倍数达到 200~300 倍的显微镜。列文虎克使用显微镜观察水，发现水滴中有数量惊人的微小生物。他使用显微镜观察自己的精液，第一次观察到精子细胞。列文虎克还使用显微镜发现了细菌、肌肉的显微结构等。因为其制造先进显微镜的技术，列文虎克在当时的显微生物学取得了支配地位。胡克和列文虎克对微观生物世界的发现极大地扩展了人的视野和思维。

新工具带来的科学变革的一个好例子是哈勃的天文发现。哈勃使用当时世界上最大的天文望远镜 (胡克望远镜) 发现：(1) 仙女座星云处于银河系之外，这意味着我们的宇宙不局限于银河系；(2) 银河系之外的星系在远离我们而去，距离越远离开我们的速度越大，这意味着宇宙在膨胀。考虑气球上的两个物体，这两个物体在气球上的位置保持不变，但是随着气球的膨胀，这两个物体之间的距离会增加。宇宙的空间膨胀可以比拟成这种情况。在宇宙本身的空间膨胀的影响下，河外星系远离我们而去。哈勃的天文发现为宇宙的膨胀提供了一个直接证据。继伽利略的天文发现之后，哈勃的天文发现再一次根本性地改变了人类的宇宙观。这个发现告诉我们，宇宙不是静态的、不变的。爱因斯坦在早年持有静态宇宙的观念，后来不得不承认自己的错误。在哈勃的发现的启发下，伽莫夫更进一步猜想早期宇宙应该经历了一个高温、高密度的大爆炸过程，并由此发展出了大爆炸宇宙学。

新工具带来的科学变革的另一个好例子是原子核和原子结构的发现。卢瑟福使用当时已知的 α 粒子去轰击薄的金箔。他发现: (1) 大多数 α 粒子都穿过金箔；(2) 少量 α 粒子会被偏折；(3) 有少量一些 α 粒子甚至会被反弹。这导致卢瑟福提出原子核的猜想以及他的原子模型，如图 7.6所示：(a) 原子中大多数质量都集中在中心的一个很小的区域，即原子核的区域；(b) 原子周围有很轻的电子围绕原子核运动。只有这样一种模型才可能解释卢瑟福观察到的现象，即大部分 α 粒子都穿透而过同时有少量 α 粒子被偏折和反弹。为了理解这个原子模型的稳定性，玻尔又提出电子轨道量子化的猜想，使量子化的原子世界第一次展现在人类面前。其后的粒子束打靶、粒子加速器和粒子对撞机实验沿着卢瑟福的这条路不断前进，把人类对更小的微观世界的探索推进到原子核尺度之内，甚至到质子尺度之内，并且不断为人带来惊奇，带来全新的启发和思想。

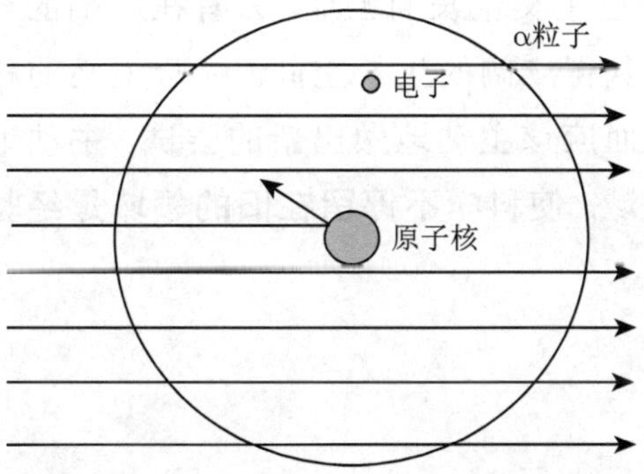

图 7.6 卢瑟福实验对原子结构的演示

我们可以看到，这些实验和观测为人类带来了全新的视野，同时带来新的问题，也带来新的理论思考。科学之所以能够进入全新的领域，常常是因为实验技术的发展使人们可以做出全新的实验和观测。显微镜和望远镜的发明发展和使用、加速器的发明发展和使用都是这种技术发展带来科学变革的例子。戴森 (Freeman Dyson) 说过一句很有影响的话，讲述新工具和新实验对科学发展的重要作用。他说：

> 比起被新的概念所发动，科学的新方向更加经常是被新的工具所发动。概念驱动的科学革命是用新的方式解释旧的事物，而工具驱动的科学革命是发现新的事物，让人不得不去加以解释。(New directions in science are launched by new tools much more often than by new concepts. The effect of concept-driven revolution is to explain old things in new way. The effect of a tool-driven revolution is to discover new things that have to be explained.)

如果停留在旧的领域，终有一天，思想将会枯竭，科学将不得不停滞。19 世纪末的物理学家感叹物理学的大厦已经完成，剩下的只是装修工的工作。他们正是处于这样一种停滞的、思想枯竭的状态。然而，新的工具可以带来新的实验和观测，可以扩大人类的视野，把经验扩大到人类原先所不能及的地方，同时也带来新的启发和新的思想。这是科学之所以可以持续不断发展的关键所在。

经验主义是理智主义生长的土地。只有在广阔的经验主义的大地之上，理智主义才能获得广阔的生长空间。经验主义的科学不应该停留在被动地收集材料，而应该主动地做出新的尝试，主动地走向未被探索的世界。**开拓新的领域，使科学不停留在旧的领域是经验主义科学的最大价值。**

7.3 实验科学的戏剧

经验主义的科学探索具有非常巨大的魅力。在把望远镜指向天空之前，伽利略不会想到自己将要发现什么。在把显微镜指向微小世界之前，胡克和列文虎克也不会想到自己将要发现什么。在实验观测中，伽利略、胡克和列文虎克都收获到了巨大的惊奇。实验科学的巨大魅力就在于人们可以在其中收获到很多惊奇，有时候甚至以戏剧性的方式。本节举几个例子，进一步讲述实验科学中的戏剧性。

宇宙微波背景的发现

在 20 世纪 60 年代，A. Penzias 和 R. Wilson 是贝尔实验室的两名工程师。他们试图使用一个六米直径的天线探测卫星反射回来的无线电信号。为了探测到这种非常弱的无线电信号，他们非常努力地降低天线的噪声和其他设备的干扰。他们去除了雷达和无线电广播的干扰效应。通过使用具有极低温度的液氦，他们把天线接收器的温度降到了 −269 摄氏度，从而极大地压低了其中的热噪声。在做了这些努力之后，他们却发现噪声信号并没有消失。他们的天线探测到一个神秘的恒定信号，对应的波长为 7.3 厘米。这个信号的强度是他们预计的剩余噪声信号强度的百倍。他们发现，当把天线转动到任意方向时，这个信号也不变化。此外，这个信号也不随着季节变化。这说明这个信号不是来自地球、太阳或者银河系的无线电信号，只可能来自银河系之外的宇宙。A. Penzias 和 R. Wilson 不知道这是什么。后来，他们知道自己发现的是宇宙大爆炸理论预言的宇宙微波背景辐射，他们也因此获得了 1978 年度的诺贝尔物理学奖。此后，物理学家使用飞机和气球把天线拿到高空，甚至使用卫星把天线放入太空，使我们有机会对宇宙微波背景辐射做出更精确的测量，精确宇宙学由此诞生。

A. Penzias 和 R. Wilson 的发现是一个意外事件，他们两人并不在物理学领域工作。但是，作为研究天线和无线电信号的工程师，他们调制得到了当时最先进的无线电天线，使人类对无线电信号的探索进入到前所未见的领域。这导致他们做出了一个了不起的发现。

神冈探测器的戏剧

人类已经发现在自然世界中存在四种相互作用力，即引力、电磁力、弱作用力和强作用力。在 20 世纪 70 年代，一些粒子物理学家提出了统一电磁、弱和强相互作用的理论模型，并且在粒子物理标准模型获得成功之后，粒子物理学家们普遍对大统一理论的前景持有乐观的看法。他们相信大统一理论即将被实验所证实，只要我们把实验推进到相应的探测范围。受到这种氛围的激励，日本物理学家小柴昌俊领导建设了神冈探测器。大统一理论统一描述了夸克和电子，同时也带来了一个预言，即由夸克形成的质子可以衰变成电子的反粒子，即正电子。神冈探测器有一个 16 米高的圆柱形容器，直径达到 15.6 米，装有 3000 吨纯水，并使用约 1000 支光电倍增管探测基本粒子在纯水中产生的光信号。这是一个规模庞大的实验。

神冈探测器没有探测到质子衰变的信号，其后的更大规模的探测器也没有探测到质子衰变的信号。但是，神冈探测器项目并没有失败。在 1987 年 2 月，神冈探测器探测到大麦哲伦星云中超新星 1987A 爆发时所产生的中微子所产生的信号。神冈探测器首次为人类探测到来自太阳系以外的中微子，做出了一个重要发现。小柴昌俊也因此获得了 2002 年度的诺贝尔物理学奖。

在此之后，神冈探测器把主要研究目标转为中微子物理，并把探测器升级为超级神冈探测器。超级神冈探测器有一个高达 41 米、直径达 39 米的圆柱形不锈钢容器，其中盛有 5 万吨纯水，并使用超过 1 万个光电倍增管探测光信号。这是一个史无前例的巨大探测装置。图 7.7显示了工作人员在神冈探测器中检修设备时的情况。超级神冈探测器获得了巨大的成功，它在中微子物理方面做出了重要贡献。超级神冈探测器观测发现了大气中微子振荡的现象，它与加拿大的 SNO 探测器共同确立了太阳中微子振荡的现象。因为这些贡献，超级神冈中微子实验项目的负责人梶田隆章获得了 2015 年度的诺贝尔物理学奖。

神冈探测实验和超级神冈实验是充满意外和惊奇的实验项目，是实验科学的戏剧。我们可以说神冈探测实验具有非常好的运气，在它的运行期间正好遇到一个附近的超新星爆炸产生的中微子束流通过地球。但是，神冈探测实验的成功也不完全是偶然的。神冈探测器有一个当时最大规模的水切伦科夫探测装置，这能把探测能力提升到了足以对超新星中微子做出探测的程度。神冈探测器的探测能力在当时达到了人类历史上前所未有的程度，这是神冈探测器成功的基础。

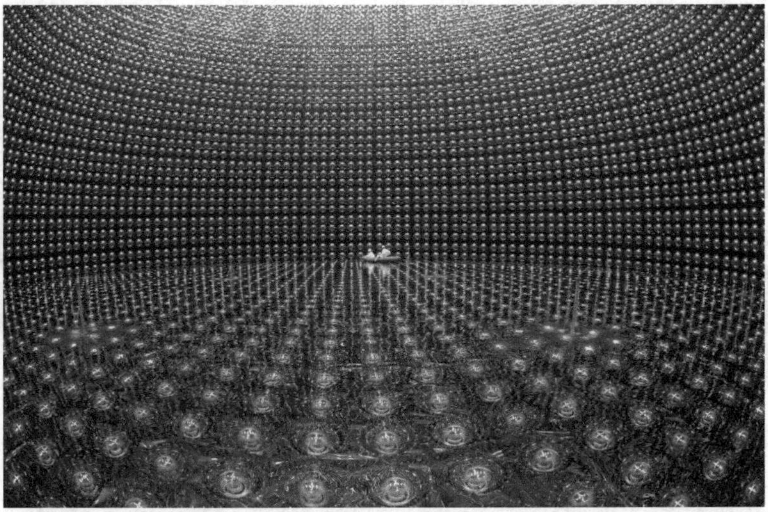

图 7.7　超级神冈中微子探测器中，工作人员乘船检修实验设备 [图片来自超级神冈中微子实验合作组。Credit：Kamioka Observatory, ICRR(Institute for Cosmic Ray Research), The University of Tokyo]

大亚湾中微子实验

在大气中微子振荡和太阳中微子振荡被确立之后，人们相信在核反应堆所产生的中微子中也应该看到中微子振荡的现象。但是，前期的一些实验并没有在反应堆所产生的中微子中观测到中微了振荡现象。粒了物理学家们猜测这可能是因为相应的振荡参数比较小所导致。为应对这个局面，中国和美国物理学家合作研发制造了高精度的中微子探测装置，并把装置放到了大亚湾核反应堆附近，图 7.8 显示了大亚湾反应堆中微子实验的实验装置。因为大亚湾核反应堆具有很高的输出功率，其所产生的中微子束流也具有非常高的流强。通过优化探测器设计和布局，物理学家预计使用大亚湾的中微子束流可以把相应中微子振荡参数的测量精度提高几倍甚至十倍，远远超过当时的水准。实验成了一个巨大的惊奇。大亚湾实验开始正式采集数据不久，实验数据中就显示出肉眼可见的中微子振荡信号。最终的测量结果表明，相应的振荡参数并不算小，非常接近以前的实验已经探测过的范围，只是超出一点而已。大亚湾中微子合作组花了 8 年时间打造了一个威力强大的探测工具，然后发现这个探测工具的威力远远超过了实际的需求。

图 7.8 大亚湾反应堆中微子实验装置。左：中微子探测器成功安装在巨型水池之中；右：正在洁净间中组装的中心探测器 (图片来自大亚湾中微子实验合作组)

总之，一旦做出人类历史上前所未有的实验装置或观测装置，就会把人类的视野推进到以前从未到达的领域，我们就很可能遇到惊奇和意外。我们可以预期，只要不断地做出新的实验装置和观测装置，不断更新和提升实验探测能力，不断地扩展和深化人类的视野，实验科学的戏剧就不会停止。

推荐阅读

胡克，《显微制图》

这本书的主要内容是胡克描述他使用显微镜观察到的结果。在这本书中胡克展示了许多他自己绘制的精美图片，描绘他使用显微镜发现的微小生物世界。从这本书的描述中，我们可以看到这些发现给予当时的人非常多的惊奇。

第 8 章

科学与技术

我们不仅必须看重我们的科学遗产，还必须看重物质文明，在我们的特例中是流传给我们的机械和工具以及使用它们的传统。我们能够在这种物质遗产之上轻易地进行观察，或者重复和扩展把古代研究者导向他们的科学的观察，从而真正学会理解这门科学。在我看来情况似乎是，与文字遗产相比，这种遗产太不受珍重了。

——马赫《力学及其发展的批判历史概论》

科学可以带来对自然世界的全新认识，可以带来全新的技术发展。在现代社会，这方面的例子已经很多。相反地，技术发展也可以带来全新的实验设备和观测设备，带来全新的视野，带来科学的变革。技术发展带来科学变革的典型例子包括伽利略用望远镜所做的天文观测与胡克和列文虎克使用显微镜做出的生物学发现。科学与技术在历史发展过程中相互支持，相互影响，成为一个相互促进的循环。这个相互促进的循环使知识积累和技术积累获得了巨大的动能，使人类在短短的三四百年之内突然获得了大量的科学知识和技术手段，同时使人类社会在这个双重积累过程中被彻底地改造。

本章将通过一些具体例子回顾科学发展与技术发展之间的这种相互支持相互促进的关系，并在最后简短地总结如何使科学和技术能够协调发展。

8.1 科学对技术的推动

如在前面章节所述，伽利略和牛顿时代的物理学对欧洲人的思想产生了巨大的影响。但是当时的科学还处于早期阶段，其对技术发展的推动作用远远不如两三百年之后的科学。即便这样，伽利略时代的物理学也对当时的技术发展产生了不小的推动作用。伽利略在研究物体运动的过程中，发现了摆的周期性运动，惠更斯据此发明了摆钟计时装置。伽利略在他的运动学研究中发现炮弹的运动轨迹是抛物线，此后的研究人员不断在此方向努力，最终产生了重要的应用价值。

但是，总体而言，伽利略和牛顿时代的物理学没有对技术发展产生根本性的推动作用，它所起到的最大作用是使人的思想和教育产生了重要的变革。这个变革不仅仅表现在对人的世界观的改造，也不仅仅表现在新一代的科学家学会了全新的思维方式。这个变革还使新一代的工匠和工程师学会了新的更有效率的思考问题的方式。这样新式的工匠和工程师包括发明了可以测量经度的航海钟的钟表匠哈里森、发明纽科门蒸汽机的纽科门和改进了蒸汽机的瓦特。这些工匠和工程师并不从事伽利略或牛顿那样的抽象科学研究，他们所从事的工作是发明和制造新的装备和机器，他们更像是从事科学设备的研究和开发的实验科学家。

等到热力学和电磁学被发展完善出来之后，这种情况得到了很大的改善。热力学对工程应用和设计具有非常重要的指导作用。电磁学的发展完善使人们认识到电能和机械能的转化规律，并使人认识到电能的传输规律，使人类大规模使用电力成为可能。电磁学在麦克斯韦手中得到了完善，麦克斯韦使用他的理论预言了电磁波的存在。此后，人类发展出了使用电磁波进行远程通信的技术能力。在这个阶段，科学对技术的进步和发展产生了革命性的推动作用。

到了量子力学的时代，技术革新和进步的步伐更加迅猛。我们现在拥有的半导体技术、激光技术、核磁共振技术等日常使用的技术都是在量子力学的影响下发展出来的。没有对量子力学的原理的发现，这些技术不可能被人类想到，也不可能被实现。

系统的科学理论对技术革新和进步的推动作用主要表现在以下几个方面。

1) 根据科学理论可以设想一些自然世界没有的事物，在此基础上发展出全新的技术，例如电动机、电力网络、激光、核磁共振、无线通信、计算芯片、化肥、合成纤维、杂交水稻等等。

科学发现导致技术发明的一个经典例子是电磁波的发现以及其导致的通信技术的变革。1861 年，麦克斯韦在一个以太模型中假设在外加电场的作用下以太介质会表现出极化效应，他因此提出在随时间变化的电场的作用下会产生位移电流。根据安培定律，位移电流应该产生出磁场。根据法拉第定律，一个变化的磁场又会产生电场。麦克斯韦由此做出推论，一个周期性变化的电磁场可以在以太介质中传播。他计算出电磁波的传播速度，发现与光速相同，他因此推断光就是一种电磁波。此后不久赫兹使用实验证实了电磁波的存在，并测量得到了电磁波的传播速度，证实了麦克斯韦的理论预言。在此之后，意大利人马可尼发明了实用无线电报通信技术，使人类社会进入了无线通信的时代。

2) 科学理论提供了系统的理论方法，使人们可以系统和高效地改进技术。例如，量子力学提供了固体的能带理论，为系统地设计和制造半导体以及把半导体小型化提供了理论基础。

3) 科学理论提供了系统的理论计算手段，可以替代以前只能靠经验积累的探索工作，例如在空气动力学的指导下设计飞行器，在量子力学的指引下寻找先进材料。

飞行是人类长久以来的梦想。早在春秋时期，中国人就发明了竹蜻蜓和风筝这样的飞行器。此后，汉代就有记载有人模仿鸟的羽翼进行滑翔飞行。但是，这样的尝试是非常经验化的，很难取得快速的进步。特别是当把飞行装置做大的时候，如果仅仅使用实验进行经验的积累，解决这样的问题将耗资巨大，而且也很难成功。到了近代，力学理论发展完善之后，人们已经可以使用力学方法计算在飞行过程中空气所能提供的升力，设计飞行装置不再是纯粹的经验积累。现代飞机的发明和快速发展正是在这个背景之中开展的。

先进材料在人类社会中发挥着非常重要的作用。例如，铁器的使用是人类历史上的一大变革，把铁冶炼成钢又是一个重大的技术进步。此外，陶瓷材料也是一个非常重大的技术发明，人类由此学会了使用瓷器，使食品容器的卫生水准得到很大的提高。但是，在古代，先进材料只能通过试错的方法偶然地得到。具有悠久历史和大规模经验积累的地区在这个方面就能够占据优势。例如，古代中国在冶炼钢铁方面长期占据优势地位。直到 19 世纪的时候，虽然欧洲人在科学方面已经取得优势，但是在炼钢的方面仍然不如东方。甚至法拉第这样的伟大物理学家也参与到冶炼钢铁的研究，希望在此方面实现对东方的赶超和技术领先。而在量子力学被发展出来之后，我们已经可以在微观上对物质的化学性质和物理性质做出模拟计算，预测材料的性质。这种计算手段已经被广泛使用到化学、药学、材料科学领域。人们可以使用计算程序做模拟计算，寻找可能的药品配方，而不是每次都使用实际的物质进行实验测试。这样的研究手段极大地提高了研究的效率，降低了研究成本，极大地提高了技术进步的步伐。

4) 系统的科学理论可以被许多人所掌握和理解，并超出专业科学研究者的小群体，可以为广泛的技术进步提供支撑和人才准备。例如，经过系统发展的热力学、电磁学可以被许多物理专业之外的人员学习和掌握，这为在技术研发和工程设计中大规模使用热力学和电磁学知识提供了有力支持。

8.2 技术对科学的推动

技术发明对科学的最大意义在于为科学发现提供新的探测手段，使人类的视野扩展到前所未有的领域。在前文中，我们已经提到了几个这类例子，其中包括伽利略的望远镜、胡克和列文虎克的显微镜、卢瑟福的使用 α 粒子轰击打靶实验。这种例子在科学的历史上层出不穷。在本节中，我们再举几个例子做进一步的阐述。这些例子都反复说明了新的技术和新的探测手段对于科学的价值，即戴森所说的工具驱动的科学变革。

摄影技术、光谱学与量子力学

早在先秦时代，中国墨家就观察到小孔成像和透镜成像的现象。在此之后，光学成像的现象被人类广泛地观察和研究，对这类现象的研究导致了望远镜和显微镜的发明。但是这些光学成像只能被肉眼观察，直到照相技术的发明才得到改观。

1725 年，德国人舒尔茨发现硝酸银溶液在阳光作用下会变黑，并探讨了用硝酸银混合物记录图案的可能性。一百多年之后，经过尼埃普斯、达盖儿和塔尔伯特等多人的努力，人们找到了更加适用于曝光的化合物，并且学会了固定通过这种效应产生的图案，摄影技术得以诞生。

从诞生之日起，摄影技术立即就被应用于天文和物理的研究之中。摄影技术有几个非常明显的优点：(1) 摄影得到的图像照片可以被长久保存，并且易于携带；(2) 摄影照片可以精细地记录图像的细节，超过肉眼的观察能力；(3) 摄影技术可以探测可见光之外的光，例如紫外光，其探测范围远远大于肉眼的探测范围；(4) 使用长时间曝光的办法可以探测肉眼见不到的很暗的物体。这些优点对天文观测十分有利，所以摄影技术立即被广泛地用于天文观测，以至于肉眼的天文观测很快就被淘汰。天文学家使用摄影技术广泛地探测从太阳、行星和银河系等传来的光信号，做出了许多新发现。

摄影技术也立即被用于光谱学。光谱学的目标是研究光信号的组成性质，并通过研究光的这种性质确定物质的性质。牛顿的色散实验是光谱学研究的一个典型例子。光谱中的一条光谱线代表一个具有特定波长或频率的光。在 1851 年诞生了一种湿版火棉胶摄影技术，这种摄影技术可以产生精细的底片，对天文图像的曝光时间可以缩短到 10 分钟。1872 年，德雷柏使用湿版火棉胶摄影术拍摄织女星，得到了一个光谱，其中包含氢的 α 线、β 线以及其他 7 条光谱线。1886 年，巴耳末在一篇论文中把这些光谱线总结为一个公式，即

$$\frac{1}{\lambda}=R\left(\frac{1}{2^2}-\frac{1}{n^2}\right), \tag{8.1}$$

其中 λ 是这些光谱线对应的光的波长；$R=1.097\times10^7\ \mathrm{m}^{-1}$，被称作里德伯常量；$n=3,4,5,\cdots$。这个公式被后人称作巴耳末公式。

几十年之后，这些光谱学的研究结果在量子力学的创立过程中发挥了关键作用。1912 年，玻尔开始考虑如何使卢瑟福原子模型中的电子稳定的问题。他猜想应该使用量子化的方法，把普朗克和爱因斯坦在光量子方面发展出来的量子概念应用于原子模型，但是他没有太多线索。1913 年，玻尔的一个朋友告诉玻尔氢原子光谱中关于谱线波长的巴耳末公式，玻尔立即意识到这个公式是构建原子模型的关键线索。玻尔后来回忆说[4]：

当我一看到巴耳末公式，整个事情就明白了。

在光谱学线索的引领下，玻尔成功构建了量子化的氢原子模型，成功解释了氢原子光谱的巴耳末公式，同时解释了氦离子光谱的谱线，获得了巨大的成功。在玻尔的传记中，派尔斯讲述了 1913 年 9 月赫维西与爱因斯坦偶然相遇的故事。当爱因斯坦听说玻尔对氢原子的巴耳末光谱的分析后，他小心地评论说：玻尔的工作如果是正确的，它就是非常有趣的，也是重要的。当赫维西告诉他关于氦离子的结果后，爱因斯坦说[4]：

这是一个巨大的成就。玻尔理论一定是正确的。

在此之后，物理学家不断从光谱学研究中寻找微观原子世界的线索，最终在此基础上发展出了量子力学。虽然微观原子世界难以被探测，但是摄影技术和光谱学却可以为我们理解微观原子世界提供许多线索。在当时的技术条件下，这是最好的和最强有力的线索。如果没有摄影技术提供的探测手段以及光谱学提供的线索，量子力学的发展是难以实现的。

低温制冷技术与超导超流

低温制冷是人类长久以来的梦想。古代人制冷的办法是在冬季把冰雪在封闭环境中保存下来，留到夏季使用。现代制冷技术的发展与热力学的发展几乎同步。现代制冷的关键原理包括蒸发制冷和气体膨胀做功制冷。蒸发制冷就是热水快速冷却的主要原理，即部分水蒸发为气体带走热量，从而使留下的水更冷。气体膨胀做功制冷是通过做功把热能转化为机械能，导致温度下降。热力学的发展使人们对这些原理有了深入的认识，制冷工业在这个背景下得以蓬勃发展。

物理学对低温制冷的兴趣源于对物质物态的研究。已知水有固态、液态和气态，空气中有氢、氧、氮和氦等气体，这些气体是否也有液态和固态。这需要低温制冷的技术把这些气体冷却到很低温度才可能回答。利用不断发展的低温制冷技术，盖勒德和毕克特在 1877 年分别实现了氧的液化。1895 年，德国人林德和英国人汉普逊改进制冷设备，分别提出了使用节流膨胀效应的制冷设备，即林德-汉普逊机。他们使用这种机器大规模制造液氧和液氮。

昂内斯 (Onnes) 是研究低温物性的荷兰物理学家。他利用林德-汉普逊机做低温制冷，克服了很多复杂的技术问题，于 1908 年第一次制备了液氦。液氦的温度达到了零下 269 摄氏度，即热力学温度 4 开尔文。这是一个极大的技术突破。此后，昂内斯使用液氦作为工作环境冷却其他物质，并研究这些物质在低温下的性质。他发现金属汞在这么低的温度下表现出超导性，即电阻突然降为零。图 8.1演示了他的实验结果，横坐标是温度，纵坐标是电阻。图中标记为 II 的区域表示是工作在低温液氦环境之中。在图中可以看到标记为 Hg 的曲线突然下降到零。其后不久，物理学家又发现其他一些物质具有超导性质。此外，物理学家还在低温下发现了液氦的超流现象。

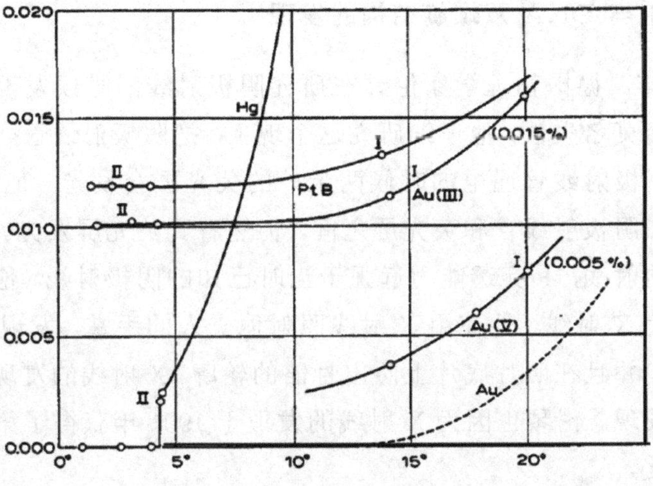

图 8.1 昂内斯发现汞在极低温度下表现出超导性，图中横坐标应为绝对温标 (图片来自 1913 年诺贝尔物理学奖获得者昂内斯的获奖演讲)

超导和超流的发现是低温制冷技术带来的重大科学发现。低温制冷技术的飞速进展使人们的经验进入了全新的低温世界，发现了从未见到过的现象。这些发现也带来了很多困惑，人们花了很长时间试图理解这些现象。几十年之后，人们才认识到超导和超流都是宏观量子效应，是人们原先从来没有想象到的现象。

此后，低温制冷技术继续发展。后来发展出的激光制冷技术使用激光照射原子，使散射出来的激光携带更大的能量，从而冷却原子。使用这种技术可以使原子冷却到 10^{-6} 开尔文。朱棣文等人也因为对此项技术的贡献而获得了 1997 年度诺贝尔物理学奖。因为这种技术提供的实验条件，物理学家也因而开辟了一个全新的冷原子物理研究领域。此外，低温制冷技术和冷原子系统的实现也为制造量子计算机提供了技术支持。现在的低温制冷技术已经推进到把原子冷却到 10^{-9} 开尔文。制造并保存温度这么低的冷原子系统是一个极具挑战性的技术研究领域。

此外，制备冷中子也是一个极具挑战性的技术研究领域。因为中子不带电荷，不易操控，也因为中子具有很短的寿命，不易保存，制备冷中子的技术挑战更多。制备冷中子是低温制冷技术的一个难点。

X 射线衍射与 DNA 双螺旋结构的发现

1895 年，德国物理学家伦琴在研究阴极射线的时候发现照相用的干板底片会莫名失效。他仔细研究这个现象，把阴极射线管严密包裹起来，发现阴极射线管通电的时候两米外的荧光屏会发光。他使用厚书、木板等挡在阴极射线管和荧光屏之间，仍然看到荧光屏发光。这是一种当时未知的射线，其穿透能力远强于当时已知的阴极射线。伦琴把这种射线命名为 X 射线。他使用 X 射线照射他夫人的手掌，发现 X 射线可以穿透肌肉并且在照片底片上照出骨骼的轮廓。X 射线的发现也导致了放射性的发现。伦琴也因为 X 射线的发现于 1901 年获得了第一届诺贝尔物理学奖。

这种神秘的射线引起了研究者极大的兴趣。1912 年，德国物理学家劳厄发现 X 射线通过晶体时会产生衍射现象。图 8.2演示了劳厄的发现。这个实验结果说明 X 射线具有波动性，而且说明晶体具有周期性的结构，所以可以作为衍射光栅产生衍射效应。因为从这一个实验得到了两个重要的结论，劳厄的这个实验结果被 20 世纪上半叶的一些物理学家称作是现代物理历史上内容最丰富的实验发现。此后，布拉格父子使用 X 射线衍射的方法测定了金刚石的周期性结构，X 射线衍射学得以诞生。X 射线衍射方法的发明使人类首次获得了在原子尺度探索微观物质结构的技术手段。布拉格父子也因此获得了 1915 年度的诺贝尔物理学奖。

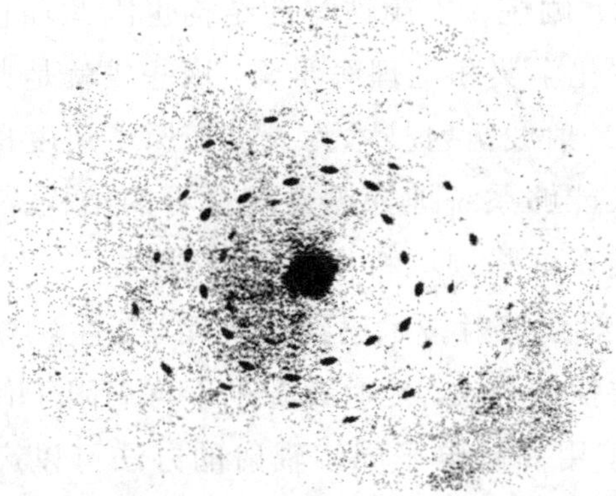

图 8.2 劳厄发现的 X 射线衍射图案 (图片来自 1914 年诺贝尔物理学奖获得者劳厄的获奖演讲)

X 射线衍射学的目标是使用 X 射线衍射的技术发现微观世界的某些周期性结构。1938 年，小布拉格被任命为剑桥大学卡文迪什教授，负责管理著名的卡文迪什实验室。在小布拉格的极力推动下，卡文迪什实验室使用 X 射线衍射技术在生物学领域开展了广泛的研究，做出了多项重要成就。其中，肯德鲁使用 X 射线衍射技术在 1958 年解析得到了肌红蛋白的三维结构，佩鲁兹于 1959 年解析得到了血红蛋白的三维结构，两人也因此获得了 1962 年度诺贝尔化学奖。

卡文迪什实验室还利用 X 射线衍射技术做出了另外一项具有重大意义的发现，即 DNA 双螺旋结构的发现。1952 年，伦敦国王学院的生物学家和 X 射线晶体学家富兰克林使用 X 射线衍射技术拍摄到了清晰的 DNA 照片。1953 年，卡文迪什实验室肯德鲁的研究组里的博士后沃森和研究生克里克研究了富兰克林使用 X 射线拍摄的 DNA 结晶的照片，从中得到启示，猜想 DNA 可能是双螺旋结构。他们依据 X 射线衍射提供的一些关键数值，结合一些化学研究的信息，构建出了 DNA 的双螺旋结构模型。DNA 双螺旋结构揭示了基因遗传的物质基础，使人类对于 DNA 和基因的认识准确到了原子层次，成为了现代生命科学研究的基础。

那个时代的科学家还使用 X 射线衍射技术发现了多种物质的结构，例如鲍林使用这个技术发现了蛋白质分子的 α 螺旋结构。此外还有青霉素、维生素 B12、硼烷、二茂铁等的结构也因此项技术而被测定，多人因此获得诺贝尔化学奖和生理医学奖。这些成就是典型的由技术发明驱动的科学发现。X 射线衍射技术为人类在原子尺度探测微观结构提供了一个办法，使人能够系统地探测微观世界的结构。没有 X 射线衍射技术的发明，人类在这些领域将很难取得进步。

时至今日，X 射线衍射技术已经成为化学、生物学和材料科学等诸多学科研究的标准探测方法。X 射线源也不再局限于使用阴极射线打靶产生的 X 射线。使用高能电子同步辐射的办法可以产生更高强度的 X 射线，使曝光时间大大缩短。此外，还有使用相干 X 射线的新式 X 射线光源。这样的相干 X 射线可以由排成整齐队列的自由电子通过同步辐射产生，其产生的 X 射线是单频的，类似日常所见的单色激光。使用相干 X 射线照射样本得到的照片携带有相干光的相位信息，从而可以使用这样的照片在二维图像中重建起三维空间信息，因而具有更强的探测能力。

8.3 科学与技术的联盟

我们看到，一方面科学发展导致新的技术的出现，另一方面技术发展又可以带来全新的探测手段，带来新的科学发现。实际上走在科学最前沿的研究常常需要的是最新、最尖端的实验技术。列文虎克因为先进显微镜的制造技术而在当时的显微生物学取得了支配地位是一个突出的例子。科学的发展对先进的技术需求导致大量的科学家直接投入先进技术的研发，或者与工程师合作投入先进技术的研发。

在前文中，我们已经举出了一些这样的例子，例如伽利略制造先进望远镜、列文虎克制造先进显微镜、昂内斯研发制冷技术、朱棣文研发激光制冷技术。这些科学家工作在科学研究的最前沿，需要把已有的技术提高到前所未有的水平或者研发前所未有的技术。没有谁为他们提供这种技术，他们不得不自己研发自己所需的技术。

这种科学发展对先进技术的需求在大型实验中表现得更加突出。为此，大量科学家与工程师不得不紧密合作并形成长期稳定的合作关系，一起攻克接连不断的技术难关。时至今日，科学研究与先进技术的研究已经形成紧密的结合，在欧美大学的物理系中有非常多的技术研发人员就是这种紧密结合的表现。欧美的国家实验室往往同时雇佣大量的科学家、计算机专家以及工程师，这也是应对这种科学与技术需要协调发展的一种方式。在这种应对方式的运作下，科学研究中使用的先进仪器的设计和制造往往是由大学和研究所中的科学家和技术研发人员完成的。这种结合在粒子物理与核物理的领域表现得特别突出，实际上在这个领域是否处于领先地位的最主要标志就是是否在实验技术上处于领先地位。这种紧密结合甚至可能派生出新的学科分支，例如应粒子物理与核物理的需求而派生出的核电子学。

这种科学与技术的紧密结合一方面雇用了大量技术人员，另一方面也培养了大量的技术研发人员。这些技术研发人员一方面可以继续从事与科研相关的技术研发工作，另一方面可以转到商业应用领域从事应用技术的研发工作。最终，这种科学与技术的紧密结合不但直接产生了许多先进实验技术，而且为先进应用技术的研发培养了大量人才。

粒子物理、核物理与核电子学

粒子物理与核物理是典型的探索世界奥秘的基础科学，其目的是探索世界的物质组成以及基础相互作用。粒子物理与核物理需要广泛地使用可以探索单个粒子信号的探测设备，例如单光子、单电子、单质子等等。这些粒子可能具有非常低的能量，这个时候需要探测设备能够放大探测到的信号。在另外一些情况下，这些粒子也可能具有非常高的能量，这个时候需要防止探测设备被强信号破坏。此外，我们需要能够对粒子进行多方面的探测，例如探测粒子的发光信号、电离信号、热信号等等。

探测这些信号需要许多特殊的电子设备。这些就是核电子学的研究内容，这是一个非常广泛的技术研究领域。

早期的核电子学探测设备包括探测电信号的盖格计数器、探测电离信号的云室、探测发光信号的晶体闪烁计数器等。随着粒子物理与核物理的发展，实验对探测技术提出了更高的要求，这些探测器逐渐不能满足实验的需求。例如，在核爆炸中会产生高强度的电磁场，如何使电子设备在强电磁场中正常工作是电子学研究的一个重要课题。随着粒子物理实验的规模越来越大，实验所需探测的粒子数量不断增加，相邻两个粒子到达探测器的时间间隔很短，探测设备在探测到一个粒子之后需要在很短的时间之内恢复状态，然后探测第二个粒子。这要求探测设备具有在很短的时间间隔内快速响应的能力，例如在 10^{-9} 秒的时间间隔或者更短的时间间隔。因为这个实验要求，诞生了快速电子学。

此外，探测器收集到大量粒子的信号，这些信号在短时间内汇集，也使信号的记录成为一个难题。在信号的记录过程中需要准确地记录每个信号到达的时间和位置，对于 10 米大小的探测器装置，以光速运动的粒子可以在大约 3×10^{-8} 秒的时间内通过探测装置。为了准确地确定粒子留下的轨迹的信号，我们需要使探测器各个部分的时钟校准到远小于 3×10^{-8} 秒。

图 8.3演示了这样一个情况，一个入射粒子依次通过探测器的多个模块，入射粒子可以在这些模块中留下电离的轨迹、触发出光信号或者只留下能量沉积。为了知道入射粒子来自哪个方向，需要知道这个粒子触发这几个探测器模块的先后次序。例如，假如入射粒子来自左边，这个粒子将先触发左边的探测器模块，然后依次触发右边的模块。通过对比在不同模块触发出来的信号的时间顺序可以知道入射粒子来自哪个方向。这类似于人类需要两只耳朵听声音，然后才能判断出声音来源的方位。如果模块之间的距离小于 1 米，以光速运动的入射粒子到达相邻模块的时间间隔大约是 3×10^{-9} 秒。那么处于不同模块的时钟需要校准到精度远小于 3×10^{-9} 秒，只有达到这个精度，我们才能分辨出入射粒子在探测器的不同模块触发出的信号的先后次序。拓展 8.1 中展示了我国的高海拔宇宙线观测站项目。该项目的探测器铺在地面上，为了知道宇宙线

来自哪个方向，需要对宇宙线簇射到达探测器单元的时间做出分辨，其对时间分辨的精度要求达到 10^{-10} 秒，对所有这些探测器单元的时钟校准也需要达到这个精度。

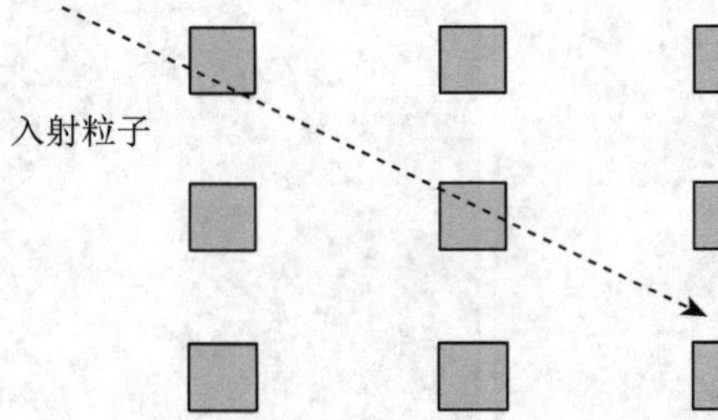

图 8.3 入射粒子依次通过探测器模块。根据每个模块上触发信号的时间顺序可以判断入射粒子的入射方向

拓展 8.1

高海拔宇宙线观测站

高海拔宇宙线观测站项目是我国的大型超高能宇宙线观测项目，它的研究目标是通过测量超高能宇宙线在大气中产生的簇射而测量超高能宇宙线，特别是测量超高能光子。高海拔宇宙线观测站的探测阵列包括：5195 个电磁粒子探测器的阵列、1171 个缪子探测器的阵列、3000 路探测单元的水切伦科夫探测器阵列和由 12 台广角切伦科夫望远镜组成的阵列。通过这 4 种探测器阵列的复合测量，高海拔宇宙线观测站在超高能伽马射线探测灵敏度、甚高能伽马射线巡天普查灵敏度、宇宙线能谱覆盖范围和宇宙线成分识别精确度等方面均达到国际领先水平。

如图 8.4 所示，该探测器阵列铺在高海拔地面上，面积达到 1 平方公里，探测器单元之间的距离大约为 5 米。根据对图 8.3的讨论，如果入射粒子来自水平方向，相邻探测器单元探测到信号的时间差约为 1.5×10^{-8} 秒。如果入射粒子来自接近于垂直方向，相邻探测单元探测得到信号的时间差要小很多。例如，假如入射方向与垂直方向夹角为 10 度，相邻探测单元探测到信号的时间差减小到大约 2.5×10^{-9} 秒。如果夹角更小，这个时间差更短。可以进一步看到，为了得到较好的角分辨能力，相邻探测单元需要具有更好的时间分辨能力。

图 8.4　处于青藏高原之上稻城的高海拔宇宙线观测站。左：超高能宇宙线在大气中发生级链反应，产生簇射，即在空气中产生很多次级粒子，次级粒子再产生次级粒子，依次类推；右：高海拔宇宙线观测站的航拍图 (图片来自高海拔宇宙线观测站项目组)

使用大型的阵列可以降低对时间分辨能力的要求，但是使用大型阵列会导致探测单元增多，产生其他问题。例如，在这么大的面积内把这么多探测单元的时钟都同步校准到一个高精度又是一个很大的技术挑战。高海拔宇宙线观测站项目组研究其中的诸多技术难题，最终解决了问题，使所有探测单元上的时钟相互校准的精度达到了 2×10^{-10} 秒，使角分辨能力达到了 0.3 度。这意味着，如果两个高能粒子的入射角相差 0.3 度，使用这个探测阵列探测高能粒子的簇射粒子可以分辨出这个角度差。

同时也因为需要记录大量粒子的信号，其中还包括大量研究中不需要的噪声信号，研究者不得不借助计算机辅助的方法。这包括计算机辅助记录信号、计算机辅助删除不必要的信号、计算机辅助校准探测器各个部位的时钟等等。这些实验问题对电子学的设计都提出了很多要求，物理学家在开展实验的过程中不得不与电子学专家、计算机专家和工程师开展广泛的合作，解决大量的技术问题。此外，物理学家还需要在合作中能够在不同研究者之间实现快速的数据共享，甚至与不同国家的研究者实现快速的数据共享。为了实现快速的数据共享，欧洲核子研究中心的工程师创造了现在人们常用的 WWW 互联网技术，为互联网时代的到来打下了技术基础。

这种对极端技术的追求也表现在其他一些大型实验之中，例如 LIGO 引力波探测实验。爱因斯坦的广义相对论认为引力是一种时空几何弯曲的效应，如果这种时空几何弯曲会随着时间变化那么就可能传播出去，这就是引力波。LIGO 实验的目标是探测引力波穿过的时候空间的周期性膨胀或者压缩的效应，也就是测量探测装置之间的距离的变化。这种效应一般发生在很短的时间之内，即在引力波穿过探测器的时间之内，这使这个效应看起来是探测器的振动。然而，地球上有很多振动效应，例如汽车、火车、地震、人的走动等等。这些振动效应都可能传递到探测器，导致探测器振动，与引力波的效应混淆。为了克服这个问题，LIGO 实验组开发制造了一个巨大的多级悬挂系统，将探测器挂在这个悬挂装置之下，使地球上的快速振动传达到探测器的时候能够迅速衰减，从而保证引力波实验的正常开展。

另外一个在科学研究中追求极端技术的好例子是克服大气扰动的效应并在地球上建立巨型的光学天文望远镜。这是当代天文学力求解决的一个极具挑战性的技术难题。大型光学望远镜的探测目标是宇宙深处传来的很暗淡的光。可惜的是，大气中有很多扰动，例如风。光信号在穿过地球大气的时候会被大气扰动所扭曲，导致弱的光信号被扭曲，很难被清楚地探测到。克服这个问题的一个办法是把光学望远镜送入太空，这样就没有大气扰动的影响，从而可以清晰地观测到很多地面光学望远镜观测不清楚的天体。哈勃太空望远镜正是因此获得了巨大成功。但是更大型的望远镜很难被送入太空，所以这种方法也有很大的局限。另一种办法是精确地计算出大气扰动的影响，然后在数据处理的过程中消除大气扰动的影响。这需要建立大气扰动干扰光信号的精确有效的模型，需要实时地检测大气的变化，然后使用模型计算出大气扰动的实时影响。这是一个具有巨大挑战的技术问题，也是极具吸引力的技术研发课题。如果成功实现，我们就可以在地面上建造起远大于现有规模的巨型光学望远镜，使人类的视野达到宇宙中人类视野从未到达过的深处。这种技术被称作自适应光学技术。目前正在建造中的欧洲极大望远镜 (European Extremely Large Telescope) 将具有直径达 39 米的镜面，并将使用这项关键技术。这项发源于天文学的技术也已经被用于显微镜和生物学研究之中，例如实时观测生物机体在微观层次的运动。此外，这项技术还被用于医学眼科检测、遥感探测、空间光通信等诸多领域，成为一项具有很大通用性的技术。

8.4 实验室技术与应用技术

在 8.1 节中，我们提到了科学理论对技术变革的推动作用。除了那些直接的推动作用之外，科学与技术的紧密结合还对技术变革产生了间接的推动作用。这种间接作用表现在，在实验室开发的、服务于科学研究的技术被转化到商业应用领域，成为工业应用技术。一些实验室技术在转化为应用技术之后产生了非常巨大的效应，极大地改变了人类社会。科学与技术协调发展的这一个方面也值得我们给予关注。在本节，我们举几个人们熟悉的技术，讲述它们作为实验室技术的起源。

X 射线与医疗和工业探测技术

在 1895 年伦琴发现 X 射线之后，X 射线很快就被应用于医疗领域。使用 X 射线照射的办法可以在不开刀、不对人体造成伤害的情况下探测人体内部的病变，是非常有用的工具。此外，X 射线源也可以很容易地做到经济化和小型化，使其大规模商业应用成为可能。时至今日，X 射线已经成为医疗领域的必备探测手段之一，成为医院中的常用设备。同时，X 射线也被广泛地使用于工业探测。例如，在机场出入或者海关通关的过程中，使用 X 射线照射的方法可以在不开箱检查的情况下大批量地对货物进行扫描探测，从而使通关效率大大提高。

核探测技术、核电子学与医疗

把 X 射线用于医疗只是把核技术用于医疗的一个例子。核探测技术与核电子学的发展带来了众多的技术，许多核技术都被引入到医疗领域之中，造福于人类。这些被引入医疗领域的核技术包括我们熟知的同位素示踪技术、同位素扫描技术、核磁共振成像技术等等。核探测技术以及核电子学已经深入到医学领域之中，现在我们有专门的核医学以及核医学电子学学科。

计算机断层扫描诊断技术 (CT) 是广泛使用于医疗、工业和科学研究的技术。这项技术使用 X 射线、γ 射线或者中子射线等穿透力较强的射线照射物体，根据物体不同部分对射线的吸收与透过率的不同，通过计算机辅助成像的办法探测物体内部的结构。核探测技术和核电子学技术为 CT 技术提供了对这些射线的探测手段，是 CT 诊断的基础之一。CT 技术中使用的核电子学技术包括探测光信号的闪烁晶体和光电倍增管、探测电离信号的气体探测器等。

此外核探测技术还被广泛地用于考古、地质勘探、矿产勘探、爆炸物或毒品的检测等，成为支撑现代社会的一项基础技术。

加速器技术与质子或重离子束治疗

加速器技术是粒子物理和核物理研究的基础手段。加速器可以把带电粒子加速到很高的能量，可以使带电粒子聚集在很小的区域。通过精细的调节，还可以使两束带电粒子发生碰撞。这种精细的调节可以达到微米量级，也就是说调节两束具有微米量级直径的带电粒子束流的位置和大小，使其在光速运动情况下迎头碰撞。现代的加速器和对撞机技术可以使带电粒子束流的直径小到纳米量级，使纳米直径大小的粒子束碰撞。这是非常精密的技术。通过研究这样的碰撞，物理学家可以探索基本物质组成的相互作用。我国的北京正负电子对撞机就是这样的加速器和对撞机装置。

使用从加速器导出的质子束或离子束治疗癌症是治疗癌症的一种方法。这种方法类似于使用 X 射线和 γ 射线照射病变区的放射性治疗方法，但是比放射性治疗方法更加优越。使用质子束或离子束的优点是:

(1) 通过调节能量可以使质子束或离子束准确沉积到病变区域；(2) 可以精确调节粒子束的大小和位置，对正常机体很少造成损伤。质子束或离子束治癌是把基础科学领域的尖端技术用于商业应用的一个很好的例子。这个例子很好地说明了，基础科学发展过程中诞生的技术可以有很好的应用前景。

实验室数据共享技术与互联网

互联网 (或称因特网) 是现在人们不可或缺的交流工具。它的原型于 1969 年诞生于美国，它的前身是一个军用研究系统，后来逐渐发展成为连接大学及研究所计算机的学术系统。使用这个网络，人们可以实现发电子邮件、传输数据、远程登录等功能，但是在早期的互联网实现这些功能并不方便。

1989 年，欧洲核子研究中心 (CERN) 的伯纳斯–李承担了 CERN 的一个开发计划，改进实验室的研究档案的处理程序。CERN 当时已经使用了因特网，但是物理学家们想找到更好的方法使遍布全球的物理学家可以方便地交流科学论文和研究数据。伯纳斯–李花了两年时间，开发出一个超文本服务器程序，并使之适用于因特网。使用这种超文本程序，人们可以很方便地分享数据，特别是不需要获得其他计算机上的账号，不需要通过远程登录方式登录到远处的计算机就可以从远处的计算机获取数据。研究人员只需要把可以共享的数据放在自己的计算机上，然后使用超文本服务器程序把数据做成链接，就可以把数据公开发布到互联网上。访问者只需要使用浏览器就可以自行浏览访问这些公开的数据，这极大地方便了研究者之间进行数据传输和共享。这就是现在人们熟知的万维网 (World Wide Web) 技术。1993 年 4 月 30 日，CERN 做出一个申明，把这项技术公开，并放弃了此项技术的专利。此后，互联网得以在人类社会大规模应用，人类得以进入了互联网时代。

WWW 技术的例子很好地说明了响应基础科学发展的需求而派生出来的技术也可以有很好的应用前景。

8.5 科学与技术的协调发展

科学与技术有许多不同，但是又有紧密的联系，可以产生复杂的相互影响。许多人不太了解科学与技术之间的复杂关系，不了解科学发展所需要的技术条件，并且常常因此对科学发展抱有不切实际的预期。这种不合理的预期常常在科学教育、科技管理和科技政策中表现出来，并且造成一些严重后果。这些不合理的表现有以下几个方面。

1) 把科学的成功当作个人英雄主义的成功，以为只需要少数天才就可以做出成就，在这种思路的引导下把资源集中投向少数人、少数群体或者少数机构。

常见的科学宣传常常把科学发现的荣誉归于少数最终做出发现的人，这种宣传导致人们常常不能认识到科学发现的条件。从本书举的例子中我们可以看到，科学发现深深植根于科学技术的土壤之中，有很多前期的思想准备和技术准备。把科学研究当作是少数人思考的结果掩盖了科学发展的实际过程，也掩盖了科学发展所需的技术支持。

此外，对于很多重要的科学发现，常常是很多人在同一个时代思考相同的问题，最终做出科学发现的人只是竞赛中的幸运儿而已。这些人相互竞争，也相互砥砺激发，形成创新的氛围和环境。有一些人没有成功，但是这些人也做出了贡献，不能说是失败者。没有这些人就不可能有那个互相砥砺激发的环境，最终做出发现的人也很难获得成就。在 DNA 双螺旋结构的发现过程中，我们可以看到这种相互竞争和互相砥砺激发的环境所起到的作用。在物理学历史上我们看到很多这种例子，这也是良好的科学氛围的一个重要方面。

把资源集中投向少数人、少数团队或少数机构只能使科学技术的发展缺乏砥砺竞争的环境，使良好的学术氛围难以形成，使人难以做出原始创新工作。

2) 重视科学研究的成果，但是不重视实验室技术的研发以及实验仪器的设计和制造。

在这种思路的影响下，对发表科研论文的人员给予大力资助，但是忽视从事实验室技术研发的人员。**这种科技管理的思路实质上是鼓励研究人员在既有技术基础上去从事精雕细琢的工作或者重复性劳动工作，缺乏原始创新性。**

虽然在既有的技术基础之上人们仍然可以做出一些具有创造力的科学研究，但是在既有技术基础之上的潜力总是有限的。在一个不长的时间之内，这种潜力可能就会被耗尽。如果实验技术水平停滞不动，在这种停滞不动的技术水平上的科学研究只能是精雕细琢，很难有重要的创新之处。相反地，如果能够获得技术突破，到达新的技术平台，人们就有更大的机会做出原始创新。实验技术的创新是在科学研究中实现原始创新的一个关键因素。但是在不合理的管理思路的影响下，科研人员不可能把精力投入到实验室技术的创新上，因而很少有机会做出具有重要意义的原始创新成果。

总之，实验室技术的研发既是实现技术创新的重要一环，也是实现科学原创的一个关键因素。只有在这一方面做出极大的努力，使我国的实验室技术的研发能力得到根本改观，才可能使我国成为不断做出科学原创的领先科技强国。不在这方面做出努力，只可能使我国的科技发展不得不依赖其他国家先进实验室技术的输入，争当世界一流也将难以实现。

3) 期盼科学技术很快有应用价值，总是以“有什么用”作为科研成果的评判标准，但是在科研队伍中却缺少从事实验室技术研发的人员。

在科学技术是生产力的预期之下，人们常常希望科学研究中的成果转化为生产力。这种期盼从总体上来说是合理的，科学技术的发展最终应该服务于社会、服务于人类。但是我们需要注意到，科学研究的成果转化为应用并不总是能够很快地发生，这需要一个过程。我们还需要注意到，科学研究人员并不是都具有解决应用问题的能力，甚至很多并不直接研究技术问题。在科研队伍中与应用技术直接发生联系的人员往往是实验室技术的研发人员，但是这些人员在我国科研队伍中数量很少。把科学技术转化为生产力需要一个过程，在科学研究中从事实验室技术研发的人员是实现这个过程的枢纽，但是这种人员却是我们的科研队伍中最缺少的。

一方面，我们很需要从科学研究中诞生新的技术，很需要有新的生产力；另一方面，实际的科学研究与应用技术却距离很远，很难产生生产力，即便是如 8.4 节中的例子那样间接地产生生产力也很困难。解决这个问题的办法是鼓励在科研中开展实验室技术的研发。实验室技术的研发不仅可以使科研人员开发出最先进的技术，使科学研究走在最前沿，而且可以使大学和实验室能够不断地积累技术，使把实验室技术转化为应用技术成为可能。没有实验室技术的源头活水而空谈把科学技术转化为生产力是不切实际的。此外，实验室技术的研发还可以使大学和研究所成为培养高端技术研发人才的场所。这样的技术研发人才是一般的教育机构无法培养出来的，只可能在高端技术的研发过程中被培养出来。

4) 对所有科学研究和技术研发的价值都以应用的视角加以考察，不能认识到科技的多方面价值。

虽然有很多例子说明基础科学的研究最终会产生应用价值，但是我们应该看到，基础科学的研究和相关的技术研发总是与应用距离遥远的。从基础研究的成果转化到应用常常需要漫长的时间和持续的努力，更不要说基础科学研究本身可能就需要长时间的努力，先进的实验室技术的研发同样需要长时间的努力。总是以应用价值的视角看待和评价科研成果使对科学的评价单一化，不仅不利于科学发展，也不利于社会发展。

我们已经看到，伽利略的天文发现和物理学发现虽然没有直接导致新的生产力，但是却导致了新的世界观和新的思维方法，极大地改变了人类社会。这说明科学和技术对我们社会的价值是多方面的，不仅仅可以为社会提供新技术和新生产力，而且可以为人类看待世界带来新思想和新视野，产生难以估量的效果。我们应该充分尊重科学技术的多方面价值，不以单一的视角评价科学研究和技术研发，特别是应该鼓励纯粹探索性的科学研究和技术研发。

这种探索性的科研包括基于兴趣导向的基础科学研究和纯粹追求尖端技术的技术研发。在短时间之内，我们可能看不出这些科研会产生什么社会效应。但是这些科研试图探索的是完全未知的世界，需要巨大的才华、精力和勇气。投入这样的领域需要做好彻底失败的准备，就如同在发现 DNA 双螺旋结构的竞赛中的那些竞争失利者。仅仅敢于把毕生精力和全部的才华都投入到完全未知的领域，就应该值得社会加以支持。

科学的魅力正在于探索未知的世界，而不是仅仅在已知的领域做精装修。没有探索未知世界的雄心和努力不会诞生原创的科学成就，也不会诞生源源不断的尖端技术。只有鼓励赋有才华的人到未知领域去闯荡，去未知领域发展新的思想、新的概念、新的探测手段和新的技术，才可能使科学技术协调发展迈向新的高峰。不断地使用“是否有用”加以考查只能限制人们的创造力，不利于科学和技术发展。

我们希望科学技术服务于社会，但是我们需要做的是放下急躁心理，稍稍慢一点提出这种要求。只要我们持续鼓励赋有才华的人到未知领域去闯荡，前沿的科学技术研究终将培养出大量具有原创精神的科学和技术人才，终将带来丰硕的成果。老子说“进道若退”，我们需要做的就是发扬科研人员的兴趣而不要急于催促科研人员做出应用。为了实现远大的目标，需要采取稍显保守的道路。

推荐阅读

沃森，《双螺旋：发现 DNA 结构的故事》

这本书讲述了作者沃森与其合作者克里克通过分析使用 X 射线衍射方法拍摄得到的 DNA 照片发现 DNA 双螺旋结构的故事。在这本书中，作者生动地讲述了科学研究中不断猜想和检验的试错过程，展现了在发现过程中他们走过的弯路，真实地展现了科学发现的曲折过程。阅读这本书十分有益于让人理解科学发现的实际过程是如何进行的，在巨大成功的背后有许多失败和艰辛，需要乐观的精神才能使人走得够远。从这本书我们可以看到，做出伟大的发现并不一定需要伟大的心灵，合适的思维方法、强大的探测手段和相互激发的活跃氛围足以使人走到很远。

第 9 章

科技与现代社会

科学与艺术的复兴有助于敦风化俗呢，还是伤风败俗呢?

—— 卢梭《论科学与艺术》

执今之道，以御今之有，以知古始，是谓道纪。

—— 马王堆汉墓帛书《老子》(今本第十四章)

现代科学技术已经彻底改变了人类社会，科学技术带给人类丰富的物质条件，每个人从常见的日用材料、电器、交通工具等等都可以轻易看到现代科技对人类社会的影响。然而，科技的影响对人类到底意味着什么呢，到底是好还是坏呢？

两百多年前，卢梭写下了《论科学与艺术》一文，并提出了一个振聋发聩的问题，即科学与艺术是否有利于人类的福祉。卢梭承认科学与艺术是人类的理性之光，是人类精神的光辉，然而他认为科学与艺术的创造性活动只与少数人有关。他说[18]：

> 如果一定要有某些人来从事科学和艺术的研究，那就只能是这些自问能独自追踪前人的足迹、并能超越前人的人了；为人类精神的光荣树立起纪念碑，就只能是这样的一些少数人。

卢梭认为，科学与艺术都是适合少数人从事的事业，这些人需要具有相应的才能，也需要有闲逸的时间。如果没有相应的才能却从事科学或者艺术，那只能是浪费自己。他说[18]：

> 本来应该期望的是，把所有在文艺事业上不能深造的人都摒除在大门之外，使他们得以投身于有益社会的工艺。终其一生只能成为一个蹩脚的诗客或者一个低劣的几何学家的人，也许能成为一个伟大的织造匠。

合适的人没有去从事合适的事业，反而都把时间和精力花在科学与艺术上，不仅是浪费个人可能的天赋，也是社会的损失。此外，卢梭认为科学知识对于社会也没有什么裨益，既不能改善人民的生活，也不是人们生活所必需。他说[18]：

科学既产生于闲逸，反过来又滋长闲逸；因此它们对社会所必然造成的第一种损害，就是无可弥补的时间损失。在政治方面正像在道德方面一样，任何好事都不做就是一桩大罪过，因而一个无用的公民也就可以认为是一个有害的人。大名鼎鼎的哲学家们啊！请你们回答我：从你们那里我们知道了物体在空间中是按照怎样的比例互相吸引的，在相等的时间内行星运行所经历的空间关系又是怎样的，什么样的曲线具有交点、折点和玫瑰花瓣……我们是从你们那里得到了这一切崇高的知识的，然而请你们回答我：假如你们从未教给我们任何这类事物的话，我们是否因此就会人口减少，治理不善，不那么巩固、不那么繁荣或者是更加邪恶了呢?

更加危险的是，大量人去从事科学与艺术只是使人学会夸夸其谈的技艺，使人懒惰，使人意志薄弱，使人学会狡辩却不能辨识真理。他论述道[18]:

如果说科学的教养对于战斗品质是有害的，那么它对于道德品质就更加有害了。从我们最初的岁月起，就有一种毫无意义的教育在虚饰着我们的精神，腐蚀着我们的判断。我看到在各个方面人们都不惜巨大的代价设立无数的机构来教导青年以种种事物，但只有他们的责任心却被遗漏了。你们的孩子们不会说他们自己的语言，然而他们却会说那些在任何地方都用不着的语言；他们会作几乎连他们自己也看不懂的诗；他们虽不会辨别谬误和真理，却有本领用似是而非的诡辩使得别人无从识别；可是他们并不知道高尚、正直、节制、人道、勇敢这些名词究竟是什么；祖国这个可爱的名字永远也不会打进他们的耳朵里去；如果他们也听人讲说上帝，那也并不是由于敬畏上帝，而只是对于上帝怀有恐惧罢了。有一位贤人说过，我宁愿我的学生打网球来消磨时间，至少它还可以使身体得到锻炼。我知道必须让孩子们有所专心，怠惰乃是孩子们最可怕的危险。可是他们应该学习些什么呢？这就确乎是个大问题了。让他们学习作一个人所应该做的事，别去学那些他们应该忘却的事吧。

卢梭还以中国作为例子说明精致的科学与艺术对于人的精神的败坏作用，他说[18]：

在亚洲就有一个广阔无垠的国家，在那里文章得到荣誉就足以获得国家的最高禄位。如果各种科学可以敦风化俗，如果它们能教导人们为祖国而流血，如果它们能鼓舞人们的勇气，那么中国人民就应该是聪明的、自由的而又不可征服的了。

通过反复举例论证，卢梭在这个充满激情的长篇论述中给出结论[18]：

随着科学与艺术的光芒在我们的地平线上升起，德行也就消逝了。

9.1 变革的科技与科技的变革

卢梭以一种夸张的方式说明科学与艺术并不一定有利于人类的福祉，他追问的是一个发人深省的问题。科学、技术与艺术怎样才能使社会得益？怎样才能有利于人类？这是人们需要不时思考的问题。然而，仔细考察卢梭的论述我们可以发现，卢梭所说的科学并不是我们现代所说的科学，卢梭时代的科学一词与现代的科学一词有很大的不同。

现代人常把科学追溯到古希腊哲人泰勒斯、阿那克西曼德、毕达哥拉斯、赫拉克利特和德谟克利特等人的自然哲学。这些古代人的自然哲学研究世界的本原、组成、结构与运行规则等问题，试图以理性的方式理解世界，看起来好像与现代科学类似。例如，泰勒斯认为水是万物的本原，阿那克西曼德认为“无限定”是万物的本原，毕达哥拉斯认为数是万物的本原，赫拉克利特认为火是万物的本原而逻格斯是万物变化的准则，德谟克利特提出了原子论，其后的柏拉图、亚里士多德等人还有很多不同的自然哲学理论。如果这个追溯是成立的，那么中国古代的元气论精气说、阴阳五行说、《易经》的变易简易不易学说、墨家的“端”说以及流行于古代世界的地火风水四元素说也同样应该被视作是科学。但是喜欢做出这种追溯的人又不能同意这个说法。这只能说明，这种对科学起源的追溯虽然看起来有一定的道理，但是有很多的问题和疑难。最核心的问题是，这种追溯在很大程度上掩盖了现代科学与古代自然哲学的巨大不同，掩盖了伽利略时代的科学革命以及实验科学的兴起所带来的巨大变化。

古希腊并没有我们现在所说的科学，也没有现代科学的研究方法。古希腊人也不具有现代科学家的精神气质，他们是生活在另一个精神世界的人类。对于古希腊哲人而言，自然哲学是从属于他们的宗教观念、服务于他们的道德哲学的哲学理论[19]。对这些哲学家而言，万物皆有神性，自然哲学探讨的本原是神性的本原。他们具有典型的泛神论倾向，亚里士多德的目的论哲学是这种思想倾向的发展和升华。对于这些人而言，宇宙的运作与和谐为人提供了一个典型的善的模型，而自然研究的目的是使人沉思这个模型，使人形成理智和道德的观念，并且使人过上善的生活。

这是一种非常高超美妙的哲学思想，可以使人迷醉。然而，这种哲学实质上纯粹是思辨性的、理论性的，并不会导向真理。古希腊人的“科学”就是这种理论科学。亚里士多德说有三种思辨科学，即自然哲学、数学、神学。他把自然哲学列入思辨科学之中反映的就是这种思想倾向。根据亚里士多德的见解，如果一个知识是通过逻辑证明而获得的，那么这个知识就被称作是科学的知识。这种“科学”是理论性的，是思辨性的，“科学”知识是通过演绎法获得的知识。

这种哲学的要点是，通过对自然哲学、逻辑学、数学等“科学”知识的学习可以使人的心智得到锻炼，从而为研习更高的“科学”做心智方面的准备。这种更高的“科学”就是神学、伦理学。这就是前文所说的自然哲学服务于宗教和道德哲学。例如，托勒密认为，天文学的最终目的是道德和灵性的发展[19]。根据这种思路，“科学”也被当作是通过演绎法训练得到的心灵习惯和思维习惯。如果说这种“科学”有实践的话，那也是关于转变思维习性的实践，是关于心灵的实践。这种“科学”很明显与艺术类似，所以我们不必奇怪，在中世纪欧洲被称作七种自由技艺 (liberal arts) 的语法、逻辑、修辞、算术、天文、音乐和几何也被称作七种自由科学 (liberal sciences)。这些自由技艺或者自由科学都可以陶冶人的性情，为培养人的品德做出贡献。

中世纪的基督教继承了古希腊人对哲学的这种理解。对于神学家而言，自然哲学所培养的“科学”是朝着“智慧”这种与神学相联系的德行或心灵状态迈进过程中的一站。例如，奥古斯丁认为，物理学的目标是作为最终原因的神，逻辑学的目标是作为思维标准的神，伦理学的目标是作为正确行为准则的神[19]。

到了伽利略生活的时代，“科学”仍然被当作是一种通过演绎法训练获得的心灵习性和思维习惯。例如，在 1613 年出版的一部《哲学词典》给出了“科学”的两种含义[19]：(1) 通过证明获得的一种习性；(2) 通过证明获得的知识。在伽利略和牛顿的科学革命之后，随着实验科学的兴起，对科学的认识逐渐产生了很大变化。到了 19 世纪中叶，对科学的认识发生了根本的变化，最终形成了现代科学的概念。

从《大不列颠百科全书》对科学一词的解释的历史演变中，我们可以看出对科学的认识的变化。1771 年出版的第一版《大不列颠百科全书》对“科学”的解释只有短短一句话：*在哲学语境中指通过合乎规则的证明从自明而确定的原理中导出的任何学说* (in philosophy, denotes any doctrine, deduced from self-evident and certain principles, by a regular demonstration)。对比 1613 年的《哲学词典》对科学一词的解释，我们可以看出，“科学”已经从一种个人具有的特性变成了知识的特性，“科学”不再是心灵的习性。但是这里的“科学”仍然是理论性的，是思辨性的，是通过演绎法获得的知识。

图 9.1显示了 1823 年出版的第六版《大不列颠百科全书》和 1858 年出版的第八版《大不列颠百科全书》对科学一词的解释。1823 年版的解释把自然哲学、伦理学和逻辑学都列入科学一词的词条之中，说明当时仍然把科学当作是演绎性的知识，这对科学的认识与 1771 年大致相同。

1858年版的解释与1823年版的解释有了很大的不同，这个版本对科学的解释翻译如下：

> 从严格意义上说，科学是一种组织化的知识体系，关于这些知识的现象被组织起来，以便在合理的关联和相互依赖中显示出影响这些现象的原因。研究原因与结果的相继关系的科学，叫作抽象科学。而研究原因和效果的科学在很大程度上被称为自然科学或物理科学。那些被认为是完整的科学叫做严格的科学，例如几何学。但是，绝大多数被称为科学的东西——即所有可能做出发现的知识分支——根本不够格称作科学，它们只是一堆理论或事实，以或多或少的精确性结合在一起，而一项新的发现随时都可能解开它们的结合。科学不仅能看到，而且能肯定地看到，而且科学的独特特点是它能预见。因此它有别于艺术。就它的工作是发现和应用自明的原理而言，它又不同于文学。
>
> 各种科学将贯穿于整个著作中，在其适当的标题下可以找到。

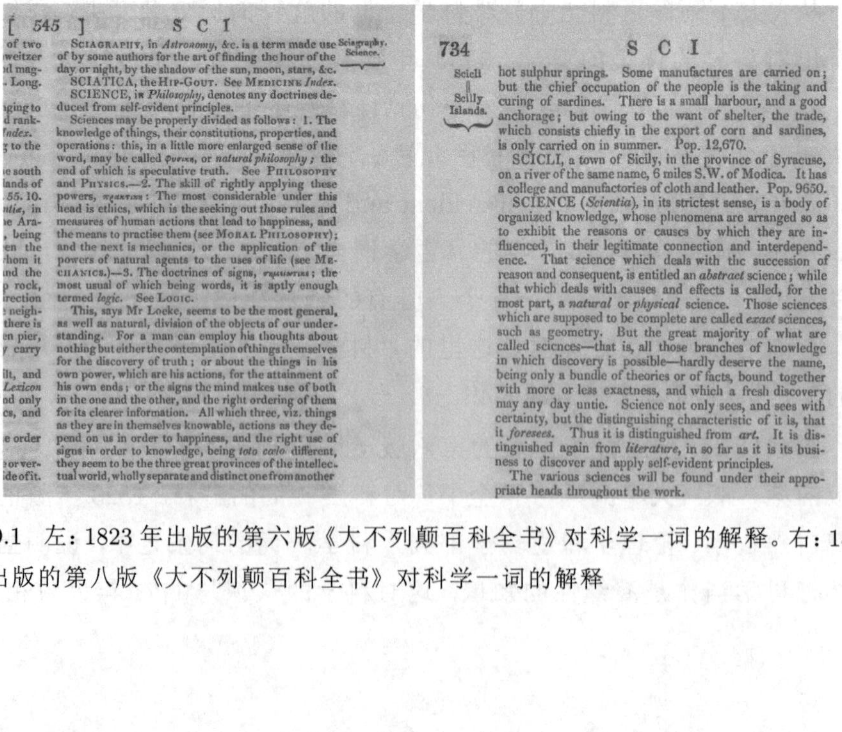

[545] SCI

SCIAGRAPHY, in *Astronomy*, &c. is a term made use of by some authors for the art of finding the hour of the day or night, by the shadow of the sun, moon, stars, &c.

Sciagraphy. Science.

SCIATICA, the HIP-GOUT. See MEDICINE *Index*.

SCIENCE, in *Philosophy*, denotes any doctrines deduced from self-evident principles.

Sciences may be properly divided as follows: 1. The knowledge of things, their constitutions, properties, and operations: this, in a little more enlarged sense of the word, may be called φυσικη, or *natural philosophy*; the end of which is speculative truth. See PHILOSOPHY and PHYSICS.—2. The skill of rightly applying these powers, πρακτικη: The most considerable under this head is ethics, which is the seeking out those rules and measures of human actions that lead to happiness, and the means to practise them (see MORAL PHILOSOPHY); and the next is mechanics, or the application of the powers of natural agents to the uses of life (see MECHANICS.)—3. The doctrines of signs, σημειωτικη; the most usual of which being words, it is aptly enough termed *logic*. See LOGIC.

This, says Mr Locke, seems to be the most general, as well as natural, division of the objects of our understanding. For a man can employ his thoughts about nothing but either the contemplation of things themselves for the discovery of truth; or about the things in his own power, which are his actions, for the attainment of his own ends; or the signs the mind makes use of both in the one and the other, and the right ordering of them for its clearer information. All which three, viz. things as they are in themselves knowable, actions as they depend on us in order to happiness, and the right use of signs in order to knowledge, being *toto cœlo* different, they seem to be the three great provinces of the intellectual world, wholly separate and distinct one from another

734 SCI

Scicli ‖ Scilly Islands.

hot sulphur springs. Some manufactures are carried on; but the chief occupation of the people is the taking and curing of sardines. There is a small harbour, and a good anchorage; but owing to the want of shelter, the trade, which consists chiefly in the export of corn and sardines, is only carried on in summer. Pop. 12,670.

SCICLI, a town of Sicily, in the province of Syracuse, on a river of the same name, 6 miles S.W. of Modica. It has a college and manufactories of cloth and leather. Pop. 9650.

SCIENCE (*Scientia*), in its strictest sense, is a body of organized knowledge, whose phenomena are arranged so as to exhibit the reasons or causes by which they are influenced, in their legitimate connection and interdependence. That science which deals with the succession of reason and consequent, is entitled an *abstract* science; while that which deals with causes and effects is called, for the most part, a *natural* or *physical* science. Those sciences which are supposed to be complete are called *exact* sciences, such as geometry. But the great majority of what are called sciences—that is, all those branches of knowledge in which discovery is possible—hardly deserve the name, being only a bundle of theories or of facts, bound together with more or less exactness, and which a fresh discovery may any day untie. Science not only sees, and sees with certainty, but the distinguishing characteristic of it is, that it *foresees*. Thus it is distinguished from *art*. It is distinguished again from *literature*, in so far as it is its business to discover and apply self-evident principles.

The various sciences will be found under their appropriate heads throughout the work.

图9.1 左：1823年出版的第六版《大不列颠百科全书》对科学一词的解释。右：1858年出版的第八版《大不列颠百科全书》对科学一词的解释

我们可以看到，这个版本对科学的解释已经不再把伦理学列入科学的范畴，并且把实验科学发现的没有系统化的知识当作了科学。这个解释强调科学通过研究现象之间的关联去发现隐藏在现象背后的原理，这是典型的归纳法的思路。此外，这个版本还特别强调了科学与艺术不同，与文学不同。这个版本对科学的解释已经与现代对科学的观念十分接近。

当代的《大不列颠百科全书》对科学一词的解释是[①]：

> 科学，是任何与物理世界及其现象有关的知识体系，需要无偏见的观察和系统的实验。一般而言，一门科学涉及的是对涵盖了普遍真理或基本运作规律的知识的追求。
>
> 科学可以根据研究对象分为不同的分支。物质科学研究无机世界，包括天文学、物理学、化学和地球科学等领域。生物学和医学等生物科学研究有机的生命世界及其过程。像人类学和经济学这样的社会科学研究人类行为的社会方面和文化方面。

与 1858 年版的解释比较，这个版本的解释不再把数学列入科学的范畴，而只列入研究物质世界的现象的知识体系。此外，这个版本还特别强调了客观的 (即无偏见的) 实验和观测对科学的作用，也就是科学方法的作用。

在卢梭生活的 18 世纪，对科学的这种观念转变还没有完全实现，卢梭所说的科学实际上是一种理论科学，类似于当时的神学、逻辑学、伦理学之类。所以他把科学与艺术并列在一起谈论，而在现代我们已经很

① 英语原文 (Encyclopedia Britannica, https://www.britannica.com/science/science)：

Science, any system of knowledge that is concerned with the physical world and its phenomena and that entails unbiased observations and systematic experimentation. In general, a science involves a pursuit of knowledge covering general truths or the operations of fundamental laws.

Science can be divided into different branches based on the subject of study. The physical sciences study the inorganic world and comprise the fields of astronomy, physics, chemistry, and the Earth sciences. The biological sciences such as biology and medicine study the organic world of life and its processes. Social sciences like anthropology and economics study the social and cultural aspects of human behaviour.

少把科学与艺术并称，更多的是把科学与技术并称。从“科学与艺术”到“科学与技术”的转变很清晰地说明了对科学的观念的转变。

古代哲人满怀憧憬地希望通过对理论科学和艺术的学习使人学会理智地看问题，形成健全的心智，并成为具有德行的公民，这样的公民才是政治生活中的合格公民。然而，这种训练思维和培养德行的方式需要漫长的时间，在古代社会只有贵族和富裕阶层才可能承受得起。此外，正如卢梭所说，真正适合深造这些理论科学或者艺术的人不会有多少。例如，对于语法、逻辑、修辞、算术、天文、音乐和几何这七种古代的自由技艺，深入研习需要特殊的才能，大多数人都不太可能深究其中的滋味，只可能浅尝辄止。人们有更加重要的事情要做，例如谋生。期望通过这种对业余爱好的研习把多数人锻炼成心智健全的人是不可能的，即便是仅仅把贵族和富裕阶层的人士培养成有德行的人也是不切实际的。

实际情况正如卢梭所说，只能浅尝辄止、不能深入理解科学与艺术的人不会由此获得德行。卢梭时代的贵族和富裕人士表现出对科学与艺术的爱好，但是这只是这些人在闲极无聊时的附庸风雅、夸夸其谈而已。这种对科学与艺术的“爱好”当然并不会培养人的心智和德行，反而只能成为掩饰奢靡之风的装饰品。卢梭以夸张的语气贬低这种科学与艺术，并且赞扬原始的勇武。他说[18]:

> 他们之所以爱好别的活动有甚于精神的活动，绝不是由于愚蠢。他们并非不知道在别的国家里有些游手好闲的人终生都在高谈阔论着至善、罪恶与德行，并且那些浮夸的理论家还对自身冠以最堂皇的称颂，而对其他民族则加以野蛮人这个可鄙的名词。他们也研究过这些人的风尚，并且知道蔑视这些人的理论。

卢梭在文化不发达的人那里看到了勇气和德行，在文化发达的人那里看到了奢靡之风、怯懦和德行的败坏。他说[18]:

> 当生活日益舒适、工艺日臻完美、奢侈之风开始流行的时候，真正的勇敢就会削弱，尚武的德行就会消失，而这些也还是科学和种种艺术在室内暗中起作用的结果。当哥特人掠夺

希腊的时候，希腊所有的图书馆之得以幸免焚毁，只是由于有一个哥特人散播了这样一种见解：要给敌人留下适当的东西，好使他们荒废军事的操练而沉溺于怠惰安静的职业。

他以意大利作为例子说[18]:

美第奇家族的兴起以及文艺的复兴便再度——也许是永远地——摧残了意大利几个世纪来似乎已经恢复的那种善战的声誉。

美第奇家族对科学与艺术的长期支持使意大利的文艺得以复兴，使美第奇家族获得了巨大的声誉。但是在卢梭看来，这并不是好事，反而是美第奇家族给予意大利人的枷锁。他把这样的科学、文学和艺术都当作是束缚人类精神的枷锁，他说[18]:

科学、文学和艺术，由于它们不那么专制因而也许更有力量，就把花冠点缀在束缚着人们的枷锁之上，它们窒息人们那种天生的自由情操——看来人们本来就是为了自由而生的，——使他们喜爱自己被奴役的状态，并且使他们成为人们所谓的文明民族。

如果今天的科学仍然是卢梭那个时代那样，我们将不得不承认卢梭的批评在很大程度上是正确的，承认科学对人类社会没有多大裨益。然而，今天的科学已经是大大不同了。经过三百年的发展之后，以伽利略为标志的科学革命和实验科学实现了自己的潜能，彻底改变了科学的概念，也彻底改变了人类社会。

在今天，科学已经以技术为中介全面介入到人类社会之中，物理学、化学和生物学变成了人人需要了解的基础知识。现在的基础教育和中等教育不仅要求学生学习语言、文学、算术、音乐、美术这些基本技艺，而且要求学习几何学、代数、物理学、化学、生物学等多学科的知识。这种学习一方面可以锻炼人的心智，使人心智发展成熟，如同古代哲人所希望的那样，另一方面可以为学生在未来寻找谋生手段提供基础的知识和技能准备。这当然是因为这些基础知识已经全面渗透到了人类社会的方方面面。如果没有这些知识，个人将很难在现代社会找到合适的工作，甚至很难正确地使用现代社会的各种日用品，例如电器。卢梭思考的科学与普通人距离遥远，实际上是可有可无的，但是现代科学对于现代人而言则是必须了解和理解的必备知识。

卢梭思考的科学是少数杰出思想家的思想和理论，然而现代科学是需要大量从业人员的庞大事业。这一方面是因为现代科学涉及的范围远远超出了伽利略时代或者卢梭时代的科学，另一方面也是因为广泛的实验科学研究需要大量的实验科学家和大量的技术研发和技术支撑人员。科学成为多种多样的人实现理想和抱负的舞台，思想家和理论家可以在其中大展身手，工匠和工程师也可以在其中实现抱负。科学研究不是卢梭设想的少数思想家的思维游戏，而成了艰苦的实验探索和技术研发，投身于实验研究常常需要巨大的勇气和旺盛的精力。这样的科学是培养德行的舞台，而不再可能成为附庸风雅败坏风尚的装饰品。

9.2 科技对人类的挑战

培根认为实验科学是发现真理的正确的道路和高效的道路，而且实验科学可以极大地降低探求真理对个人才能的要求，使科学研究不再是极少数人的舞台，使更多的人可以参与其中。他认为这样的科学将产生很多具有实用价值的产物，极大地改变人类社会。现代科学和技术作为一个紧密的联盟实现了培根的预言。

然而这样的改变对人类意味着什么呢？

现代科技和现代化大生产带来了极其丰富的物质产品，为人类提供了几百年前不能想象的物质条件。然而，人类也常常发觉自己不能适应这样的生活。常有人对大城市的生活表示不满，怀念舒适浪漫的田园生活，这种情绪也常常反映在怀旧文学和艺术之中。人们好像觉得田园生活才适合人的自然本性，而城市中的生活不仅使人压抑、使人不能适应，而且好像使人违背自己的自然本性而生活。很多人在城市生活中感到抑郁，感到压力过大。现代科技带给人许多便利，但是好像也使人们病了。

如果回顾人类的历史，我们可以看到这种想法和感受是很自然的，但是并不是必然的。

现有证据表明，从古猿开始，在经过几百万年的进化之后，现代智人在距今约 20 万年前出现[20]。在进化过程中，人类的大脑实现了数次进化[20]。这种进化带来了非常多的后果，有利有弊。

大脑进化的一个后果表现在人的社交能力上。对人类的自然群落的研究表明，人类的自然社交圈大小大约是 150 人，例如部落社会、古老村落、军事连队基本都在这个规模[20]。这个现象也与现代社会的社交范围现象一致，即单个个体可以比较深入交往的人最多可以达到 150 人左右[20]。原因可能是，社交圈再大下去，个人可能就很难记住那么多人。研究表明，猿、猴和猩猩的平均自然群落远小于人的平均自然群落。此外，对猿、猴、猩猩、人类的大脑新皮质比例和额叶比例的研究表明，自然群落的大小与新皮质比例和额叶比例的大小成正相关关系[20]。例如，人类的大脑新皮质比例和额叶比例最大，其自然群落最大。这说明，自然群落的扩大是进化的结果。进化使人类有可能扩大为越来越大的社会群体。

在大约一万年前，人类在西南亚和东亚开始学会驯化植物和驯化动物，学会了耕种和使用牲畜，随后农业从发源地传播到欧亚大陆各地，人类开始从狩猎–采集文明转向农业文明。农业使粮食获取更加容易，使人类可以积累粮食，使人类驯养大型动物 (例如猪、牛、马) 成为可能，使人类可以使用畜力从事耕种，还可以使人类定期获取肉食资源。农业也迫使人采取定居生活的方式，使人口加速繁衍。研究显示农业部落比狩猎采集部落有更高的生育率[21]：

> 一个经常变换营地、以狩猎采集为生的母亲只能带一个孩子和很少几件随身物品。在前一个蹒跚学步的孩子能够快步行走，赶上大伙儿而不致成为累赘之前，她是不能生第二个孩子的 …… 相比之下，定居的部族由于没有在迁移途中携带小孩这种问题的限制，他们可以多生多养，只要养得活

> 就行。许多农业部族的生育间隔期是两年左右，为狩猎采集部族的一半。粮食生产者的这种较高的出生率，加上他们按每英亩计算养活更多的人的能力，使他们达到了比狩猎采集部族更大的人口密度。

在农业革命之后，人类的社会群体实现了一次飞跃式的扩大。但是，短短的几千年时间并不足以使人类的社交能力获得进化和提升，不能使人类发展出大规模合作的本能，人类的自然社交圈仍然保持在 150 左右的部落级规模。人类不得不学会部落层次上的协作和贸易，并逐渐组成更大的延展性群体。在农业革命之后，在短短几千年时间之内，人类发展出不平等的阶层、阶级、宗教、城市、王国和帝国，最终使用“虚构的故事”使人类成为想象的共同体，使大量人口统合在一起并且延续壮大[22]。在这个过程中，在人类社会还逐渐产生了文字，产生了货币，诞生了文学，诞生了天文学、地理学，产生了官僚制度。

人类常常怀念远古的社会，认为远古的社会更加美好，更加自由。但是，现在的人类学研究发现原始部落社会充斥着难以想象的暴力，并不那么美好。例如，以下文字描述了原始部落社会中的暴力[22]：

> 许多人类学和考古研究显示，在只有基本的村庄和部落政治结构的农业社会中，人类暴力行为造成 15% 的总死亡数，而在男性之间则是 25%。现在的新几内亚还有达尼 (Dani) 和恩加 (Enga) 两个农业部落社会，暴力造成男性死亡所占百分率分别是 30% 和 35%。而在厄瓜多尔的瓦拉尼人 (Waorani)，成年人甚至约有 50% 会死在另一个人的暴力行为之下! 慢慢地，人类发展出进阶的社会结构，如城市、王国、国家，于是人类的暴力也得到了控制。不过，这样庞大而有效的政治结构可是足足花了数千年，才终于建立起来。

另有研究也证实了这类发现[21]:

> 关于族群社会和部落社会的广泛得多的长期积累的资料表明，谋杀是死亡的首要原因。例如，当一位女人类学家在向

> 新几内亚伊亚乌族妇女调查她们的生活史时，我碰巧也在访问伊亚乌人。当一个又一个女人被要求说一说她的丈夫时，她会说出一连几个死于非命的丈夫。典型的回答是这样的："我的第一个丈夫被埃洛皮族的袭击者杀死了。我的第二个丈夫被一个想要我的人杀死了，这个人就成了我的第三个丈夫。这个丈夫又被我第二个丈夫的兄弟在为他哥哥报仇时杀死了。"此类生活遭遇对于所谓温和的部落民来说竟是家常便饭，因此，随着部落社会的扩大，这种情况就对接受中央权威起了促进作用。

农业社会带来的一个重大变革是使大规模的人类社会成为可能。在这个社会中，人类学会了使用暴力控制暴力，压制村落部族之间的战争，并把小共同体合并成较大的共同体。对此，戴蒙德评论说[21]：

> 利用对武力的绝对控制来维持公共秩序和制止暴力以促进社会幸福，这可能是中央集权的社会对非中央集权的社会的一个巨大的、未得到正确评价的优势。

当然，农业社会的这些发展并不都是对人有利的。这些不利之处有如下一些表现。

1) 在狩猎–采集社会，人们不时地迁徙寻找食物，人类的生存空间要大得多；到了农业社会，大多数人却不得不被束缚在固定的土地周围。

2) 虽然农业社会的物质丰富是狩猎–采集社会不能比拟的，但是人们也不得不不停地劳作；此外，狩猎–采集社会的食物品种繁多，营养丰富，而在农业社会人们只能享用少数几种主食，营养不均衡。

3) 大规模的农业生产和大规模的社会使数字记录成为必须，但是在狩猎–采集社会发展出来的人脑不适合记忆大量数字；这限制了大型人类网络的发展，直到文字出现，使人类可以在人脑外存储和处理信息。

4) 随着大规模人类社会的出现，社会分化、社会压迫和阶级也随之出现，人不再自由。

5) 权力的集中不可避免地为那些掌权的人、私下据有信息的人、做决定的人和对财货进行再分配的人大开方便之门，使大规模腐败成为可能。

虽然有种种的不利之处，我们还是需要承认农业社会是伟大的进步。这种具有大量人口和广大地域的社会使大规模的社会分工、合作、频繁的商品交易、市场以及大规模的远程贸易成为可能。在随后的几千年之中，人类学会了建造城池，学会了建造运河，学会了制造陶器、瓷器，学会了织造麻棉，学会了冶炼青铜器、铁器，学会了制造轮子、车、船，学会了制造纸、火药、枪炮，学会了印刷。人类的创造力在这些发明创造中展现得淋漓尽致。

然而，这些巨大的变化是在几千年之内发生了。在一百年为单位的时间段之内，农业社会看起来是几乎停滞的。在农业社会里，祖孙三代生活的社会的生产力条件和物质条件几乎相同，难以有什么区别。对于个人的感受而言，这样的社会与狩猎–采集社会一样都是停滞的。我们可以理解到，在这样的社会里容易产生“世界是停滞”的世界观、社会观和人生观，也容易产生所有问题都已经被古人解决了的幻觉。在这种社会中，复古思想是很自然的思想。

此外，农业文明继承了来自狩猎–采集文明的万物有灵的思维传统，具有泛灵论或泛神论倾向。在这样的思维倾向之下，人们以为万物有灵，人可以与万物对话交流，人与自然可以成为一个共同体。在农业生活中，人们可以自然体验到那种人与自然融洽一体的感受。不论是“人是万物的目的”，还是“万物是人的目的”，都是属于这种思维模式。中国古人讲究的静态的天人合一也可以算是这种思维方式的一个弱化版本。

然而现代社会却把这种人与自然融洽一体的感受彻底打破了。在农业社会，人们被放逐到田间地头，开始远离自然。然而到了现代社会，人们再一次被放逐远离自然。这一次被彻底地放逐远离自然，人们不得不生活在城市的高楼大厦之中。

更加重要的是，现代科技为社会带来了快速的变化。我们生活的现代社会是一个快速变化的社会，与发展缓慢的农业文明时代是完全不同的。祖孙三代人看到的世界是非常不同的世界。

在经过几十万年近乎停滞的狩猎–采集时代和近万年发展缓慢的农业时代之后，人类的思维和心理都被塑造为适应于慢节奏的、近乎停滞的生活，成为具有遗传性的本能。人类也在那个时代积累了大量精神财富，例如文学艺术哲学。人们就在这些精神财富的环境中接受教育并成长，接受它们的潜移默化的滋润，并使遗传自古代社会的心理习惯被这些精神资源强化。时至今日，在这种心理模式和思维习惯运作了几十万年之后，人类突然进入了一个科技催化的、激烈变化的、科幻般的时代。对于人类的心灵而言，毫无疑问这是一个巨大的挑战。

此外，在古代社会，学好一门技能、有一个职业就可以够用一生。在如今这样一个被科学技术催化的剧烈变化的时代，这种机会很难再有。人们不得不不断更新自己的知识和技能，以便适应变化的社会，以便生存。对现代人而言，终身学习是不得不从事的事业，而不再仅仅是一个出于爱好和兴趣的精神追求。无论好坏，狩猎–采集时代和农业时代留给人类的心理模式不得不与变化的现实不断发生冲突。人们的不适应可想而知，这是一种很自然的感受。

科技把人类带入了一个飞速发展的现代社会，这是科技对人类的贡献，也是对所有现代人提出的挑战。

9.3 科技给予人类的机遇

然而，人们对现代社会的不适虽然是自然的，但是并不一定是必然的。

说是自然的，是因为这些不适是源于内心的真实感受。说不是必然的，是因为这种感受来自特定的心理模式，而这种心理模式是人类适应狩猎–采集时代和农业时代的产物，但是这些特定的心理模式并不是必然应有的。

实践证明人的心灵具有巨大的灵活性和潜力。人可以制造许多种工具、掌握多种语言，可以具有复杂的情感和心理运作模式，可以应付许多种不同的社会条件和自然条件的考验。人类的所有历史都展示了人类所具有的这种巨大的灵活性和潜力。虽然每个人类个体所能掌握的技能十分有限，但是作为一个群体的人所掌握的技能是非常惊人的。一种可能的解释是，人有一种具有极大力量的通用智能和通用心理，这种通用智能和心理可以适用于一切场合，所以人类可以掌握非常多种的知识和适应非常多的不同情景。如果真是这样，我们将不得不承认人类适应慢节奏的田园生活是源自人的本性，即这种通用的智能和心理。

然而，人类具有这样的通用智能和通用心理的可能性非常低。如果真是这样，那意味着人类在狩猎–采集社会发展出来的大脑已经可以"预见性"地处理并应对人类社会后来发展出的几乎一切技术挑战和社会挑战。例如，文字、数学等等都是在最近几千年之内发展出来的，很难想象几十万年前进化出的人类大脑居然可以适应这么多复杂的技艺。此外，这种通用智能和通用心理的假设也很难解释为什么人的能力具有极大的多样性，即有些人擅长一些技艺 (例如数学、物理) 不擅长另外一些技艺 (例如音乐、美术)，而另外一些人可以完全相反，一些人的性格也可以与另外一些人完全相反。

毫无疑问，人类的智能和心理能力极其强大。但是这种强大的能力不应该是这样一种通用的智能和通用的心理能力，而是一种可以在不同情境下发展出相应的智能和心理的通用能力，是可以把在特定情况下发展出来的特定智能和特定心理融入自身的能力[23]。依靠这种能力，人类可以把许多不同的思维模式和心理运作模式融合为一体；依靠这种能力，人类在许多种不同的自然环境和社会环境中生存发展下来；依靠这种能力，人类得以不断地适应人类社会中不断出现的发明创造；也依靠这种能力，人类才可能得到进化。人类社会从狩猎–采集社会进化到农业社会的巨大变化，也充分说明了人类所具有的这种根本能力使人类具有很大的灵活性，使人可以适应从狩猎–采集社会到农业社会的挑战。

换一句话说，人类具有的这种更具本质性的发展、调控和控制智能和心理活动机制的能力才是人类的根本性的自然属性。狩猎–采集时代和农业时代留给人类的心理模式只是这种更根本的能力在特定情况下带给人的产物。当然，有一些心理模式是有生理基础的，不是可以随意调控的。例如有许多人喜欢去野外郊游或者户外散步，这一方面是因为需要合适的运动和放松，另一方面是因为需要呼吸新鲜空气、亲近树木和草地。这种心理需求是有生理基础的，不仅是自然的，而且也具有一定的必然性。

但是，并不是所有的心理模式都是具有必然性的，虽然可能是“自然的”。在人类社会中，并不是所有人都喜欢慢节奏的生活，也并不是所有人都有怀旧心理，甚至古代人也并不都是怀旧的。在两千多年前，当商鞅说“治世不一道，便国不法古”的时候，他肯定是不怀旧的。马王堆汉墓帛书《老子》有一段光辉灿烂的话 (今本第十四章)：执今之道，以御今之有，以知古始，是谓道纪。毫无疑问，写下这段话的作者超越了崇今和怀古两派的对立，是思想深邃的伟大哲人。

如果认识到人类自身所具有的这种更根本的能力，认识到这种更根本的自然，我们将会发现现代科技对于人类虽然是巨大的挑战，但是也是巨大的机遇。

现代科技带给人类的不仅仅是丰富的物质产品和剧烈变化的社会，也同时带来了多种多样的职业和工作机会。现代社会的产业之繁多和分工之复杂是农业社会的人难以想象的。这虽然也是社会化大生产的产物，但是更加重要的是科技革新的产物。设想一下，如果在第一次工业革命之后没有新的技术革新出现，我们将会处于怎样一个社会之中？这将仍然是有社会化大生产的社会，但是它所具有的产业将远远少于我们的现代社会。科技的发展和成熟使新技术的不断发明成为可能，这些技术发明又被现代化的生产方式以洪水般的速度推向社会。在这个发展过程中，人类社会出现了许多前所未有的产业，例如电力、电网、通信、化工、建筑、汽车、飞机、航天、高铁、机械设备、电子设备、集成电路、软件程序、传媒以及现代教育等等。很多产业都具有极长的产业链，都需要大量的具有高超技能的工人、工程师或者专业科研人员。这些产业提供了非常多的不同职业和就业机会。

细密的社会分工可以把人一辈子锁定在一个小小的行业，但是也为个人寻找适合自身发展的行业和职业提供了前所未有的机会。对于一个处于农业社会的人而言，这个人有一定的可能从事需要一定技能的工作，例如医疗、冶炼、铸造、纺织等。但是这样的机会很小，这个人最大的可能是一辈子种地。中国古人所畅想的读书考取功名的出路是属于极少数人的道路，这需要熟读诗词和经典论著，需要极好的记忆能力。对于本书作者这种记忆力不强的人而言，走这条道路不可能有什么希望。然而，在现代社会，我们有了很多新的选择，例如研读物理学并不需要很强的记忆力，反而需要直观物理过程的能力。科学技术使现代社会成为一个具有极多选项的全新社会，使具有非常不同天赋的人都可以得到选择的机会，人们在其中可以广泛地寻找适合自己天赋的职业，从而实现自我抱负和个人的价值。

总之，现代社会虽然有种种问题，但是这样一种社会使人类可以以一种前所未有的多样性发展自身。人类所具有的发展、调控和控制智能和心理活动机制的根本能力为人类潜力的实现提供了保证。这种能力不能应对任何特定的问题，可以说是“无”，但是应对特定问题的能力都植根于它，它可以说是没有任何特定内容的“有”。它就是老子说的“婴儿”。人类所具有的这种根本的能力才是人类真正的自然，它是古今如一的自然，它是今之道，也是古之道。认识和利用好这个自然可以使我们调整好自己的身心，使我们高效地和快乐地工作。这个自然是我们幸福的源泉。现代科技和现代社会为人们认识这个根本的自然、实现这个自然的潜力，提供了无尽的机会。我们在现代科技提供的机遇中实现自身的潜力，返视古今如一之道，这就是：执今之道，以御今之有，以知古始，是谓道纪。

推荐阅读

卢梭，《论科学与艺术》

虽然卢梭的结论在现在看来是不对的，但是他的论述激情澎湃发人深省。这是一本值得阅读和思考的论著。

第 10 章

科技与艺术

道也，进乎技。

——《庄子·养生主》

对于科学与艺术的关系，有两派常见的观点。

一派观点认为科学与艺术是非常不同的，科学界和艺术界在思维方式和关注点都非常不同，互不理解，具有巨大的隔阂。这种观点认为，科学需要客观地看待自然世界，运用理性认识自然，按照自然的本来面目客观地展现自然，而艺术则将自己限定在感性世界，只描绘自己主观感受的世界，把个人情感投射到艺术创作之中，在描绘自然中反映个人的情感。有一句话代表了这种观点：科学求真，艺术求美。一般认为斯诺的《两种文化》表达了这种观点，即科学与艺术已经成为互不理解的两种文化。例如，斯诺写道[24]：

> 我曾有过许多日子白天与科学家一同工作，晚上又与作家同仁一起度过…… 我经常往返于这两个团体，我感到它们的智能可以互相媲美，种族相同，社会出身差别不大，收入也相近，但是几乎完全没有相互交往，无论是在智力、道德或心理状态方面都很少有共同性，以至于从柏林顿馆 (英国皇家学会等机构所在地) 或南肯辛顿到切尔西 (艺术家聚集的伦敦文化区) 就像横渡了一个海洋。

斯诺发现，科学家与艺术家不但互不了解对方的语言，甚至不关心对方的基本常识。他写道[24]：

> 得知科学家从未读过英国文学的主要作品，他们发出怜悯的暗笑。他们不再理睬这些无知的专家。但他们自己的无知也恰恰同自己的专长一样使人吃惊。有许多次我参加一些人的集会，根据传统文化的标准，这都是一些被认为很有教养的人，他们对科学家的无知用一种幸灾乐祸的态度表示难

以置信。有一两次我恼火了，询问他们中间有几个人能够说明一下热力学第二定律，反应是冷漠的，也同样回答不出。同时我也曾向科学家问过相等的问题，你读过莎士比亚的作品吗？

这种隔阂使科学家与艺术家和人文知识分子不仅互不理解，而且互相敌视。他说[24]：

非科学家有一种根深蒂固的印象，认为科学家抱有一种浅薄的乐观主义，没有意识到人的处境。而科学家则认为，文学知识分子都缺乏远见，特别不关心自己的同胞，深层意义上的反知识，热衷于把艺术和思想局限在存在的瞬间，如此等等。

另一派观点认为，美也是科学的追求，而艺术之美也必定以真为基础，科学与艺术相融相通。

例如，毕达哥拉斯、柏拉图、亚里士多德等人的自然哲学无不反映着他们的世界和谐的观念以及他们对美的追求，托勒密、哥白尼、开普勒的天文学研究同样植根于他们对世界和谐之美的信念。科学之美的一个表现是科学理论的简单性，即复杂的现象可以由简单优美的理论加以解释，特别是可以使用简单优美的数学加以表述。当经过艰苦和漫长的努力之后，人们突然发现纷繁复杂的现象背后其实只有少数几条原理，就如同艰难地穿过方向难辨的密林之后登上最高峰，一览无余晴空碧洗，这种激动和壮美是难以想象的。这种美激励着人去从事科学研究，去发现大自然的奥秘。爱因斯坦、狄拉克等物理学家的唯美研究倾向是这种思路的典型代表。

另外，艺术必然以真为基础。这是因为艺术的创作，如果是可以被他人所理解的，则必定具有普遍性，必定植根于真之上。因为这种真，当我们看到在几千年前、几百年前的艺术作品的时候仍然可以被感动。也因为这种真，当我们看到不同民族的艺术作品的时候也可以被感动。这种真是艺术之所以可能的原因。艺术之中必定浸润着理性的精神，以至于我们甚至可以猜测，伟大的艺术必定不能止步于感性世界，而需要植根于非凡的抽象。

这种观点认为，科学与艺术都需要理性思维和形象思维，都是人类的创造性活动，都植根于人类的创造性，科学与艺术本是人类创造性活动的两面，本是一体。集艺术家、工程师、科学家于一身的达·芬奇是科学与艺术融合一体的典范。这种观点认为，因为专业分工的影响，科学与艺术在近代逐渐形成分野，成为互相难以理解的两种文化，但是植根于同一源泉的科学与艺术将重新实现融合，例如 AI 技术和认知科学的进展正在展现这种自然科学与人文科学的重新融合。

应该承认这两派观点都有一些道理。后一派观点源远流长，反映的是古典时代对科学与艺术关系的看法，前一派观点反映的是近代科学发展带来的变化。

我们应该承认，随着社会分工的发展，科学家群体与艺术家和人文知识分子群体的心理确实越来越远。科学需要客观地看待世界，需要研究者在科学研究中克服主观的偏见，但是这并不意味着科学家不能在科学研究中追求美。追求美好事物是人类的本能，科学家也不例外。科学家在探寻自然的奥秘，同时也是探寻自然之美。如果说有什么不同，科学家追求的不仅是美的，而且是对的。当然在找到最终的答案之前，科学家常常是感受不到美，相反可能常常感受到枯燥和烦闷。

然而，如果着眼于科学与艺术都是创造性活动而言就认为科学与艺术将会重新融合，这是太过乐观了。不论是在科学方面还是在艺术方面，人类都已经积累很多，个人在任何一方面深造都需要漫长的时间。现代社会的分工已经极度精细，已经实现分野的领域不太可能再次融合，除非人的大脑再次得到进化。艺术家和人文知识分子可以理解伽利略、牛顿，可以理解力学、热力学和电磁学，而且也应该理解这些现代社会的基本知识，但是希望他们也理解广义相对论，那就是强人所难了。理解广义相对论不但需要对物理建立良好的直觉，而且需要过多的数学，这需要完成整个大学阶段和部分研究生阶段的物理训练才可能实现。同样的，我们不可能要求物理学家在艺术上达到专业的水准。一位美国朋友从小受到良好的钢琴训练，作为顶尖大学的物理教授，在周末的时候他经常邀请朋友聚会，一边喝酒一边谈论物理一边轮流弹奏钢琴。他年纪大了，在朋友演奏的琴声中先去睡了，早上起来之后，人已散去，留下的是没有盖上的钢琴和空酒瓶。他具有良好的艺术修养，这样的人在欧洲的科学家里并不少见。然而，我们不可能指望这样的科学家具有很深的艺术造诣，可以去公开表演弹奏贝多芬或者平均律钢琴曲。达·芬奇是过去的辉煌，很难再有。

更加重要的是，以上这些对于科学与艺术的讨论还没有触及更根本的问题。以上讨论中隐含的一点是科学是一种理论科学，这当然是不对的。我们可以说爱因斯坦、狄拉克这样的理论家在理论研究中追寻自然的奥秘，同时也在追寻自然之美，那么实验家又在做什么？技术研发人员又在做什么？他们也在追寻同样的自然之美吗？实验物理学家并不需要深奥的数学，例如法拉第就没有受到过什么数学训练。这样的科学家对科学的感受不可能与爱因斯坦、狄拉克一样，但是在他们那里就没有美吗？类似的，从事技术工作的人在工作中就没有美吗？他们的研究和他们的工作中的美在哪里？毫无疑问，以上对科学与艺术的讨论具有非常大的局限性，这只是一种古典的、贵族式的话题在现代的延续。**现代科学的主体是广泛的实验研究，现代科学不是古老的理论科学，而是全新的实验科学。对于现代科学而言，理论与实验紧密结合，科学与技术紧密结合。在这个新的视野之下，我们更应该讨论科学技术与艺术，而不是局限在科学与艺术。**

一部分科学家、艺术家和人文知识分子把自己局限在这种偏颇的思路之中，没有发现更加广阔的天地和更深邃的美。在《两种文化》中，斯诺已经注意到这种偏颇，他写道[24]：

> 知识分子几乎到处都不理解正在发生的一切，作家们也不例外。许多人耸耸肩膀走开了，似乎对于一个有感情的人来说，正确的做法只有退避三舍。有些人像鲁斯金、威廉·莫里斯、索罗、爱默生和劳伦斯，只是进行各种各样的幻想，其效果不过是一些惊恐的呼喊。很难想象一个名门望族的作家会真的施展自己富于想象力的同情心，会立刻看到大街后面的可怕景象，冒烟的烟囱，事物固有的代价——以及正在向穷

人们揭示出来的生活前景，各种提示，迄今为止只有少数幸运者还不知道，而这一切都落在他的其余百分之九十九的同胞之中。19 世纪俄国的一些小说家也许看到了这一切；他们性情宽厚，但他们却生活在一个前工业社会里，没有这种机会。世界级作家中唯一似乎理解这场工业革命的，是老年伊普生，没有什么是这位老人所不能理解的。

……

纯粹科学家们大多对工程技术和应用科学一窍不通。他们不可能对此发生兴趣。他们看不到许多问题就像纯粹理论问题一样需要高超的智力，许多问题解答也必须同样令人满意，同样漂亮。他们的本能使他们理所当然地把应用科学视为二等头脑的职业，这一本能也许由于这个国家中那股到处寻求新派头的欲望而变得更加敏锐，而且假如还没有这种派头，他们也会创造出一种来。对于这一点我说的比较尖锐，因为 30 年前我自己就是这样做的。当时剑桥大学那些青年研究工作者的思想气氛并没有为我们增添光彩，我们引以自豪的是：我们正在从事的科学，在一切可以想象到的情况下都不具有实际用途。我们越坚持这一主张，越感到自己优越。

除了少数人，无论是纯粹科学家还是人文知识分子都把自己局限在狭小的思想领域，看不到广大世界正在发生的巨大变化。斯诺注意到，知识分子广泛地没有注意到工业革命带给人类社会的巨大变化，也没有注意到科学革命和技术变革导致的现代社会的变革。他发现，主导第一次工业革命的并不是知识分子，而是工匠。他说：

无论是在美国还是在英国，甚至在一切西方国家，当工业革命的第一次浪潮向我们涌来的时候，没有人注意到发生了什么。但确实是发生了，至少注定要发生在我们的时代，发生在我们的眼前，这是自从发现农业以来最大的一次社会变革。事实上这两次革命，即农业革命和工业–科学革命，是人类已知社会生活中仅有的质变。但是传统文化却没有注意到，或者说，它虽然注意到了，却不喜欢它所看到的事情。这并不是说传统文化没有从革命中得到极大的好处。英国的教育机构分享了英国19世纪的财富，这些财富又反过来把教育机构定型为我们今天所熟悉的形态。

几乎任何天才、任何想象力都无法追溯创造这种财富的革命。工业革命越丰富，传统文化就越脱离这个革命，越要为行政管理、为管辖印度帝国、为永葆这种文化本身而培养年轻人，都从不教育年轻人去了解或参加这个革命。目光远大的人在19世纪中叶之前就开始看到，为了不断地创造财富，国家需要在科学特别是应用科学方面培养一些明智之士。但是没有人听。传统文化根本不听，纯粹科学家也不曾真正热心地听过。你会发现，当时的这种精神一直传到今天，直到埃雷克·文什比写《技术和学院》一书还表现了这一点。

学院丝毫也不关心工业革命。正如一位耶稣教长老考利谈到火车星期天开进剑桥大学一事时所说："这既不能取悦上帝，也不能使我自己感到快乐。"当时想到19世纪工业的，只有一些怪人和聪明工人。美国一些社会历史学家也告诉过我，美国的情况也是这样。美国最早开始于新英格兰的工业革命，比我们迟50年左右，在当时或19世纪后期显然没有吸引住有教养的才智之士。指导这场革命的都是那些干零活的工人——当然有时也有像亨利·福特那种有天才的工人。

这些知识分子们大概认为世界是丑陋的，试图在科学或者艺术中找到美，试图在其中找到慰藉心灵的力量。然而，这种思路也使他们局限在自己的思想之中，使他们不能认真打量这个世界。此外，这种思路还有一个审美倾向，即静态的美。柏拉图在《会饮篇》中阐述了关于美的概念，他把感性的美当作低级的美，他认为最高的美是脱离了感性和任何特定形式的美的理念，是纯粹的美。柏拉图的美学理论是极美的，但是这种美是一种静态的、沉思的美，犹如贝多芬的《欢乐颂》带给人的是庄严肃穆的极大欢乐。柏拉图推崇的几何学的美属于这种美，物理学理论的美也是这种美，绘画、雕塑、书法大都可以归类于这一类美。

然而，现实世界中还有活生生的美。一位指挥家以精湛的技艺指挥乐队演奏出恢宏精妙的乐曲，毫无疑问这是一种美。音乐演奏之美属于这一类：它需要以精湛的技艺娴熟地掌握乐器，最终达到可以随心所欲地表现情感和思想。在一些精妙的绘画或者书法中，人们也可以看到流动的气韵或者时间的流逝和节奏，这是在静止的作品中看到运动。

杨振宁说自己在实验室做实验的时候，总是把实验室搞得乱糟糟的，而吴健雄来了之后，很快就把实验室安排得井井有条。吴健雄可以娴熟地指挥实验仪器，按照她的心意做出需要的实验。李政道说，电子对于理论家而言是狄拉克方程的解，而对于吴健雄而言，电子就像被驯养熟练的狗或者猫，电子在实验室中乖乖地听从吴健雄的指挥，到达该到达的地方，做出该做的实验。吴健雄就是实验室的指挥，在她的精湛指挥下，她的团队总是可以做出旁人难以做出的高难度实验。这难道不是一种艺术吗，这里难道没有美吗？

这种美同样存在于技术工作之中，存在于广大的劳动之中。《庄子·养生主》开篇以庖丁解牛一文展示了精湛技艺之美：

> 吾生也有涯，而知也无涯。以有涯随无涯，殆已！已而为知者，殆而已矣！为善无近名，为恶无近刑，缘督以为经，可以保身，可以全生，可以养亲，可以尽年。
>
> 庖丁为文惠君解牛，手之所触，肩之所倚，足之所履，膝之所倚，砉然响然，奏刀騞然，莫不中音，合于桑林之舞，乃中经首之会。
>
> 文惠君曰："嘻，善哉！技盖至此乎？"
>
> 庖丁释刀对曰："臣之所好者道也，进乎技矣。始臣之解牛之时，所见无非全牛者；三年之后，未尝见全牛也；方今之时，臣以神遇而不以目视，官知止而神欲行。依乎天理，批大郤，导大窾，因其固然。技经肯綮之未尝，而况大軱乎！良庖岁更刀，割也；族庖月更刀，折也；今臣之刀十九年矣，所解数千牛矣，而刀刃若新发于硎。彼节者有间而刀刃者无厚，以无厚入有间，

> 恢恢乎其于游刃必有余地矣。是以十九年而刀刃若新发于硎。虽然，每至于族，吾见其难为，怵然为戒，视为止，行为迟，动刀甚微，謋然已解，如土委地。提刀而立，为之而四顾，为之踌躇满志，善刀而藏之。”
>
> 文惠君曰：“善哉！吾闻庖丁之言，得养生焉。”

从广义上来说，任何精湛的技艺都可以当作是一种艺术！对于技艺非常好的厨师，我们会说这是厨艺，这是厨师的艺术。对于优美恢宏的建筑物，我们会谈建筑艺术，例如，当在冬至附近的日子看到颐和园十七孔桥的晚霞的时候，没有什么可以阻挡我们承认建筑是一门了不起的艺术。庖丁这样的技艺不仅仅是艺术，可以说是艺术的最高理想，“方今之时，臣以神遇而不以目视，官知止而神欲行。依乎天理，批大郤，导大窾，因其固然”。庖丁对于牛的结构的掌握已经达到了极致，可以依乎天理、因其固然，但是在解牛的时候又可以停止身体感觉官能的运作，做到“以神遇而不以目视，官知止而神欲行”。庖丁达到了随心所欲、物我两忘、神而明之但又依乎天理、因其固然的境地，达到了自由与必然的统一！我相信庖丁这样的技艺是所有音乐演奏家的理想，这样的音乐就是庄子所说的天籁。

技艺精湛的司机可以驾驶卡车沿着悬崖边没有护栏的狭窄道路行进几十公里，展现惊心动魄的美；作家品味伟大的诗篇，希望写出优美的文字；程序员谈论简洁明了、功能多样的结构，希望写出优美的程序；数学家谈论证明的简洁，演示数学证明之美；物理学家谈论漂亮的物理图像，演示物理直觉之美。巧妙的构思和牢固合理的力学设计可以使建筑工程成为艺术，巧妙的构思和合理的设计也可以使仪器制造和实验物理成为高超的艺术。在《力学及其发展的批判历史概论》一书中，马赫介绍了一些简单精妙的力学实验方案和实验装置，人们可以从中深刻感受到实验物理的艺术。

此外，物理学的思维方法也是一种艺术。前文我们展示了伽利略如何得到他的运动学定律，伽利略在其中展现出高超的思维艺术。在拓展10.1 中，我们对伽利略的思维艺术的特点做了一个小节。掌握了这种思维方法，我们的思维就可以能深入到数学和逻辑还不知道如何发生作用的领域，例如像伽利略那样需要处理运动学问题但是没有微积分这个数学工具。如果没有这种思维艺术，我们的思维就将是很有局限的，如培根所说那样仅靠赤裸裸的理解力去进行工作，最终成就可能很有限。这种思维艺术会使人像是顶盔戴甲骑马的骑士一样，胜过赤手空拳的人。这种思维艺术也可以做到随心所欲、神而明之又依乎天理、因其固然! 这就是本书强调的最典型的科学方法! 在本书附录中，对这种思维艺术的特色还有更多介绍。

拓展 10.1

伽利略的思维艺术

在前文中我们展示了伽利略如何得到匀加速运动的运动学定律，伽利略在其中展现出了高超的思维艺术。这一思维艺术展现出以下几个特色:

1) 依靠直觉大胆猜想规律。

由于当时的实验条件限制，伽利略无法直接从实验中提炼出经验规律; 他只能猜想现象的规律; 在早年，他也猜测力是速度的原因，与亚里士多德类似; 后来他猜测匀加速运动，但是他猜测的是速度与距离成正比; 最后，他才猜测速度与时间成正比的匀加速运动。

2) 创造合适的概念描述现象，伽利略引入了瞬时速度、加速度的概念。

3) 检验猜想的规律。

猜想的规律可能不能由实验直接做出检验，可以由猜想做出多种推论。

4) 运用数学进行推论。

伽利略强调使用数学进行严格的推导，得到一些严格的结果; 他由速度正比于时间，推导出距离正比于时间的平方。

5) 运用直觉进行推论。

在仅仅运用逻辑/数学难以做出推论的时候，伽利略使用强大的直观图像和直觉进行推论; 他把光滑曲面当作是由很多小斜坡的连接而成，由斜坡运动的结论推论沿任意光滑曲面的运动; 这个推论需要做出额外的假设，即在斜坡拐角处，速度的大小不受影响; 这不是一个逻辑严密的推论，但是在物理图像上可以接受。此外，伽利略利用对于重心的直觉精妙地论证重力在斜坡上的分解。

6) 实验检验这些推论，通过多方面检查猜想的推论，获得对猜想的信心；如果与实验或者与已知事物不符合，则矫正直觉。

这一思维艺术需要高超的技巧，也需要创造力。具体而言，它需要:

1) 依靠直觉做出猜想的能力;

2) 基于现象创造简便合适的概念用以描述现象的能力;

3) 能够掌握多种办法 (数学的或者直觉的)，灵活地使用这些方法得到推论;

4) 与已知的情况对比，或者以实验检查推论，从而检查猜想。

这种思维艺术不仅仅适用于物理学，也适用于所有期待对原理做出发现的学科，甚至也适用于工程技术领域。

对于艺术的这样一种看法使我们可以用更加深广的眼光看待艺术活动。如果以这样的眼光看待事物，我们就会发现生活中处处都是艺术。不仅物理学的实验方法和思维方法有一些很有特色的精妙地方，数学、化学、生物学、人类学、心理学、认知科学、历史学、哲学和经济学等等学科都有很有特色的精妙之处。这些领域的高明的探索者和学者都可以看作是掌握精湛技艺的广义的艺术家。此外，这样广义的艺术也不仅仅局限于自然科学或者社会科学以及文学、绘画、音乐这样的传统艺术。当我们到博物馆参观精美的青铜器的时候，每每为之倾倒，这些青铜器是古代社会青铜工业的作品，然而毫无疑问也是精美的艺术品。培根把制造机器当作一种伟大的技艺或者实用艺术。现代社会中的各种大型建筑、复杂的机械装置、电子产品都可以算作是这种实用艺术的产品，例如大型的桥梁隧道、大型的体育场馆、摩天大楼、数控机床、先进舰船飞机、火箭飞船、新式的汽车、先进芯片、智能手机等等。这些是工业艺术的作品，建造或者制造它们都需要高超的技艺。在这些行业从事开发工作的工程师和程序员都是工业艺术的从业人员，如同那些制作古代青铜器的伟大的无名工匠。

具备了这样的眼光之后，我们可以发现自己不再局限于探讨科学与艺术，我们看到了更广大的世界，转而探讨科技与艺术。

这样的眼光可以使不同学科不同行业的人更容易发掘他人的优点和长处，使不同行业的人更容易交流，当然也可以防止出现斯诺所说的科学家与艺术家之间的相互敌视。科学家与艺术家也许不能在一起谈论相对论，但是可以一起谈论文学、绘画、音乐，也可以在一起谈论如何克服铁轨的热胀冷缩使高铁的铁轨可以链接成几百公里长的一条完整轨道，可以一起探讨为什么高铁的车头要做成漂亮的流线型，还可以在一起谈论如何使用光刻技术把极端复杂的电路刻印在微小的芯片之上。他们可以一起辨识星座，谈论星空的美丽，探讨河流为什么总是拐弯，探讨森林的生命周期和更替，还可以探讨群居动物 (例如猿、猪、兔) 的社会，谈论人类社会的演化，探讨个人心理和群体心理现象。他们还可以一起谈论制造精密时钟的技术、时钟校准的技术、LIGO 引力波实验组如何减少环境的振动对实验装置的影响，也可以在一起谈论和欣赏伽利略与人对地心说和日心说的辩论以及伽利略的思维艺术。

理解这些问题并不需要很多数学，反而需要很多的直观和形象思维。此外，其中看似技术性的话题也有助于人们理解高深的科学理论。例如，前面章节中提及的重量的称量和时钟校准是技术性的问题，但是它们分别为经典力学定义质量和相对论定义时间提供了具体的方法。经过思想家的深入思考，使用这些技术的工具式定义使质量和时间这些抽象概念成为具体的概念，而不是停留为空泛的概念。这样的问题还有很多，这些事物完全可以成为科学家与艺术家和人文知识分子的共同话题。这些话题广泛地涉及自然与社会的奥秘、自然之美和技术之美，可以激起广泛人群的兴趣，也可以被非常广泛的人群所理解。关键是需要人们以一种深广的眼光看待美、看待艺术，只有具备这样的眼光才能使人们处处发现自然中的美和生活中的美，才能使人们以纯粹的热情和好奇关注自然、关注社会，而不局限在个人狭小的专业范围之内。封闭心灵的并不是个人的专业或者行业，而是缺乏观察万物之美的眼光和开放的心态。

在日常生活中发现艺术也将使我们能够艺术地生活。找到一门擅长并热爱的工作，钻研其中的技艺，或者在生活中发现一门喜爱的技艺，钻研这门技艺，精通这门技艺，这足以使我们能够艺术地生活。这样一门技艺最好不难上手，不必过于复杂，但是最好有一定的难度，可以持续研究深造。有一位物理学家热爱机械、喜欢修理汽车，他主动帮助朋友修理保养汽车，一位朋友受他长期主动帮助，几年后以原来买入的价格把二手车卖掉了，难以想象他如何精心照顾朋友的汽车。这是一个很有趣的人，类似这种爱好很有趣味。

中国古代禅宗讲究“挑柴担水俱是妙道”，本书中倡导的艺术与此类似。不同之处是，本书强调可以在具有挑战性的工作中以精湛的技艺实现这种妙道。这种妙道建立在对必然的认识之上，如同庖丁所说是“因其固然”，但这也是自由，是对必然掌握之后的自由，是自由与必然的统一。人人都可以如庖丁那样，以某种精湛的技艺实现这种自由与必然的统一，从此达到至美，也达到人生的幸福。

从事需要精湛技艺的工作将使人勤奋地工作，还可以锻炼人的德行。卢梭认为科学与艺术不能锻炼人的德行，他认为应该抛开这些科学与艺术，反求诸己达到德行。他在《论科学与艺术》一文的最后说[18]:

> 德行啊！你就是淳朴的灵魂的崇高科学，难道非要花那么多的苦心与功夫才能认识你吗？你的原则不就铭刻在每个人的心里吗？要认识你的法则，不是只消反求诸己，并在感情宁静的时候谛听自己良知的声音就够了吗？这就是真正的哲学了，让我们学会满足于这种哲学吧！让我们不必嫉妒那些在文坛上永垂不朽的名人们的光荣；让我们努力在他们和我们之间划出人们以往是在两个伟大的民族之间所划的那条光荣的界限吧，让他们知道怎样好好地说，让我们知道怎样好好地去做吧。

我们可以大声回应，反求诸己也许很好，但是人生应该丰富一些，从事一些具有挑战性的工作，在这种工作中发挥自己的天赋、锻炼自己的心智和性情将会更加美好。这是新型的反求诸己。

在上一章我们说明了，人所具有的根本能力是一种可以在不同情境下发展出相应的智能和心理的能力，是可以把在特定情况下发展出来的特定智能和特定心理融入自身的能力。这种能力不能应对任何特定的问题，可以说是“无”，但是应对特定问题的能力都植根于它，它可以说是没有任何特定内容的“有”。人类所具有的这种根本的能力才是人类真正的自然。在工作和生活中锻炼技艺，以此锻炼心智和性情，将可以在极大程度上调动自身的这种根本能力。通过对技艺、心智和性情的锻炼，我们可以返视人的本源和真正的自然，使我们更好地认识这个自然，也可以使我们以更加活泼、开放和自信的心态看待世界。这也就是庖丁所说的“道也，进乎技”。认识和利用好这个自然可以使我们调整好自己的身心，使我们高效地和快乐地工作，这是我们幸福的源泉。现代科技和现代社会为人们认识这个根本的自然、实现这个自然的潜力，提供了几近无穷的职业选择和无尽的机会。

科技将解放人类，特别是将人类从简单的重复劳动中解放出来，但是如果人类不能艺术地掌握科技，科技并不会解放人类，反而可能统治人类，使人类成为依附于科技的懒汉。只有人类发挥出自身的自然能力，以精湛的技艺掌握科技，才能真正使科技解放人类。这是科技和艺术的结合对于人类的价值。

推荐阅读

斯诺，《两种文化》

这本书讲述了作者在伦敦感受到的科学家群体与艺术家群体之间的隔阂。阅读这本书可以警醒我们这个问题。

第 11 章

结语：物理学对于人生的意义[①]

① 本章的一部分作为一篇短文曾发表于《人民政协报》(2013 年 11 月 14 日)。

即使一切可能的科学问题都已经得到回答，也还完全没有触及人生问题。当然那时不再有问题留下，而这也就正是解答。

——维特根斯坦《逻辑哲学论》

若夫乘天地之正，而御六气之辩，以游无穷者，彼且恶乎待哉。

——《庄子·逍遥游》

本书已经对科学思维的方法做了很多讨论，还讨论了科学技术对人的价值。但是抛开技术不谈，科学对我们又有什么特别的价值呢？

科学家常被认作是生活在象牙塔中的人，生活乏味，并且与社会脱节。也许当看到身边的家用电器和日用品时，某些人可能会想到其中的电子器件、无处不在的电力和电子信号以及随手可得的化工产品，也许还会想到正是科学家的努力和科学的发展奠定了现代技术革命的基础，为现代人带来了丰富的物质生活。也许某些人还能够超越以上对科学的工具式的理解，把科学看作对人类有益的精神财富。但即便这些人也很难摆脱对科学的象牙塔式的认识，而仅仅只是把物理学之类的基础科学看作为一缕美好的但是距人遥远的理性之光。卢梭的言论集中体现了这种理解。一方面，卢梭赞叹近代科学巨人以及近代科学带来的理性光辉，另一方面他却认为科学工作只需要少数天才，而与大多数人距离遥远，并且与大多数人的日常精神生活无关。这种盛行于世的对科学的象牙塔式的理解表明：人们对科学对于人生的意义缺乏足够的认识，特别是对物理学对于人生的意义缺乏理解。

那么，物理学对于我们每个人有什么意义呢？

此外，在现代社会，科学教育已经成为基础教育的一部分，特别是对物理学中经典力学的教育已经在中学普及。除了作为必备的常识之外，这种在现代社会人人都应学会的物理学对于人们又有什么特别的意义呢？

要回答这些问题，我们需要了解近代以来的物理学给予了我们什么教益。

古代世界包罗万象的哲学或者宗教学说长期以来把人类的思想置于其掩护之下，一方面驱除变化多端的自然现象带给人的神秘感和恐惧，另一方面还可以使人感受到人与自然的和谐一致以及美，为人们寻找到人生的意义和存在的价值。古代的自然哲学通常作为一个环节出现在这些包罗万象的伟大学说之中。

伽利略以来的科学革命带来的一个重大变化是，人们学会了从自然中抽离出来，学会了冷静客观地看待世界，学会了探究具体的问题而对包罗万象的终极问题存而不论。自然世界不再是人生的模板，反而成为人们试图理解、掌握和改造的对象，科学也与人生意义无涉。科学家试图破解自然的奥秘，当然也试图发现自然之美，但是科学试图解决的核心问题还是对自然的认识。毫无疑问，科学并不提供对人生意义的答案，正如维特根斯坦所说：即使一切可能的科学问题都已经得到回答，也还完全没有触及人生问题。

不仅如此，在现代自然科学带来的思潮的冲击之下，为人生提供解答的众多古老哲学和宗教思想也纷纷倒闭或者遇到严重困难。一位作者这样评论[22]：现代科学愿意承认自己的无知 …… 就现在这个体系而言，我们假设自己并非无所不知，现有的知识也并未定案，但这也同样适用于那些让数百万人得以有效合作的虚构故事。

不再有思想权威为现代人提供对人生的现成答案。人们不再生活在前现代社会中那些伟大学说的精神笼罩之下，获得了极大的自由，但是也被放逐到精神的虚无之地。这片虚无之地可以成长为丰茂的大地，也可能成为纯粹的荒野，人们不得不自谋生路，不得不艰苦地努力才可能实现自己的自由和精神的丰富。现代人需要通过艰苦的努力去自己找到人生的答案和人生的意义，甚至可能永远找不到，因为没有任何证据显示这个答案一定存在。

以物理学为代表的科学消解了宏大的叙事和意义。那么，物理学对于人生的意义又在哪里呢？考察科学革命的教益，我们可以发现，物理学对于人生的意义就在于它可以帮助人们实现自身的自由和精神的丰富。

伽利略和牛顿创立的经典力学是近代科学的第一个不朽成就。继伽利略对惯性运动和自由落体的研究之后，牛顿认为物体的运动速度的变化 (加速度 a)，与所受外力 (F) 成正比，与物体的质量 (m) 成反比：$F=ma$。这就是著名的牛顿第二运动定律。但是，什么是质量呢？牛顿说质量等于外力除以加速度：$m=F/a$。也许很快有人就会说：难道这不是循环论证吗，难道牛顿说出了有价值的东西吗？牛顿确实说出了非常重要的东西。李政道先生曾经说起，在他的少年时代，当某天他读懂了牛顿力学之后感慨道：牛顿有一手。

要真正回答“什么是质量”这一问题，就是要回答“质量的本质是什么”。这是一个非常深奥和困难的问题。牛顿回避了纠缠于这样一个非常困难的问题。牛顿力学以一种操作式的定义对质量进行了说明。首先，根据对自由落体的研究可以知道：物体在地球表面具有重力加速度，不同重量的物体的重力加速度相同。其次，如果两个物体的重量相同，可以认为它们的质量相等。最后，可以取一个标准物体作为标定物体质量的标准单位；如果某一个物体的重量与这个标准物体的重量相同，则这个物体的质量与标准物体的质量相等；如果两个质量相等的物体引起的总重量与标准物体的重量相同，则这两个物体的质量分别等于标准物体质量的二分之一；依次类推，可以标定任意物体的质量相对于此标准物体质量的相对大小。这些内容简单地说就是：$m = F/a$。

以上对于质量的说明虽然没有解释“什么是质量”，但是它提供了一个可以操作的、关于如何标定质量的相对大小的办法。它虽然不能解释质量的本质，但是它足以帮助我们研究物体的质量引起的现象，足以帮助我们把对物体的运动现象的研究建立在牢固的根基之上。牛顿把对运动现象的研究从“什么是质量的本质”这样一个深奥和复杂的问题中解放了出来，从此后人类得以系统和有序地探讨物体运动的知识，并最终把这些知识总结为具有牢固基础的经典力学体系。

牛顿的这种把“对现象的研究”从“对本质问题的讨论”中解放出来的思路取得了巨大的成功。这是近代科学对于哲学的超越。此后，当哲学家们还在关于本质问题的讨论中纠缠不清之时，物理学家已经在对现象的研究中高歌猛进，不断取得巨大的成就，并且通过不断地剥离并回答本质问题中较易解决的问题，不断地加深人类对于本质问题的认识。牛顿之后的一些此类著名例子包括：统计力学对于具体的微观规律的影响的回避、量子力学对“量子到经典过渡”的存而不论、量子场论中的重整化理论、量子色动力学中的因子化理论等。物理学的发展和不断取得的成功有力地证明了这种思路的威力。

2013 年 10 月 8 日，诺贝尔奖委员会宣布把 2013 年度诺贝尔物理学奖授予比利时人 Englert 和英国人 Higgs，以表彰他们对基本粒子质量起源机制的贡献。为验证他们的质量起源机制，全世界的高能物理学家花费大约十年时间，合作建造了耗资约几十亿美元的大型强子对撞机，其后大约共六千名实验家在 ATLAS 和 CMS 这两个实验组利用这一对撞机从事了长达两年的实验研究。在距牛顿的时代约 300 年之后，人类终于对质量的本质有了较深入的认识。再回顾牛顿对质量问题的回答，我们不得不感慨他的高明之处。如果牛顿当年纠缠于质量本质的问题，陷入对质量本质的空想之中而不是研究现象学，不难想象他很难在有生之年驱散质量之谜的一点点迷雾。

物理学的这些成功之处能够具体让我们学到什么呢？

首先，我们应该试图去找到可以解决的问题，而不是不断地纠缠于某些大问题，陷于对大问题的空想之中而不能自拔。有些人总想要解决大问题，甚至解决所有问题，却不仔细想想这些问题是否可能得到快速地解决，是否有一劳永逸的解决办法。有些古人说的“为万世开太平”，就是属于这一类想法。物理学的历史告诉我们：承认某些问题可能是目前无法解决的，对我们并无坏处；谦逊不仅是美德，它也能帮助我们走上求真之路。

有人这样写道[22]：

> 科学革命并不是“知识的革命”，而是“无知的革命”。真正让科学革命起步的伟大发现，就是发现“人类对于最重要的问题其实一无所知”。
>
> ……
>
> 现代科学是一套独特的知识体系，独特之处就在于公开承认这套体系对一些“最重要的问题”一无所知。
>
> ……
>
> 现代科学愿意承认自己的无知，就让它比所有先前的知识体系更具活力、更有弹性，也更有求知欲。

毫无疑问，这位作者抓住了科学的一个主要特点。

其次，我们应该力图使自己的认知建立在牢固的基础之上。在我们身边有许多优美的观念、伟大的学说和深奥的理论，每个人或多或少都会受到其中一些观念、学说和理论的影响。但它们中有多少是可靠的呢？人们应该学会分辨自己的认知世界中哪些知识和观念是可靠的。物理学家强调研究简单问题的目的就在于：只有研究较简单的问题，我们才能够比较容易地解决问题，并确立关于这些问题的牢固可靠的知识；在此基础之上，我们又能够进一步提出和解决更加本质的问题，逐步深入我们对本质问题的认识；只有这样，我们才能一步步地使我们对世界的知识建立在牢固的基础之上。

最后，我们应该学会锻炼自己分辨问题、知识和观念的能力。这包括：

1) 学会分辨哪些问题是较易解决的，问题的要点在哪里，哪些问题是有价值的。

2) 学会分辨知识的适用范围，分辨哪些知识是可靠的，哪些是不一定可靠的。常有人在学到一套理论之后把它当作普遍有效的东西随处乱用，这些人正是犯了“不知道适用范围”的错误。更加糟糕的是不少人没有意识到这一方面的重要性。

3) 学会分辨哪些观念是有现实基础的，哪些还仅仅是人们头脑中的空想。近代科学的高明之处就在于：科学家不满足于“停留于头脑中的玄思妙想”，而要找到办法检验自己的思想。每个人都应该学会区分空想和科学，并且有一天能够把自己的美好空想变为科学实践。

分辨问题、知识和观念的能力应该是我们每个人应该具有的基本能力。特别在现在知识大爆炸的时代，这样一种能力对于我们十分重要。它可以帮助我们获得一双犀利的眼睛，帮助我们看清这个世界，使我们成为知识和思想的主人而不是沦为知识和思想的工具。物理学为如何锻炼我们的能力提供了丰富的和系统的经验和教益，具有难以替代的价值。

当某人不能听或不能看，我们会对此十分遗憾，因为他不能充分地了解和享有这个世界的丰富；当某人不能欣赏精美的文艺或者美妙的音乐，我们也会对此遗憾，因为他不能享受这个世界的美好之处。但是大概没有多少人会对没有受到良好的物理学教育而心怀遗憾。这说明我们对物理学对于人生的意义缺乏足够的认识。

物理学的教益不仅可以帮助我们在坚实的基础之上迈上求真之路，它还可以为我们的福祉做出难以替代的贡献。古人感叹世人挣扎于各种观念和理论之中而不能使它们为世人所用，提出“莫若以明”，希望世人能够“枢始得其环中，以应无穷”。这正是希望世人能够心地清醒明白，能够熟练地掌握前人留下的知识而又不迷失于其中，使这些知识真正为世人所用以便应对无穷尽的世界。物理学的丰富和系统的教益可以帮助我们厘清自己的认知世界，帮助我们成为各种知识的主人，使知识为我们所用以应对无穷尽的世界，造福于人类。

当我们能够娴熟自由地运用各种知识和思想观念而又不被它们的种种局限之处所束缚之时，我们就能够自由轻松地畅游于思想观念的海洋之中而自得其乐，借用古人的话，这就是能够乘天地之正、御六气之辩、以游无穷、得无为之乐。物理学的教益的价值还在于：它可以帮助我们每个人克服各种思想的束缚，使我们畅游于精神世界而不迷失于其中，得无为之乐。这些就是物理学的教益对于真、善和美的价值。

参考文献

[1] 伽利略. 关于托勒密和哥白尼两大世界体系的对话 [M]. 周煦良, 等译. 北京: 北京大学出版社，2006.

[2] 伽利略. 关于两门新科学的对谈 [M]. 戈革, 译. 北京: 北京大学出版社，2016.

[3] 恩斯特・马赫. 力学及其发展的批判历史概论 [M]. 李醒民，译. 北京: 商务印书馆，2014.

[4] 马尔科姆・朗盖尔. 物理学中的理论概念 [M]. 向守平，等译. 合肥: 中国科学技术大学出版社，2017.

[5] I. 伯纳德・科恩. 新物理学的诞生 [M]. 张卜天, 译. 北京: 商务印书馆，2016.

[6] 爱德华・多尼克. 机械宇宙 [M]. 黄珮玲, 译. 北京: 社会科学文献出版社，2016.

[7] H. 弗洛里斯・科恩. 世界的重新创造 [M]. 张卜天, 译. 北京: 商务印书馆，2020.

[8] 亚历山大・柯瓦雷. 伽利略研究 [M]. 刘胜利, 译. 北京: 北京大学出版社，2008.

[9] 艾・爱因斯坦，利・英费尔德. 物理学的进化 [M]. 周肇威, 译. 长沙: 湖南教育出版社，1999.

[10] 牛顿. 自然哲学的数学原理 [M]. 王克迪, 译. 北京: 北京大学出版社，2006.

[11] 培根. 新工具 [M]. 许宝骙, 译. 北京: 商务印书馆，1984.

[12] 埃德温・阿瑟・伯特. 近代物理科学的形而上学基础 [M]. 张卜天, 译. 北京: 商务印书馆，2018.

[13] 爱因斯坦. 爱因斯坦文集: 第二卷 [M]. 许良英, 等译. 北京: 商务印书馆，2009.

[14] 李政道. 统计力学 [M]. 上海: 上海科学技术出版社，2006.

[15] 柏拉图. 柏拉图全集: 第三卷 [M]. 王晓朝, 译. 北京: 人民出版社，2003.

[16] R. 柯朗, H. 罗宾. 什么是数学 [M]. 左平, 张饴慈, 译. 上海: 复旦大学出版社，2005.

[17] 詹姆斯・沃森. 双螺旋：发现 DNA 结构的故事 [M]. 刘望夷, 译. 上海: 上海译文出版社，2016.

[18] 卢梭. 论科学与艺术 [M]. 何兆武, 译. 上海: 上海人民出版社，2007.

[19] 彼得・哈里森. 科学与宗教的领地 [M]. 张卜天, 译. 北京: 商务印书馆，2016.

[20] 罗宾・邓巴. 人类的演化 [M]. 余彬, 译. 上海: 上海译文出版社，2016.

[21] 贾雷德・戴蒙德. 枪炮、细菌与钢铁 [M]. 谢延光, 译. 上海: 上海译文出版社, 2016.

[22] 尤瓦尔・赫拉利. 人类简史: 从动物到上帝 [M]. 林俊宏, 译. 北京: 中信出版社, 2017.

[23] 戴维・巴斯. 进化心理学 [M]. 张勇, 蒋柯, 译. 北京: 商务印书馆，2015.

[24] C.P. 斯诺. 两种文化 [M]. 纪树立, 译. 北京: 三联书店，1994.

附录

物理学思维的艺术

科学的功能是代替经验。这样，科学一方面必须依然停留在经验范围之内，但是另一方面必须加速超越经验。

——马赫

物理学研究的任务是探索未知的世界。但是，在对未知世界的探索深入到一定程度之前，适合未知世界的概念和思考方法可能还没有被发展出来，物理学家们经常不得不借助描述已知世界的概念和方法。这些旧的概念和方法可能会带给我们一些东西，但是也很可能把我们引入歧途。物理学思维的艺术就在于，我们需要在困难的情况下找到合适的方法获得答案。这种困难不仅仅表现在没有成熟理论的指引，而可能是没有合适的对未知世界进行思考的概念。物理学家需要在缺乏合适概念的情况下思考问题，在不知道逻辑和数学如何发挥作用的情况下找到答案，并且创造适合描述未知世界的新概念。这需要高超的思维艺术。

在本附录中，我们通过一些例子展示物理学家思考问题的一些典型方法。其中一些例子展现的是猜测物理规律的直觉能力，一些例子展现的是从特殊规律提炼推广出普遍形式的思维方法，一些例子展现模型化和类比思维的思维方法，还有一些例子展现物理学家如何在缺乏正确前提的条件下得到正确的物理。在这些例子中，我们可以看到巧妙的思路和超越逻辑思维限制的创造力。这不意味着物理学家只有这几种思考问题的方法。戴森曾经说每个大物理学家都是不一样的，每个人都有一些自己的特色。这里讨论的是大多数物理学家们相通的地方。通过这些例子，我们可以深入体会马赫所说的这句话[3]：*科学的功能是代替经验。这样，科学一方面必须依然停留在经验范围之内，但是另一方面必须加速超越经验。*这种对经验的超越一方面体现在物理学家通过对经验的思考重建对物理世界的直觉，可以使人们在缺乏合适概念和语言的情况下思考问题，另一方面体现在物理学家在探索过程中逐步发展出更加适合表述物理世界的语言和理论。

这些思维方法是有志于进入物理学或者其他科学领域的年轻人需要注意和学习的地方。科学研究并不是对已经发展出来的理论的应用，而是前往全新的领域去做出新的发现，去发展出新的概念、新的思想和新的理论。在没有合适概念和合适思考工具的情况下，开拓出新的领域并得到新的知识是巨大的挑战，需要巨大的创造力。前人的成功经验可以让我们了解到前人是如何在这种困难的情况下思考问题，可以让我们学到很多。

这些例子大都不需要复杂的数学知识，不难理解，物理学的爱好者也可以仔细品味这些例子，在其中得到很多乐趣。

A.1 伽利略的直觉和推理

在第 3 章中我们讲述了伽利略的思维方式。他在对科学问题的思索中频繁地使用推理，但是与常见的推理不同的关键一点是，这种推理的目的是发现原理和检查原理。这是一种通过推理实现对原理的追溯的思维方式。伽利略强调以数学化的方式研究自然现象，但是他在他的研究中同样展现出极其强大的直觉。在他的推理中，伽利略频繁地运用直觉进行猜想、辨析概念以及做出推论。这种思考问题的方式是对经验的超越，是物理学家最具特色的通用思维方式，建立良好的物理直觉、学会这种思维方式是学好物理学的首要方面。在《对话》一书中，伽利略使用了很多例子论证运动的相对性，提出了运动的相对性的思想，在其中展现了这种直觉思维。爱因斯坦从运动的相对性中进一步提炼相对性思想，提出了广义相对论，这充分体现了这种直觉思维的强大之处。

在本节中，我们再举一些例子进一步展现伽利略的这种思维方式。

物理学家的直觉思维极其鲜明地展现在伽利略对杠杆原理的思考之中。作为对比，我们考察阿基米德对杠杆原理的思考，然后再考察伽利略的思考。

杠杆原理说的是：如图 A.1所示，如果一根杆处于支点上，忽略杆的重量，在两端分别悬挂重量为 M_1 和 M_2 的物体，当悬挂处到支点的

距离 L_1 和 L_2 满足条件

$$M_1 \times L_1 = M_2 \times L_2, \tag{A.1}$$

则杠杆处于平衡。这就是最简单的秤的原理。

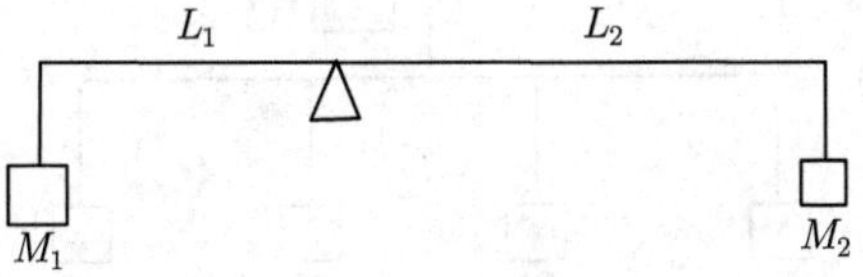

图 A.1 杠杆原理

阿基米德以如下方式论证得到这一原理[3]: 设想一根杆，杆的重量忽略不计，在杆的两端悬挂相同重量的物体，支点在中间位置，如图 A.2所示。很明显，直觉告诉我们这个杠杆处于平衡之中。

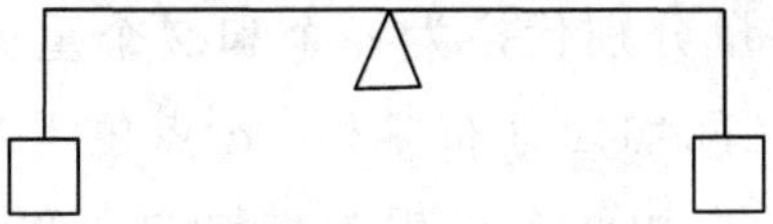

图 A.2 相同重量的平衡

图 A.2中的支点可以换成图 A.3中的一根线，由滑轮连接一个两倍重量的重物。这表明，两个相同的重量产生的作用可以替代成一个处于中间位置的两倍重量。

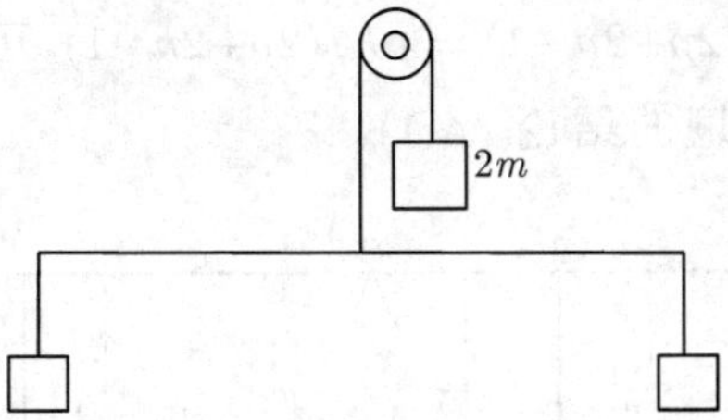

图 A.3 两个相同重量的平衡产生的作用相当于一个处于支点位置的两倍重量

类似于图 A.3的情况，图 A.4表明四个均匀悬挂的相同重量产生的作用可以替代成一个处于中间位置的四倍重量。更普遍的情况与此类似。

可以把图 A.4中靠外的两个重物看成一个杠杆，把靠内的两个重物看作一个杠杆，所以图 A.4是把两个图 A.3的结果叠加起来得到的推论。

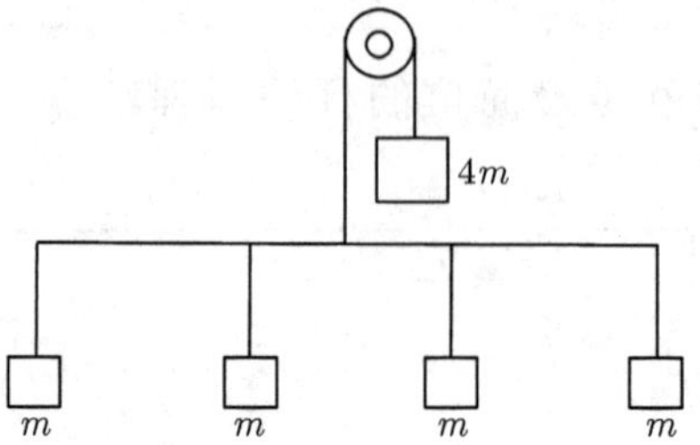

图 A.4　n 个均匀分布的相同重量产生的作用相当于一个处于中间位置的 n 倍重量

现在考虑两个重量 pm 和 nm 处于平衡之中，如图 A.5所示。如何得到 ac 与 bc 的比例？阿基米德的方法是借用图 A.3和图 A.4的方法，设想把一个重量代换为多个重量的均匀分布。例如对于 $p=2$ 和 $n=1$, 可以设想将 $2m$ 和 m 重量分别代换为 4 个和 2 个重量为 $m/2$ 的重量，如图 A.5 显示，在 de 之间均匀分布排列。a 点位于左边四个设想的重物的中心位置，b 点位于右边两个设想的重物的中心位置，c 点位于 de 的中间位置。因为六个 $m/2$ 重量均匀分布，整个体系处于平衡之中。设 de 的长度为 L，每个相邻的 $m/2$ 重量的距离为 l，则 $l=L/5$。可以计算出 $\overline{ac}=L/2-\overline{ad}=L/2-3L/10=L/5$, $\overline{bc}=L/2-\overline{be}=2L/5$, $\overline{ac}/\overline{bc}=1/2$。对于一般的整数 p 和 n, 可以算得 $l=L/(2p+2n-1)$, $\overline{ac}=L/2-[(2p-1)/2]\times L/(2p+2n-1)=nL/(2p+2n-1)$, $\overline{bc}=L/2-[(2n-1)/2]\times L/(2p+2n-1)=pL/(2p+2n-1)$。可以验证 $\overline{ac}/\overline{bc}=n/p$, 从而由图 A.2得到普遍的结论 (A.1)。

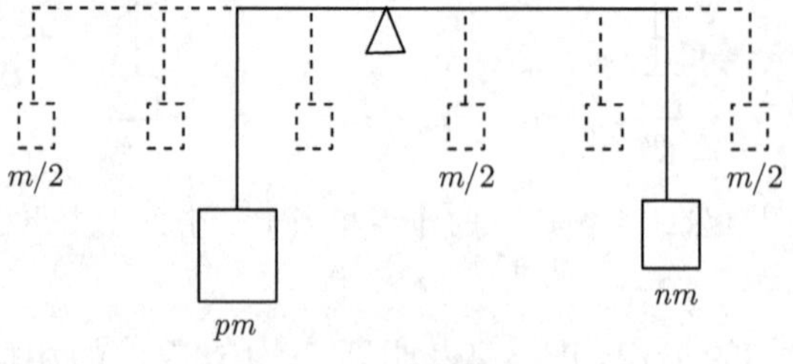

图 A.5　处于平衡的两个重量可以被设想为一串均匀分布的重量

伽利略对杠杆原理的论证如下。如图 A.6所示，一根忽略重量的长杆，在中间点 C 点悬挂起来。

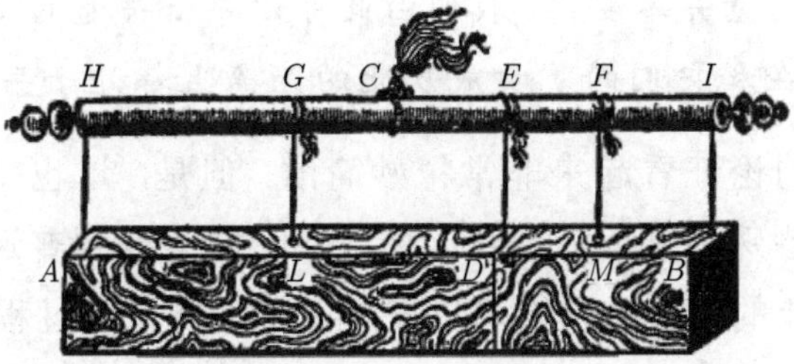

图 A.6 伽利略对杠杆原理的论证 (图片来自伽利略 *Dialogues Concerning Two New Sciences*)

第一步，在两端 H 点和 I 点用悬线挂住具有均匀密度的长条物体 AB，直觉告诉我们这个系统处于平衡；

第二步，在 D 处把 AB 切成两块，在 E 点用垂线与 D 连接，将 AD 与 BD 悬挂起来，系统仍处于平衡；

第三步，在 AD 的中点 L 用垂线与 G 点连接，在 BD 的中点 M 用垂线与 F 点连接，系统仍然处于平衡；

第四步，去掉悬线 HA、ED 和 IB，系统仍然处于平衡之中。

可以得到：$\overline{CG}=\overline{HC}-\overline{HG}=(\overline{HI}-\overline{HE})/2=\overline{EI}/2$, $\overline{CF}=\overline{CI}-\overline{FI}=(\overline{HI}-\overline{EI})/2=HE/2$。因为 $EI=BD$, $\overline{HE}=\overline{AD}$，可以验证 $\overline{CG}/\overline{CF}=\overline{BD}/\overline{AD}$。因为 AB 具有均匀的密度，AD 和 BD 的重量之比是 $\overline{AD}/\overline{BD}$，因而悬挂在 G 点和 F 点的重量满足结论 (A.1)。伽利略由此论证得到了普遍的杠杆原理。

在《对谈》第二天的对话中，伽利略借萨耳维亚蒂之口做出总结[2]：

> **萨耳：**⋯⋯ 如果以上这些都已清楚，我想你们就会毫不迟疑地承认，棱柱 AD 和 DB 是相对于 C 点处于平衡的，因为整个物体 AB 的一半是在悬挂点 C 的右边，而且另一半则在 C 的左边。换句话说，这种装置等价于安置在相等距离处的两个相等的重量。我看不出任何人如何会怀疑：如果两个棱柱 AD 和 DB 被换成立方体、球体或任何其他形状的物体，

而且如果 G 和 F 仍然是悬点，则它们仍然会相对于点 C 而处于平衡，因为十分清楚，形状的变化并不会引起重量的变化，只要物质的量并不变化。我们由此可以导出普遍的结论：任何两个重物在和它们的重量成反比的距离上都处于平衡……

阿基米德的论证看起来非常精妙简洁。但是，这也带来了困惑。看起来他由一个特殊的观察，即图 A.2，可以推论得到普遍的结论 (A.1)。这应该是不可能的。仔细分析可以发现，在这个论证过程中他已经使用了结论的内容。图 A.5 的论证把一个重物代换为多个均匀分布的小重物，但这里的代换与图 A.3和图 A.4的代换有一个差别，即这里的代换不是在支点位置做的。实际上这里假设了可以相对于任意支点位置做代换。如果用一个函数 f 代表重量在杠杆上产生的作用，对于两个重量的代换，这个隐藏的假设相当于说：对任意的 x 和 X

$$f(X+x)+f(X-x)=2f(X). \tag{A.2}$$

我们可以试着使用 $f(X)=aX^n$ 这样的形式来讨论，把这个形式代入式 (A.2) 可以很直接地发现当整数 $n>1$ 时，a 必须为零。例如，取 $f(X)=aX^3$，可以得到

$$a(X-x)^3+a(X+x)^3=2aX^3+6aXx^2. \tag{A.3}$$

对于任意的 x, 式 (A.2) 不可能得到满足，除非 $a=0$。对于一般的函数 f，可以做泰勒展开

$$f(X+x)=f(X)+\frac{\mathrm{d}f(X)}{\mathrm{d}X}x+\frac{1}{2!}\frac{\mathrm{d}^2f(X)}{\mathrm{d}X^2}x^2+\cdots$$

$$f(X-x)=f(X)-\frac{\mathrm{d}f(X)}{\mathrm{d}X}x+\frac{1}{2!}\frac{\mathrm{d}^2f(X)}{\mathrm{d}X^2}x^2+\cdots$$

因为 x 是任意的，所以式 (A.2) 意味着 $f(X)$ 的任意偶数阶导数都为零。再对偶数阶导数做导数，可以知道任意大于三阶的奇数阶导数也都是零。$f(X)$ 只可能是 $aX+b$ 这种线性形式。最后，因为当重物悬挂在支点位置时不应该产生作用，所以 $f(X=0)=0$, 由此知道 $b=0$。所以这个隐藏的假设说的是悬挂重物产生的作用正比于臂长，这也就是杠杆原理的内容。

我们看到阿基米德的论证是把图 A.2 这样的特殊情况作为基本假设从而推论得到普遍的结论 (A.1)，这看起来是个奇迹。然而这个论证之所以能够成功，是因为它在论证过程中已经隐秘地使用了额外的假设。这实际上是把我们直觉中已经直观到的内容隐藏在数学论证之中。作为对比，伽利略的论证展现的是纯粹的直觉。伽利略的论证不是数学式或者逻辑式的论证，不是以图 A.2 这样的简单情况作为基本假设得到推论，而是把我们的直觉中的内容用论证的方式揭示出来。通过这个使用直觉的论证，他把杠杆原理的内容揭示了出来。

伽利略还频繁使用直觉辨析概念，在伽利略的著作《对话》和《对谈》中有许多这种例子。其中一个例子是对加速运动这个概念的辨析。

接受加速运动概念的一个困难是，如果这是对的，这意味着物体可以从慢到快逐渐加速，要经过一个速度无限慢的阶段。这是一个类似芝诺悖论的困难。特别是自由落体的运动非常快，直觉中不容易感受到一个速度由慢到快的过程。在《对话》第一天的对话中，伽利略对这个概念困难进行了辨析。他写道[1]:

> **萨尔维阿蒂：** 从你的话里我好像感到，你的困难大部分是由于你接受不了这种说法，即运动物体在一定时间内达到某种速度之前，先要经过无限层次由慢到快的过程。所以我将先解决你的困难，然后再讨论下去。这应当是一件便当事情，因为你要知道，物体虽然要经过上述由慢到快的无限层次，但并不停留在任何一种速度上。因此即便在片刻的时间内，由于任何片时片刻都包含着无限的一刹那，我们仍旧有足够的刹那使每一刹那都具有其各自的无限慢度，不管你把时间定得多么短。
>
> **沙格列陀：** 这些我都领会的了。虽然如此，我仍旧觉得奇怪，为什么一颗炮弹 (因为我想象一个落体也是这样) 在不到十下脉搏跳动的时间内，就能从两百多码的高度落下来？如果说炮弹在运动中要经过那样慢的速度，而且不经过加速继续那样慢地运动下去，那么整整一天也不会达到这样的距离。

萨尔维阿蒂： 你不如说，整整一年或者十年或者一千年也不会达到。关于这一点，我将试行说服你，并且允许我问你几个简单的问题。请你告诉我，你承不承认炮弹在坠落时的冲力和速度总是越来越大，这一点对你可有困难吗？

沙格列陀： 这一点我是很有把握的。

沙格列陀的问题是，如果物体经过了无限慢的阶段，这个物体为什么可以快速运动，而不是一直到达不了目的地。萨尔维阿蒂的回答是：物体虽然要经过上述由慢到快的无限层次，但并不停留在任何一种速度上。这也就是说，物体在加速过程中只是在一个个瞬间经过无限慢的速度，但是不会停留在某个速度到一个有限的时间，所以物体可以很快变得速度很大。在这里，伽利略实质上已经引入了瞬时速度的概念。但是，这个简单回答并不足以让人信服。伽利略需要进一步发掘出人们头脑中的直觉内容，进而接受加速运动这个概念。他通过萨尔维阿蒂之口引导沙格列陀做出想象。伽利略写道[1]:

萨尔维阿蒂： 如果我说，炮弹运动时，在任何一点上所获得的冲力将足够使它回到原来开始的高度，你同意不同意呢？

沙格列陀： 我毫无异议地同意，只要炮弹的全部冲力能毫无阻碍地用在恢复炮弹 (或者同样的圆球) 回到同样高度的单一动作上。因此，如果把地球穿一个洞通过地球的中心，让炮弹向地球中心落下一百码或者一千码深，我深信炮弹穿过中心之后，将会上升到降落以前的同样高度。这从一项实验里就可看清楚：我们用绳子吊一个铅锤，然后把铅锤拉得离开它的垂直线 (即离开静止状态) 再放掉，铅锤就会回到垂直线并且越过垂直线达到同等距离——或者由于受到绳子、空气的阻力和其他事件的阻碍比原来距离少了一点。水也说明同样情形：水通过虹吸管向下流之后，还会喷得和向下流之前一样高。

在这里，伽利略说出了图 3.7 关于线摆实验的思考结果，当然在这里不是作为推理出现的，而是作为一个直觉观察而出现的。伽利略还做出了一个大胆的推论，即认为一个物体如果无阻碍地穿过地球中心，则会继续运动穿过地球并且到达与开始时相同的高度。从中可以看出，伽利略极具想象力，如果他去写科幻小说，可能也会很有成就。

借助这个直觉，伽利略开始论证无限慢的速度是可能的。他首先把垂直下落的问题转化为沿斜坡运动的问题，并且借助直觉指出了其中的相同之处。他写道[1]：

萨尔维阿蒂：你论证得非常好。而且我知道你会毫无迟疑地承认，冲力的获得是按照运动物体离开起点和趋向中心来测量的。所以你只要承认两个同样运动着的物体，沿着不同的路线降落，中间不碰上任何障碍，只要它们到达中心是一样的，就具有相同的冲力，你只要承认这一点，你的困难就解决了。

沙格列陀：这个问题我不大懂得。

萨尔维阿蒂：让我画个草图 (图 A.7) 把问题讲清楚一点。现在我画一条和地平线平行的线 AB，从 B 点画一条垂直线 BC，然后再画一条斜线 CA。CA 线现在代表一个斜面，磨得非常光滑而且很硬，从这上面我们滚下一个非常圆的，而且是用很硬的材料做成的圆球。现在假定另外一个和这完全一样的圆球沿着垂直线自动落下来。我问你承不承认，那个沿斜面 CA 滚下来的圆球，在到达 A 点时，它的冲力是否和另一个沿着垂直线 CB 落下来的圆球到达 B 点时的冲力相等呢？

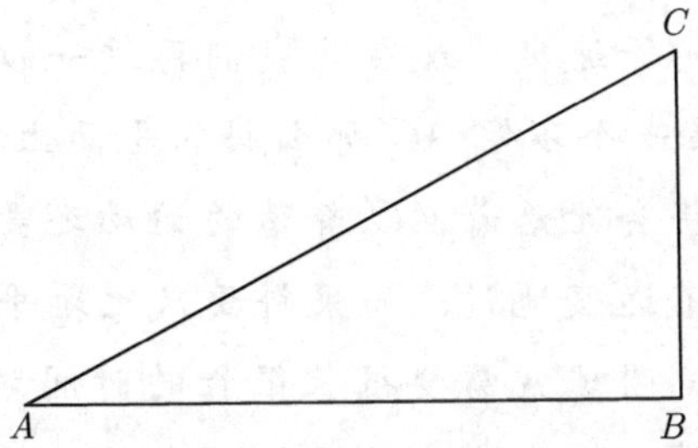

图 A.7 沿斜坡运动与沿垂直线运动

沙格列陀：我当然相信是相等的。事实上，两只球都同样地向着中心移动。根据我刚才已经假定了的，每一只球所获得的冲力都足够使它回到同样的高度。

萨尔维阿蒂：现在请你告诉我，如果把同样的球放在地平面 AB 上，这只球将会怎样？

沙格列陀：它会停止不动，因为这个平面没有斜度。

因为沿着垂直线 CB 的运动和沿着斜坡 CA 的运动都是从高高度到低高度的向心的运动，根据前面对向心运动建立的直觉，伽利略通过沙格列陀说：根据我刚才已经假定了的，每一支球所获得的冲力都足够使它回到同样的高度；沿斜面 CA 滚下来的圆球，在到达 A 点时，它的冲力和另一个沿着垂直线 CB 落下来的圆球到达 B 点时的冲力相等。这也就是说，沿着 CA 落下的圆球到达 A 点的速度，与沿着 CB 落下的圆球到达 B 点的速度大小相等。实际上，这就是我们在图 3.4 提及的伽利略通过数学论证得到的结果，在这里作为一个直觉的观察而出现。

伽利略进一步揭示直觉中的内容，他转而讨论另外一个斜坡。他写道[1]：

萨尔维阿蒂：…… 现在让我们回到原来打算谈的问题上来吧，那就是证明了一个重东西在从不动到动的降落中，不管它达到怎样的速度，在这之前一定要经过各种由慢到快的层次。

现在再来看看这张图 (图 A.8)，记着我们曾经同意说，物体从 C 点沿垂直线和沿斜线坠落，在它们到达 B 点和 A 点时，发现具有同等速度。现在让我们再进一步，我相信你会很容易承认，在一个不像 AC 那么斜的平面上，例如 AD，物体降落的运动将会比沿着 AC 降落的运动还要更加慢些。因此我们可以毫不迟疑地说，如果斜面只比地平面 AB 高起那么一点点的话，圆球就需要很长很长的时间才能到达 A 点，这是完全可能的。如果这球是沿着 BA 运动的话，那就需要无限的时间，因为运动是随着斜度的减低而减慢的。因此你必得承认，我们可以在 B 点之上找到一个和 B 非常接近的地方并把它和 A 点连接成一个面，那个球就会走一年也走不到头。

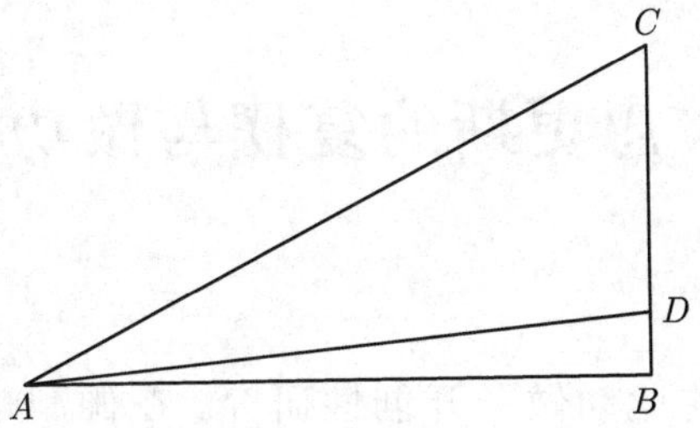

图 A.8 沿更低矮的斜坡运动与沿着垂直线运动

……

所以我们可以这样肯定，按照自然界的常规，物体在不受到任何外来或意外的阻挠时，它在斜面上的运动将随斜度的减少而变得愈来愈慢；最后当这个斜度接近地平面并且差不多和地平面合一时，它的进度就会变得无限慢。**我们还可以同样假定，物体沿斜面降落时，它到达某一点的速度就和物体沿垂直线降落到某一点（即从斜线上那一点画一根与地平面平行的线并与垂直线交叉的那一点）的速度是相等的。如果这两条定理都对的话，那么物体从静止到运动就必然要通过无限由慢到快的过程。**

通过对物体沿着图 A.7和图 A.8所示路径的运动的讨论，伽利略把沿着垂直线运动的问题转化为沿斜坡运动的问题。使用这个斜坡思想实验，伽利略论证了：物体从静止到运动就必然要通过无限由慢到快的过程，存在无限慢的速度不会破坏运动。所以，匀加速运动这个概念是可以成立的。这是一个纯粹依靠直觉进行的非常精彩的论证，展现了强大的物理直觉和精妙的思考。

伽利略十分喜欢使用这样的方式探讨问题，以这样的方式做出推论、辨析概念或者揭示原理。在《对话》和《对谈》中有许多这种依靠直觉思维的精彩段落，其中非常著名的一个就是论证沿着一个光滑平面运动下去的话可以得到匀速直线运动，即惯性运动。

A.2 惠更斯的复摆与做功概念

伽利略对单摆的运动做了开创性研究。在伽利略之后，惠更斯对更复杂的复摆做了更深入的研究。这些研究不仅厘清了单摆和复摆的周期性运动的规律，而且使一些新的概念被引入到物理学之中。在本节，我们简单讲述伽利略和惠更斯的这些研究。

伽利略对单摆的研究

现代物理对单摆问题的研究需要使用微积分知识。伽利略没有这样的数学知识，他把单摆沿弧形轨道的运动近似作为一个沿斜坡的运动来考虑。我们可以看到，通过把单摆的运动近似简化为沿斜坡的运动，伽利略十分漂亮地得到了单摆的诸多重要性质。

考虑图 A.9所示的单摆，O 为单摆的悬挂点，重物从 A 点开始摆动至最低点 B 点。以 O 为中心，以 OB 为半径，画一个圆。CB 过圆心 O，是一条直径。A 为圆上一点，可以知道 $\angle BAC$ 为直角。所以，$\angle ACB$ 等于 AB 与水平线的夹角 $\angle ABS$，令其为 θ。如果单摆的振动幅度较小，即 θ 较小，可以把单摆的运动近似看作是沿着斜坡 AB 的运动。

根据第 3 章中讨论得到的斜坡上力的分解规则，可以知道重力加速度 g 沿斜坡方向的分量是

$$a = g\sin\theta. \tag{A.4}$$

$\angle BAC$ 是直角，斜坡 AB 的长度是 $2L\sin\theta$。由匀加速运动的规律，可以知道从 A 点沿 AB 斜坡下滑到 B 点所用的时间 t_{AB} 满足如下关系:

$$2L\sin\theta = \frac{1}{2}a\ t_{AB}^2. \tag{A.5}$$

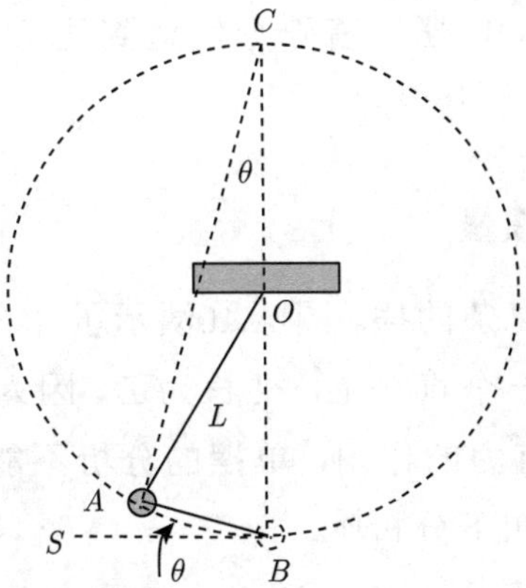

图 A.9　伽利略对单摆的研究

使用方程 (A.4)，我们发现

$$t_{AB} = \sqrt{4L/g}. \tag{A.6}$$

单摆从 A 点开始摆动到 B 点之后，再升高到与 A 点相同的高度，然后再摆动回 B 点，再升高到 A 点，完成一个周期。可以把上升的过程当作下降的对称过程。对称过程所花费的时间与下落所花的时间相同。所以单摆重新回到 A 点完成一个周期的时间是

$$T - 4t_{AB} - 8\sqrt{L/g}. \tag{A.7}$$

使用微分方程求解得到的结果是 $T = 2\pi\sqrt{L/g}$。伽利略使用斜坡近似得到的结果与这个结果非常接近。此外，伽利略得到的结论说明单摆的周期与振动振幅无关。这也与使用微分方程得到的结论一致。

此外，单摆到达 B 点的速度也可以计算出来。根据斜坡上的匀加速度 (A.4)，单摆到达 B 点的速度是 $v_B = at_{AB}$。可以发现

$$v_B^2 = 4gL\sin^2\theta. \tag{A.8}$$

因为斜坡 AB 的长度是 $2L\sin\theta$，$2L\sin^2\theta$ 就是 A 点距离水平线 BS 的垂直高度 h_A，所以方程 (A.8) 可以改写为

$$v_B^2 = 2gh_A. \tag{A.9}$$

根据第 3 章中的论证，单摆沿着弧形轨道到达 B 点的速度应该与沿着斜坡到达 B 点的速度大小相同。

惠更斯的复摆与转动惯量

惠更斯考虑更加复杂的摆。图 A.10演示了一个这样的摆。考虑一连串重物被刚性链接在一个直杆上，杆长为 L。因为这些重物处于刚性链接的状态，相互之间有力的作用，单摆的分析不能直接使用到这里。惠更斯对这个问题做了如下分析[3]。

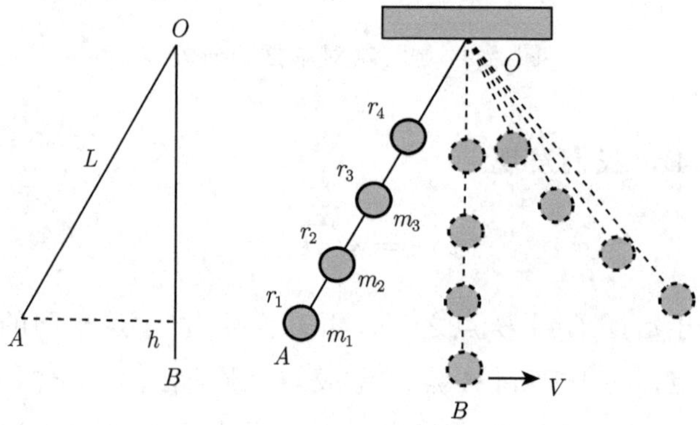

图 A.10 惠更斯的复摆

假设复摆从 A 点开始向下摆动，端点 A 距水平线的高度为 h。当复摆到达最低点 B 点时，端点下降的高度为 h。重物 m_1 距离端点 O 的距离为 r_1，其下降的高度为 $h_1 = hr_1/L$; 重物 m_2 距离端点 O 的距离为 r_2，其下降的高度为 $h_2 = hr_2/L$; 依次类推。所以复摆的重心下降的高度为这些重物下降高度的加权平均，即

$$\frac{m_1h_1 + m_2h_2 + \cdots}{m_1 + m_2 + \cdots} = \frac{h}{L}\frac{m_1r_1 + m_2r_2 + \cdots}{m_1 + m_2 + \cdots}. \tag{A.10}$$

假设复摆到达最低点 B 点时，端点的速度为 v。则可知，重物 m_1 距离端点 O 的距离为 r_1，其获得的速度为 $v_1 = vr_1/L$; 重物 m_2 距离端点 O 的距离为 r_2，其获得的速度为 $v_2 = vr_2/L$; 依次类推。如果复摆继续摆动，这个摆将上升并到达与开始时对称的位置，即到达相同的高度。假设，在到达最低点时将复摆之间的刚性链接解锁，并使这些重物成为

一系列的单摆，这些单摆将继续上升达到它们的速度所允许的高度。根据方程 (A.9), 这些重物的上升高度分别是 $h_i' = v_i^2/2g$。如果让这些单摆到达最高点时静止不动，我们可以计算出整个系统的重心的上升高度，即

$$\frac{m_1 h_1' + m_2 h_2' + \cdots}{m_1 + m_2 + \cdots} = \frac{v^2}{2gL^2}\frac{m_1 r_1^2 + m_2 r_2^2 + \cdots}{m_1 + m_2 + \cdots}. \tag{A.11}$$

根据自己对这一问题的直觉，惠更斯认为，在第一种情况下 (即物体连锁为复摆) 重心下降的高度与在第二种情况下 (即物体解锁为一系列单摆) 重心上升的高度应该相等。即式 (A.10) 与式 (A.11) 相等

$$\frac{h}{L}\frac{m_1 r_1 + m_2 r_2 + \cdots}{m_1 + m_2 + \cdots} = \frac{v^2}{2gL^2}\frac{m_1 r_1^2 + m_2 r_2^2 + \cdots}{m_1 + m_2 + \cdots}. \tag{A.12}$$

速度 v 可以由这个方程求解出来

$$v^2 = 2gh\frac{L\sum_i m_i r_i}{\sum_i m_i r_i^2}. \tag{A.13}$$

现在可以求出复摆的周期。根据上述对单摆的研究，距离端点 O 越近的单摆振动越快，周期越短；距离端点 O 越远的单摆振动越慢，周期越长。复摆是一系列单摆的链接，它的周期必定长于这一系列单摆的最短周期，短于这一系列单摆的最长周期。所以，必定存在一个距离 l，当另外一个单摆链接在这个距离的时候可以与复摆同步做周期性摆动。设这个单摆的摆动幅度与复摆重合。可以知道其摆动到最低点的速度必定是 vl/L, 其下落的高度是 hl/L。由式 (A.9), 可以发现

$$(vl/L)^2 = 2ghl/L,$$

即

$$l = 2ghL/v^2. \tag{A.14}$$

把方程 (A.13) 代入上式，可以得到

$$l = L\frac{\sum_i m_i r_i^2}{L\sum_i m_i r_i}. \tag{A.15}$$

已知这个摆长为 l 的单摆的周期是 $T=2\pi\sqrt{l/g}$，所以复摆的周期是

$$T=2\pi\sqrt{\frac{L}{g}}\sqrt{\frac{\sum\limits_i m_i r_i^2}{L\sum\limits_i m_i r_i}}. \tag{A.16}$$

假如复摆是一个具有均匀密度的长杆，总质量为 M，可以得到

$$\sum_i m_i r_i^2 = ML^2/3, \quad \sum_i m_i r_i = ML/2. \tag{A.17}$$

所以由式 (A.16) 可以得到如下周期:

$$T=2\pi\sqrt{\frac{2L}{3g}}. \tag{A.18}$$

使用惠更斯的这种方法，我们可以很精妙地得到复摆的周期。在对这个问题的思考中，惠更斯展现出透彻的物理直觉以及精妙的思维技巧。此外，在这里很自然地出现了一个重要物理量，即 $\sum\limits_i m_i r_i^2$。这被称作是转动惯量，是研究刚体的转动问题时的关键物理量。

复摆与做功的概念

方程 (A.12) 可以重新写成如下形式:

$$m_1h_1+m_2h_2+\cdots=\frac{1}{2g}(m_1v_1^2+m_2v_2^2+\cdots). \tag{A.19}$$

或者换成更现代的形式

$$G_1h_1+G_2h_2+\cdots=\frac{1}{2}m_1v_1^2+\frac{1}{2}m_2v_2^2+\cdots, \tag{A.20}$$

其中 $G_i=m_ig$ 是物体受到的重力。方程的左边是整个复摆在下落过程中所做的功，方程的右边是复摆在下落中获得的动能。这个方程表述的就是现代的做功的概念。引入这个概念之后，这个复杂的问题就变得比较容易理解。当然这里还需要有质量的概念。惠更斯缺乏质量的概念，他距离引入做功的概念还差了一点。

注意，在方程 (A.20) 中, 一般地 $G_ih_i\neq\frac{1}{2}m_iv_i^2$。因为链接在一起的

重物会相互施加力，单独的项分别拿出来没有相等关系，只有求和的方程 (A.20) 才是成立的。这个方程告诉我们，物体从整体来说获得的动能是多少，而不需要关心物体的各个部分之间相互作用的影响。物体内部的链接可以重新分配物体获得的动能，但是不会影响方程 (A.20) 的结果。此外，考虑相互链接的物体内部的相互作用需要使用牛顿第三定律。惠更斯的这个分析绕开了刚性物体内部如何相互作用的问题，不需要使用牛顿第三定律，就得到了一个漂亮的结果。

A.3 从虚位移到作用量原理

惠更斯的复摆是一大类问题的一个例子。这类问题考虑的不是简单的质点的运动，而是具有广延的物体的实际运动，或者是具有数个相互关联物体的系统的运动。对于这样的问题，直接使用牛顿的力学定律做受力分析并不一定能够做出简明的解答，相反有可能非常复杂。有一些更好的办法可以简明地处理这类问题。

经过长时间的发展，物理学家不仅为处理复杂的实际问题找到了一些行之有效的好办法，同时也创造了一些全新的概念和语言。使用这些新的概念和新的语言，物理学家可以把力学重新表述成新的形式。在内容上，力学的新表述形式与牛顿对力学的表述形式等价，但是新的表述形式更加简洁优美，也具有更大的普遍性。

平衡态的虚位移原理

在拓展 3.2 中，我们见到了伽利略对斜坡上力的分解的精妙讨论。这是本节中所有思考的起点。图 A.11 再次演示了这个问题。伽利略的论证的要点在于，他设想这个斜坡上的系统处于平衡态，并且当 m_1 上下移动位置时，系统都应该处于平衡态。

假设沿斜坡改变重物 m_1 和 m_2 的位置。设 m_1 和 m_2 在垂直方向

的可能位移分别是 δh_1 和 δh_2。伽利略认为，m_1 和 m_2 在垂直方向的重心保持不变，即

$$m_1\delta h_1 + m_2\delta h_2 = 0. \tag{A.21}$$

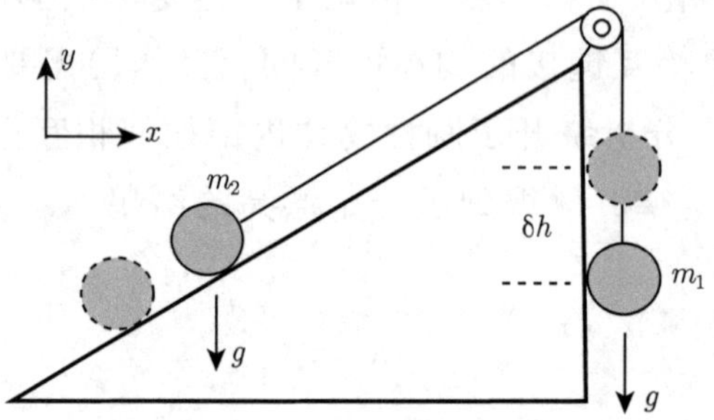

图 A.11 斜坡上的虚位移

或者使用重力 $G_i = m_i g$，上述方程可以改写成

$$G_1\delta h_1 + G_2\delta h_2 = 0. \tag{A.22}$$

所以，伽利略的这个论证可以重新表述为：对于一个平衡系统，沿着系统所受的外力方向的位移与力的乘积的总和为零。其一般形式可以表述为一个矢量相乘的形式

$$\boldsymbol{F}_1 \cdot \delta\boldsymbol{x}_1 + \boldsymbol{F}_2 \cdot \delta\boldsymbol{x}_2 + \cdots = 0. \tag{A.23}$$

这就是虚位移原理。

一个典型的例子是图 A.12所示意的平面上的一个平衡物体。物体可以沿水平方向做一个位移，系统仍然处于平衡之中。这个可能的位移是水平方向的，而重力是处于垂直方向，所以满足式 (A.23) 的条件。

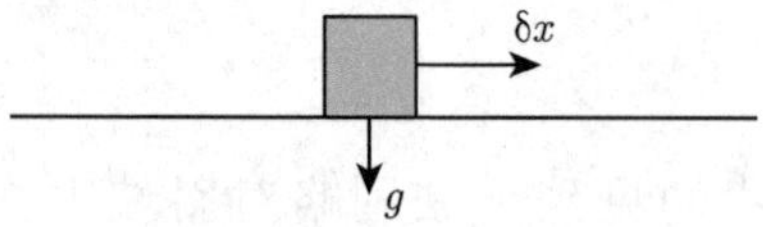

图 A.12 平面上的虚位移

使用虚位移原理可以很方便地求解一些问题，例如，图 A.13 所示的静力学问题。使用绳索把三个重物通过滑轮悬挂起来，并且链接在同一

个点 O 上。问题是，当系统处于平衡时，三条绳索的夹角满足什么条件。假设系统已经处于平衡状态。再设 O 点做一个小的位移，设其导致的三条绳索的长度变化分别是 $\delta s_1, \delta s_2$ 和 δs_3。其中只有两个是独立的，可以设为 δs_1 和 δs_2。再设 m_i 对应的绳索 i 和 m_j 对应的绳索 j 之间的夹角是 α_{ij}。使用 δs_1、δs_2 和夹角，可以写出整个位移所导致的在三条绳索方向上的位移 δx_i。再根据方程 (A.23)，我们得到 $\sum_i m_i\,\delta x_i = 0$。用这个方法可以很简便地使用代数方法求解得到三条绳索的夹角所需满足的条件。最后得到的就是在各个方向的受力平衡的条件。增加悬挂的重物，可以类似求解平衡条件。

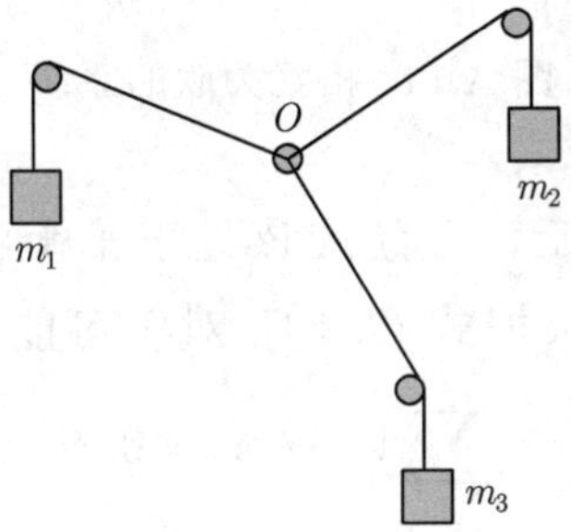

图 A.13 运用虚位移原理求解静力学问题

达朗贝尔原理

上述例子看起来只是一些处理静力学问题的数学技巧，好像并没有什么新的东西。达朗贝尔把以上这种对静力学平衡态问题的处理方法推广到了动力学问题。

考虑一个相互关联的系统，例如图 A.14 所示。物体 m_1、m_2 和 m_3 分别受到外力 $\boldsymbol{F}_1$、$\boldsymbol{F}_2$ 和 $\boldsymbol{F}_3$ 作用。此外，物体之间的链接也对 m_1、m_2 和 m_3 施加了额外的力。物体的加速度由外力 $\boldsymbol{F}_i$ 与这些物体之间的链接施加的力的合力产生。这个系统一般地并不处于平衡态。

达朗贝尔认为施加在系统上的外力可以分成两个部分。一个部分产生了实际的作用，加速了物体。另一个部分的力在系统中相互平衡。也就是说，可以把力 $\boldsymbol{F}_i$ 写成 $\boldsymbol{F}_i = \boldsymbol{W}_i + \boldsymbol{V}_i$，其中 $\boldsymbol{W}_i$ 是有效部分，产生实际的加速度，$\boldsymbol{V}_i$ 的作用是使系统平衡。设物体 m_i 的位置是 $\boldsymbol{x}_i$，则根

据牛顿第二定律，$\boldsymbol{W}_i$ 可以写成

$$\boldsymbol{W}_i = m_i \frac{\mathrm{d}^2 \boldsymbol{x}_i}{\mathrm{d}t^2}. \tag{A.24}$$

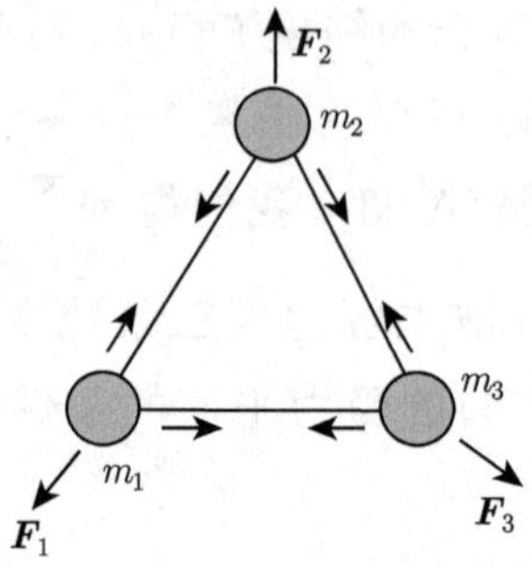

图 A.14 相互关联的系统

去掉 $\boldsymbol{W}_i$ 的效果之后，系统应该处于平衡状态。因此，$\boldsymbol{V}_i$ 的作用是使系统平衡。所以，根据式 (A.23), 对于可能的虚位移 $\delta \boldsymbol{x}_i$ 我们得到

$$\sum_i \boldsymbol{V}_i \cdot \delta \boldsymbol{x}_i = 0, \tag{A.25}$$

即

$$\sum_i \left(\boldsymbol{F}_i - m_i \frac{\mathrm{d}^2 \boldsymbol{x}_i}{\mathrm{d}t^2} \right) \cdot \delta \boldsymbol{x}_i = 0. \tag{A.26}$$

作用量原理

为方便下面的讨论，考虑一个保守系统。在这样的系统中，外力可以写为势能的导数的形式

$$\boldsymbol{F} = -\nabla V(x). \tag{A.27}$$

例如，重力是保守力，可以写成势能的导数，而且这个势能只与高度有关。

拓展 A.1

势能与保守系统

伽利略认识到物体从高处 A 通过任意光滑路径到达低处 B 所获得的速

度大小都一样，物体下降后还可以上升到与 A 处相同的高度。如单摆的运动所示意的，物体可以在高处和低处之间来回运动。在 B 处，可以看到物体具有动能。而在 A 处，可以认为能量没有消失，只是变成了潜在的能量，这也就是势能的意义。一个运动中的物体的动能和势能构成一个守恒量, 即总能量 E

$$E=\frac{m}{2}\left(\frac{\mathrm{d}x(t)}{\mathrm{d}t}\right)^2+V(x(t)).$$

对 E 做时间导数，可以得到

$$\frac{\mathrm{d}E}{\mathrm{d}t}=\left[m\frac{\mathrm{d}^2x(t)}{\mathrm{d}t^2}+\nabla V(x)\right]\frac{\mathrm{d}x(t)}{\mathrm{d}t}.$$

使用牛顿第二定律和式 (A.27) 可以验证，物体的总能量在运动中守恒。

在保守系统中，物体沿着不同路径达到相同的点所获得的动能是一样的。所以，在这样的系统中可以定义只与位置有关而与路径无关的势能函数，力可以用势能的梯度表示。重力是保守力的一个例子，可以写成势能的导数，而且这个势能只与高度有关。

使用势能的概念之后，我们可以对运动物体建立起能量守恒的概念，可以对运动系统获得一个更加直观的概念。

考虑一个时间段 $[t_i,t_f]$ 之内的虚位移

$$\delta x(t),\quad 且\ \delta x(t_i)=\delta x(t_f)=0. \tag{A.28}$$

对式 (A.26) 求积分，得到

$$\int_{t_i}^{t_f}\mathrm{d}t\sum_i\left[-\nabla V(x_i(t))-m_i\frac{\mathrm{d}^2\boldsymbol{x}_i(t)}{\mathrm{d}t^2}\right]\cdot\boldsymbol{\delta x}_i(t)=0. \tag{A.29}$$

对第二项作分部积分，可以把它写成如下形式:

$$-m_i\int_{t_i}^{t_f}\mathrm{d}t\frac{\mathrm{d}^2\boldsymbol{x}_i(t)}{\mathrm{d}t^2}\cdot\boldsymbol{\delta x}_i(t)=-m_i\frac{\mathrm{d}\boldsymbol{x}_i(t)}{\mathrm{d}t}\boldsymbol{\delta x}_i(t)\bigg|_{t_i}^{t_f}+m_i\int_{t_i}^{t_f}\mathrm{d}t\frac{\mathrm{d}\boldsymbol{x}_i(t)}{\mathrm{d}t}\cdot\frac{\mathrm{d}(\boldsymbol{\delta x}_i(t))}{\mathrm{d}t}.$$

根据方程 (A.28) 中的边界条件，分部积分后的第一项为零。因此，我们可以把方程 (A.29) 重新写成如下形式:

$$\int_{t_i}^{t_f}\mathrm{d}t\sum_i\left[m_i\frac{\mathrm{d}\boldsymbol{x}_i(t)}{\mathrm{d}t}\cdot\frac{\mathrm{d}(\boldsymbol{\delta x}_i(t))}{\mathrm{d}t}-\boldsymbol{\delta x}_i(t)\cdot\nabla V(x(t))\right]=0. \tag{A.30}$$

很容易发现，方程 (A.30) 的左边是以下量的变分:

$$S=\int_{t_i}^{t_f}\mathrm{d}t\ \mathcal{L}(t),\tag{A.31}$$

其中

$$\mathcal{L}(t)=\sum_i\left[\frac{m_i}{2}\left(\frac{\mathrm{d}\boldsymbol{x}_i(t)}{\mathrm{d}t}\right)^2-V(x_i(t))\right].\tag{A.32}$$

方程 (A.31) 中的 S 被称为作用量，方程 (A.32) 中的 $\mathcal{L}$ 被称为拉格朗日量。公式 (A.30) 表述的意思是物体的运动轨迹是使 S 取极限值的轨迹。实际上一般取的是极小值。这被称作是最小作用量原理。

使用作用量可以方便地讨论一些复杂的问题。对于图 A.15 中所示的单摆，端点的速度等于 $L\dfrac{\mathrm{d}\theta}{\mathrm{d}t}$，拉格朗日量可以很轻易地写出来

$$\mathcal{L}(t)=\frac{m}{2}L^2\left(\frac{\mathrm{d}\theta(t)}{\mathrm{d}t}\right)^2-V(\theta).\tag{A.33}$$

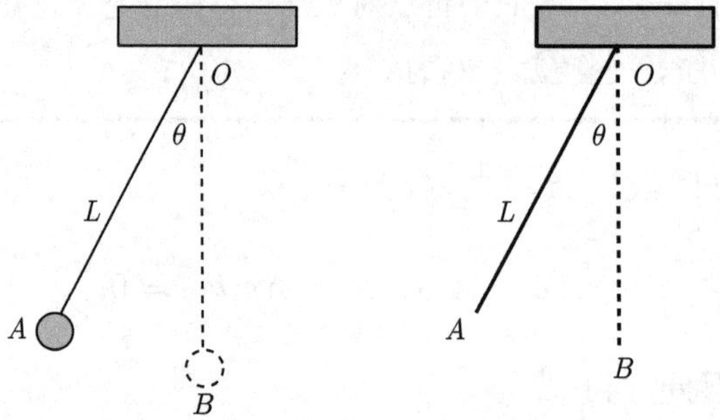

图 A.15　左：长度为 L 的单摆，质量为 m；右：均匀密度的长杆摆，长度为 L，总质量为 M

其中 $V(\theta)=-mgL\cos\theta$。使用式 (A.33) 和式 (A.31)，并对 θ 做变分，很容易得到单摆的运动方程

$$mL^2\frac{\mathrm{d}^2\theta}{\mathrm{d}t^2}=-\frac{\partial V(\theta)}{\partial\theta},$$

即

$$\frac{\mathrm{d}^2\theta}{\mathrm{d}t^2}=-\frac{g}{L}\sin\theta.\tag{A.34}$$

对于小的 θ，可以做近似 $\sin\theta\approx\theta$。方程的解是正弦和余弦函数，周期为 $2\pi\sqrt{L/g}$。

对于图 A.15中所示的长杆摆，我们可以直接计算作用量。在离 O 点的距离为 r_i 处的速度为 $r_i\dfrac{\mathrm{d}\theta}{\mathrm{d}t}$，势能为 $-m_igr_i\cos\theta$。利用式 (A.17), 可以计算得到作用量

$$S=\int_{t_i}^{t_f}\mathrm{d}t\left[\frac{M}{2}\frac{L^2}{3}\left(\frac{\mathrm{d}\theta(t)}{\mathrm{d}t}\right)^2+Mg\frac{L}{2}\cos\theta(t)\right]. \tag{A.35}$$

使用方程 (A.35)，对 θ 做变分，可以得到运动方程

$$\frac{\mathrm{d}^2\theta}{\mathrm{d}t^2}=-\frac{3g}{2L}\sin\theta. \tag{A.36}$$

同样对于小的 θ，可以做近似 $\sin\theta\approx\theta$。方程的解是正弦和余弦函数，周期是 $2\pi\sqrt{2L/3g}$。结论与方程 (A.18) 一致。对于一般的情况，可以发现结论与方程 (A.16) 一致。

对比 A.2 节和本节的讨论，我们可以看到，当使用作用量原理之后，对于惠更斯来说十分复杂的复摆问题被极大的简化了。如果没有作用量原理的帮助，我们需要惠更斯那样的强大直观能力和高超的技巧才可能得到一些有限的结论。而使用作用量原理之后，我们可以很方便地得到复摆的运动方程。这是合适的语言和合适的理论形式所具有的威力。虽然从最小作用量原理得到的结论是与牛顿力学是一致的，最小作用原理实质上并没有提供更多的物理内容，但是拉格朗日量和最小作用量等语言提供了更加强大的力学表述形式，可以极大地简化一些问题。

最小作用量原理不仅是一个处理复杂问题的办法。我们已经看到，它来自对静力学平衡态的考虑，它实现了静力学原理和动力学原理的统一。此外，它还实现了力学原理与光学原理的统一。光学的费马原理说光走的路径是最短程的路径。力学的最小作用量原理说，经典物体的运动轨迹是使作用量最小的轨迹。在形式上，最小作用量原理与光学的最短路径原理实现了统一。

拓展 A.2

光的费马原理

费马原理认为，光沿着直线传播，穿过最短的路径。光在镜面的反射也满足这一规律。例如，图 A.16 左图所示，光从 A 点出发，在镜面反射后到达 B 点。把 B 点对着镜面做一个镜像点 B' 点，AB' 是一条直线。所以光走过的路径 AOB 是使 AB' 最短的路径。

当光穿过不同透明介质时，费马原理说光走过的路径是使时间最短的路径，即使

$$\int \mathrm{d}t = \int \frac{\mathrm{d}s}{v}$$

最短。因为在介质中光的速度等于 $v = c/n$，其中 n 是折射率，c 是光速。所以这个原理说，光的传播路径是使 $\int n\mathrm{d}s$ 最短。

考虑图 A.16 右边所示，光通过介质界面的情况。假设光线从 A 点出发，通过 O 点，到达 B 点。假设光线通过界面上另外一点 O' 点穿过界面。令 $\overline{OO'}$ 很小，可以发现 $\overline{AO'} \approx \overline{AO} + \overline{OO'}\ \sin\theta_1$, $\overline{BO'} \approx \overline{BO} - \overline{OO'}\ \sin\theta_2$。可以计算 $\int n\mathrm{d}s$ 的变化，令这个变化等于零，立即可以得到关系

$$\frac{\sin\theta_1}{\sin\theta_2} = \frac{n_2}{n_1}.$$

此即光折射的斯涅耳定律。

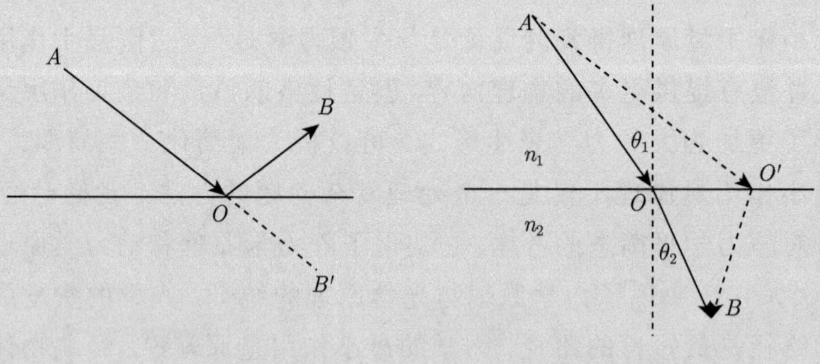

图 A.16　左：光线在镜面反射；右：光线穿过透明介质界面

作用量在物理学中的作用不仅如此。作用量和拉格朗日量不仅可以被使用到经典力学之中，还可以被使用到量子力学之中。使用作用量的力学形式具有更大的普遍性。

A.4 对真实世界的抽象化、具体化、简化和模型化

在前文中，我们提及伽利略的一大成功之处是他把自然哲学的思考对象转向可以经验到的、可以在实验中操作的对象。这样的研究对象，如距离和时间，既可以在头脑中抽象地思考，可以被数量化地进行研究，又可以在实验中操作检查。简单地说，伽利略是把具体问题抽象化，同时又把抽象问题具体化。伽利略对于自己的这一思想方法有充分的自觉，在《对谈》第四天的对话中他借萨耳维亚蒂之口说[2]：

萨耳：……谈到运动和它们的速度或动量，不论是均匀的还是自然加速的，人们都不能说得很确切，直到他们建立了对此种速度和对时间的一种量度。关于时间，我们有已经广泛采用了的小时、第一分钟和第二分钟。对于速度，正如对于时段那样，也需要一种公共的标准，它应该是每个人都懂得的和接受的，而且应该对所有人来说都是相同的。……

我们仍然需要发现一种在均匀运动事例中测量动量的方法，使得所有讨论这一问题的人都能对它的大小和快慢形成相同的概念。这种方法应该阻止一个人把它想象得比实际情况更大，而另一个人则把它想象得比实际情况小。这样，当把一个给定的均匀运动和一个加速运动组合起来时，不同的人才不会得出不同的合运动……

通过测量或者度量的方法，伽利略使抽象的概念具体化，使抽象概念成为一种可以使用度量来说明的具有公共标准的概念，从而避免因为不同的人的概念有所不同而导致的混乱。牛顿引入质量概念并且使用重量来定义质量，也是抽象地研究现象问题并且使抽象问题具体化的一个很好的例子。爱因斯坦的相对论对时钟校准的讨论也使时间概念从一个难以思考的抽象空泛的概念变成了一个具体的概念，是另一个使抽象问题具体化的极好例子。这是科学思维的一大特色，也是物理学直觉的特色。这种既抽象又具体地思考问题的方式的另一个方面是使复杂的问题

简化和模型化。

真实的世界非常复杂，如果纠缠于真实世界中的所有细节，人们就很难获得知识。把真实世界中的问题进行简单化和模型化，抓住现实问题中主要因素，可以大幅减少需要处理的信息量，可以让我们的头脑更容易对问题建立起合适的概念并且形成对问题的直觉，从而使我们可以在头脑中直观地想象问题。此外，现实问题可能过于复杂，不容易使用数学方法处理，或者不容易使用已有的数学知识加以处理。理想化和模型化还可以使问题具体地抽象化，可以使难以用数学方法研究的问题变成适合使用数学方法研究的问题，从而为抽象化地和精确地深入探索问题打开道路。可以说，对现实物理问题简化和模型化是物理研究之所以可以取得成功的一个核心要点。这也是考验物理学家的创造力的地方。

在充分理解主要因素的基础之上，人们可以扩充模型，再考虑其他次要因素的影响，从而接近对真实世界中的复杂问题的解答。在本节，我们用几个例子来说明这种思想方法。

这种思考方法的一个典型例子是伽利略的对重物沿斜坡下落的研究。为了研究重力的效应，伽利略把自由落体运动的问题转化为沿着斜坡运动的问题。为了减少斜坡的摩擦阻力，他通过打磨斜坡、使用圆球等办法，尽量避免其他因素对重力的加速作用的干扰。使用这种办法，伽利略力图在实验中接近理想的无摩擦情况。然而，不论伽利略如何打磨斜坡使之光滑，这里有一个因素是伽利略的实验方案所无法避免的。从图 A.17 可以看到，沿着斜坡运动的圆球必定是滚动下来的，而不是像一个没有大小的点的运动那样的单纯的平移运动。用伽利略之后发展出的物理学的语言说，重力的加速必定使一部分能量转化为圆球的滚动能量，平移运动的能量会减少。所以，圆球沿斜坡下落的加速度必定会小于根据力的分解规则得到的加速度。

伽利略对运动问题的这种简化实质上就是经典力学中常用的质点假设。质点被假设是携带质量但是没有大小的一个点。我们在考虑很多问题的时候可以把一个具有广延的物体简化为一个点来思考。例如，计算天体之间的万有引力的时候，可以把天体当作没有大小的点看待。牛顿在《原理》中还证明了对于球对称物体对万有引力的这种代换是成立的。伽利略忽略圆球的滚动效应，这毫无疑问是一个巨大的简化。但是，对于伽利略而言，这个简化是不得不接受的代价。把滚动的效应考虑进来需要等到对力学规律有更完善的认识才可能做到，在伽利略的时代对这个问题不太可能获得清晰的认识。实际上，考虑滚动效应之后的运动仍然是匀加速运动，虽然加速度会小一些。所以，忽略滚动效应并不会影响伽利略得到关于匀加速运动的规律。忽略滚动的影响，不说明伽利略的研究不正确，反而说明了伽利略的高明，说明他抓住了这个问题的最主要方面。

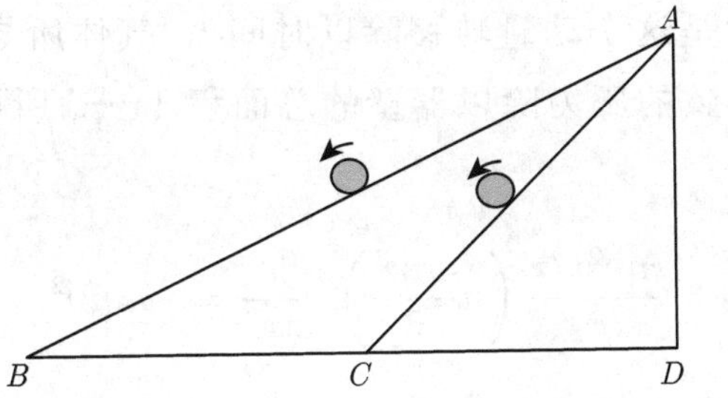

图 A.17　圆球沿着斜坡下落，伴随着滚动，其加速度小于对图 3.3 的分析所得

第二个值得谈论的简单例子是分子运动论对理想气体状态方程的推导。原子论是一种很有吸引力的自然哲学学说。但是，长期以来原子论仅仅只是一种哲学，与科学距离较远。在 19 世纪中叶，当焦耳的热功当量实验广为人知之后，人们认识到热是运动的一种形式，使用原子分子的运动从微观出发理解热力学规律成为物理学家努力探索的新方向。1857 年，克劳修斯第一次系统地使用分子运动讨论了理想气体，推导得到了理想气体的状态方程。从此之后，原子论真正进入了物理学的领域之中。

克劳修斯的推导建立于一个简单的分子模型之上。他假设: (1) 分子是气体的基本组成单元，分子不停地运动；(2) 分子是非常小的实心球；(3) 分子之间的长程作用力很弱，可以忽略；(4) 分子之间的碰撞是弹性的；(5) 气体对容器壁的压强来自大量分子对器壁的弹性碰撞；(6) 气体的温度取决于气体分子的平均动能。从这种简化的气体分子模型出发，克劳修斯可以很轻易地推导得到理想气体状态方程。

我们可以做进一步简化，考虑一个球对称的容器。在图 A.18中，我们演示了气体分子与球形容器器壁的碰撞和反弹。假设一个质量为 m、速度为 v 的入射分子与器壁发生弹性碰撞，碰撞前运动方向与碰撞处法线方向的夹角为 θ，则碰撞后夹角还是 θ。所以，碰撞导致的动量改变是 $2mv\cos\theta$。在时间 t 内，分子运动经过的距离为 vt，所以其经过的碰撞次数大致为 $vt/(2r\cos\theta)$。这说明，单个分子施加给器壁的动量转移是

$$2mv\cos\theta \times vt/(2r\cos\theta) = \frac{mv^2t}{r}.$$

其所导致的压力是这个动量转移除以时间 t。气体所导致的压强等于容器内许多分子导致的压力除以器壁的总面积 $4\pi r^2$。所以，我们可以得到压强

$$p = \frac{mv^2t/r}{t}\left(n\frac{4\pi r^3}{3}\right)\frac{1}{4\pi r^2} = \frac{1}{3}nmv^2, \tag{A.37}$$

其中 n 是分子的数密度，$\dfrac{4\pi r^3}{3}$ 是容器的体积。式 (A.37) 中假设了所有分子具有同样的速度。实际上气体分子不会具有相同的速度，我们需要把 $\dfrac{1}{2}mv^2$ 代换成分子的平均动能 E_{k}, 得到

$$p = \frac{2}{3}nE_{\mathrm{k}}. \tag{A.38}$$

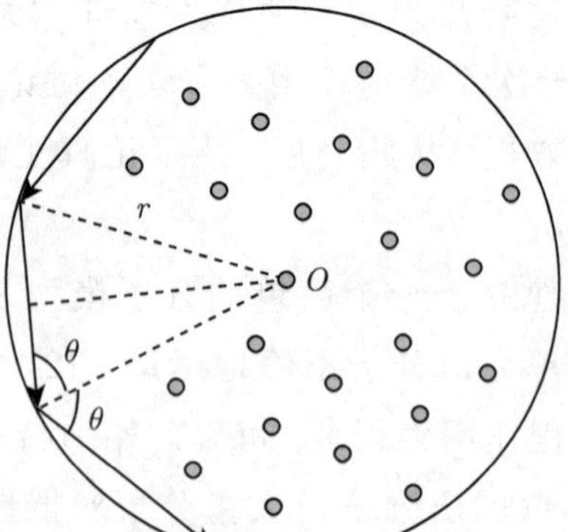

图 A.18 分子运动论对理想气体状态方程的简单推导

假设平均动能与气体的温度 T 成正比，$E_{\mathrm{k}}=\dfrac{3}{2}\kappa T$, 再使用 $n=N/V$, 我们得到

$$pV/T=N\kappa, \tag{A.39}$$

其中 N 是气体分子的总数目，V 是体积。由式 (A.39) 知，对于指定的气体，pV/T 是一个常数。这就是理想气体的状态方程。这是一个非常简化的讨论，使用了简化的分子模型，还使用了简化的球形容器。令人非常惊奇的是，使用这个非常简化的讨论可以得到正确的状态方程。

还有一个值得演示的好例子是解释自发磁化现象的伊辛模型。

磁化现象是常见的现象。例如，铁和钢在外加磁场的作用下会变成一个磁体，离开外加磁场的影响之后，这个磁性可以保持下去。自发磁化的意思是，某些材料会自发地变成磁体，产生磁场，即便没有外加磁场的影响。图 A.19是一个自发磁化的示意图，纵轴是磁化强度，横轴是温度。这个图说明的是，当温度小于某个临界温度 T_{c} 时，某些材料会自发磁化。当温度趋向于临界温度 T_{c} 时，磁化强度趋于消失。假如没有外加磁场，当温度大于临界温度 T_{c} 时，该材料的磁化消失。

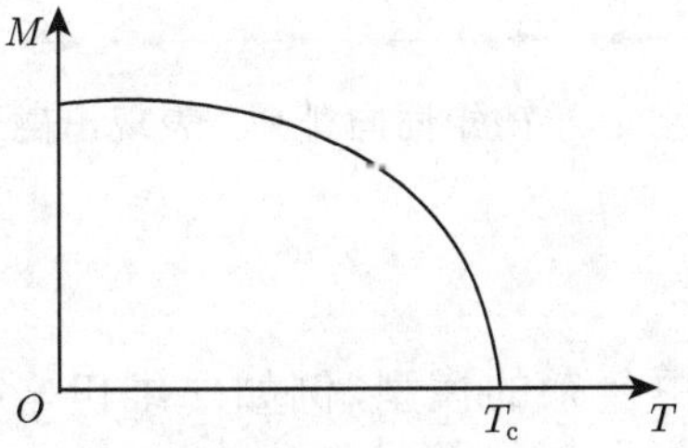

图 A.19　自发磁化现象

电磁理论认为材料里有很多很多的带有磁矩的小磁体。一般情况下，这些小磁体的磁矩方向是杂乱无章的，因而总体不表现出磁化现象。当施加一个外磁场的时候，这些磁体的磁矩在磁场的作用下会顺着或逆着磁场的方向排列，表现出磁化现象。自发磁化的现象意味着，当没有外磁场的时候，材料中的小磁矩在临界温度之下会自发地有序排列，指向特定的方向。在临界温度之上，小磁体的指向是无序的，没有特定方向。

在临界温度之下，小磁体的指向是有序的，表现出有特定的方向。这种从无序到有序的转变是一种相变现象。

现代物理对自发磁化现象的理解是，这类材料中的小磁体之间的相互作用倾向于使小磁体的磁矩同向排列，所以在低温情况下会出现自发磁化。但是在温度高到一定程度后，无序的热运动的能量足够高，会破坏这种有序的排列，从而表现出去磁现象。

伊辛模型试图使用这种机制理解自发磁化现象。为了简化问题，楞次 (Lenz) 和他的学生伊辛 (Ising) 提出了图 A.20所示的一维伊辛模型。他们只考虑排列在一维直线上的小磁体。磁体只能指向沿直线的方向，所以只能向右或向左。图 A.20的上图演示的是所有小磁体都指向右，这是磁化的情况。图 A.20的下图演示的是一部分小磁体指向右，一部分指向左，总体不表现出磁化。楞次和伊辛研究这个极其简单的模型，试图在这个模型中发现自发磁化的行为。他们没有成功，使当时的一些物理学家很失望。

→ → → → → → → →

→ → ← → ← → ← →

图 A.20 一维伊辛模型。上：小磁矩同向排列，表现出磁化；下：小磁矩排列不同向，没有磁化

后来有人去研究更复杂的模型，例如二维伊辛模型和三维伊辛模型。图 A.21是二维伊辛模型的示意图。小磁体仍然只能指向右或左。但是，这些小磁体不再只是在一条直线上，而是排列在一个平面上。后来，昂

→ → → → ← → ← →
→ → ← → → → ← →
→ → ← → ← → ← →
→ → ← → → → ← →
→ → ← → ← → ← ←

图 A.21 二维伊辛模型

萨格 (Onsager) 和杨振宁在二维伊辛模型上取得了突破进展。他们先后严格求解二维伊辛模型的行为，发现在这个模型中有自发磁化的相变行为。当然，他们发现的相变是二维的，不是三维空间里的真实相变。昂萨格和杨振宁的工作激发了后来人的热情，人们不断往这个研究方向努力。最后发现伊辛模型确实可以描述现实世界中的自发磁化现象。

伊辛模型这种特别粗糙的模型居然可以描述真实世界里的自发磁化相变行为，这是一个令人惊奇的结论。后来的研究表明，自发磁化这样的相变是一种长距离的关联行为，小磁矩的可能行为的细节和小磁矩之间的相互作用的细节对相变行为没有多大影响。使用伊辛模型这种粗糙的模型已经可以很好地得到很多关于相变行为的有益信息。

我们可以看到，使用简化的模型确实可以抓住现实世界中物理现象的一些主要方面。伽利略的斜坡、克劳修斯的推理和伊辛模型的成功都演示给我们，使用简化的和理想化的模型去接近真理是一条可行的道路。当然，并不是所有的简化和模型化都可以取得这种成功，只可能是某些简化和某些模型取得成功。做出合适的简化，做出可以反映现实物理的简化模型，需要有运气，也需要有创造力。这是一种具有创造性的艺术活动。

在这里，一个核心要点是需要找到描述物理现象的合适概念。如果没有这样的概念，那就如同是大海中的迷航，找不到前进的方向。然而，当找到合适的概念之后，使用简单的模型和简单的数学就可能得到正确的结论。这样的概念当然不是可以凭空产生的，而只能来自对现象和对实验的耐心观测和深入思考。这样的概念来自经验，同时也是对经验的超越。

A.5 物理中的类比思维

探索未知世界的一个常见困难是人们缺乏合适的概念描述未知世界的性质，人们经常不得不借助在已知世界获得的概念。这是因为，人们头脑中的观念终究来自对于经验世界的认识，离开了这些已有的观念人们很难思考问题。当对于未知世界的探索还不够充分的时候，适合未知世界的新概念可能还不能在人们的头脑中得到建立，借助旧的概念开展思考成为人们不得不经历的过程。这样的过程可以为在新领域的探索带来一些系统的研究方法和思考，但是也可能把人们带入歧途。但是，这些歧途可能也是在探索过程中人们不得不经历的过程。

类比思维就是这样一种使用旧概念以便思考新问题的方法。这种思考方法有的时候会把我们带入歧途，有的时候也会把我们引导到新知识的大门之前。我们已经在第 5 章中看到了类比思维的典型例子。牛顿的微粒说认为光是微小的粒子，用于解释光的直线传播、反射等现象。这是把光与日常所见的物质做类比。而惠更斯的波动说把光当作是在以太介质中传播的波，这是把光与水波、声波做类比。我们现在知道，这两种类比都抓住了光的一部分性质，但是都不是对光的正确认识。光既不是牛顿所认为的那种微粒，也不是惠更斯所认为的通过介质传播的波。现代的电磁学理论认为，光是一种电磁波，不需要通过介质就可以传播。实验观测也没有发现宇宙中存在传播光的以太介质。此外，光电效应告诉我们，光不仅是一种波，而且也像粒子那样带有一份一份的能量和动量，具有粒子性。所以，波动说和微粒说都可以说分别在一个方面抓住了光的性质的一部分，但是也仅仅是一部分。现代物理认为光既有波动性，又有粒子性，是波动说和微粒说在新的平台和新视野上的全新综合。现代物理对光的认识，远远超出了牛顿和惠更斯能够想象到的范围。

牛顿和惠更斯的类比都曾经把人们导向错误的思考方向，但是他们也都把我们带到了正确认识的大门之前。牛顿和惠更斯面对的一个主要困难在于，他们都不认为存在超距作用，所以光如果不是自己传播自己，那就是被什么介质承载着传播。如果是第一种情况，牛顿和惠更斯只可能想象到光是一种微粒，从而不需要传播介质。如果把光当作波，牛顿和惠更斯也只可能想象到光是在某种介质中传播，不可能想象到光不需要介质就能传播。没有介质承载的波的传播，远远超出了牛顿和惠更斯能够想象的范围，只可能被他们那个时代的人认为是超距作用。超距作用是物理学家不能接受的概念。牛顿和惠更斯的类比，并不说明他们愚蠢，反而说明了他们的高明。在他们的时代，实验和观测积累远远不够，适合研究光学的合适数学工具也还没有。牛顿和惠更斯距离正确地认识光的性质非常遥远。在面对这么多困难的情况下，他们借助类比的方法发展出了一些概念，并对光的性质做出一些具有开创性的研究。这需要对物理现象具有深邃的直觉，并且具有非凡的把物理世界模型化和抽象化的能力。

类比思维的一个精彩例子是麦克斯韦对磁场的无源性质的表述。法拉第发明了磁力线的方法。他把磁场用磁力线表述，磁力线是封闭的，磁力线在某些区域的聚集表示在这个区域磁场强度大，磁力线在某些区域的稀疏分散表示在这个区域磁场强度小。例如，对于图 A.22 演示的磁条，在磁极附近磁力线密集，磁场强度大，远离磁极则磁场强度小。麦克斯韦深受法拉第的启发，他将磁力线与流体做类比。

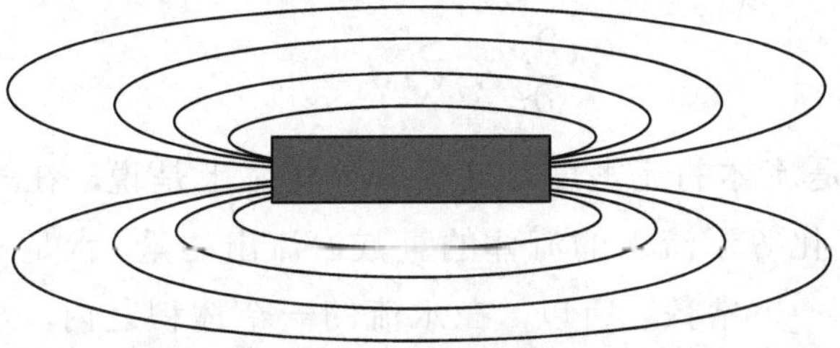

图 A.22 磁条的磁力线

从日常经验中我们可以注意到，在狭窄的河道区域水流湍急，在宽阔的河面一般来说水流平缓。这可以以如下方式解释：考虑图 A.23 所示河道中的水流。考虑在一个时间段内河道内的水位不上涨，在单位时间内由 A 处流过河道的水量应该与在 B 处流过河道的水量相同。这可以表达为

$$\rho\, \sigma_A\, v_A = \rho\, \sigma_B\, v_B, \tag{A.40}$$

其中 ρ 是水的密度，v_A 和 v_B 代表在 A 和 B 处水流的流速，σ_A 和 σ_B 代表在 A 处和 B 处水流的截面面积。假如河道在 A 处狭窄，截面面积小，而在 B 处宽阔，截面面积更大，则可以知道

$$\sigma_B > \sigma_A, \quad v_A > v_B. \tag{A.41}$$

如图 A.23 所示，我们也可以在河道中画一些曲线代表水流。可以看到，在 A 处，曲线聚集在一起，v_A 较大；在 B 处，曲线分散开，v_B 较小。所以，这表明水流曲线的密集程度可用来代表水流的速度，与磁力线代表磁场的情况类似。

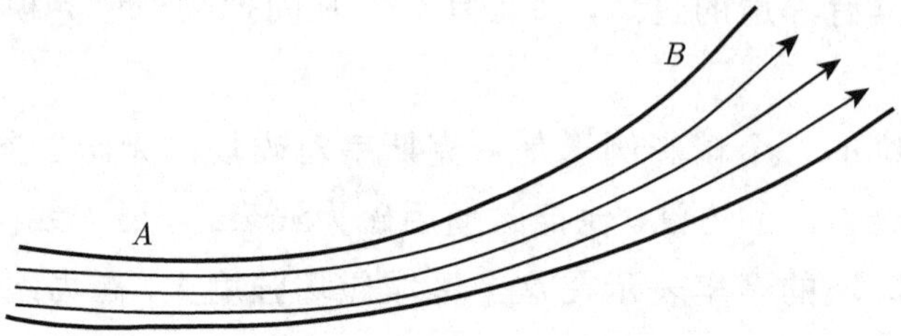

图 A.23 河流中的水流

水是一种流体。已知流体满足连续性方程

$$\frac{\partial \rho}{\partial t} + \nabla \cdot \boldsymbol{J} = 0, \tag{A.42}$$

其中 $\boldsymbol{J} = \rho \boldsymbol{v}$ 是流体的流密度。这个方程实际上是说，在一个体积之内流体的量的变化等于流入的流体的量减去流出的量。水是不可压缩的流体，密度 ρ 是一个常数。所以，在水流的一个体积之内，水的总量是不变的。所以流入的水量就等于流出的水量，这就是式 (A.40) 所陈述的事情。对于密度不可压缩的水流，我们因此得到方程

$$\nabla \cdot \boldsymbol{v} = 0. \tag{A.43}$$

麦克斯韦认为热流也是这样一种不可压缩流体，他把磁力线与热流做类比。

麦克斯韦认为，既然用磁力线表述的磁场与不可压缩流体的性质有类似之处，那么可以认为磁场应该满足一个类似式 (A.43) 的方程。根据这个类比，我们可以猜测磁场 $\boldsymbol{B}$ 满足以下方程:

$$\nabla \cdot \boldsymbol{B} = 0. \tag{A.44}$$

这就是现在我们熟知的磁场的无源性方程。通过这种类比方法，麦克斯韦使法拉第的磁力线思想可以使用数学表述出来，猜测得到了一个漂亮

的物理规律。实际上，麦克斯韦是使用文字表述这个方程的意思，在他的原始论文中并没有写出这个方程的形式。

A.6 特殊的推理：从错误的假设到正确的结论

探索未知世界的时候我们常常不得不借助在已知世界获得的概念。类比思维是这种思考方法的典型代表。因为这些旧的概念常常不能适用于未知世界，这导致在探索过程中人们常常会走入误区。这也是类比思维并不总是能够帮助我们找到答案的原因。

然而，有的时候，错误的概念或者错误的假设也能帮助我们找到正确的答案。这是物理学中戏剧性的发展。这说明物理学的推理并不是严格的逻辑推理，而是具有超越逻辑思维模式的思维方式。下面我们举几个例子说明这种物理学思维中的戏剧。

一个突出的例子是卡诺发现的卡诺定理。卡诺证明热机的工作效率满足一个上限，也就是说热机输出机械能的效率不能大于某个值。这被称为卡诺定理。在现代热力学中，卡诺定理是热力学第二定律的一个推论，是对热力学第二定律的一个具体表述。然而，卡诺并不知道热力学第二定律，他也不知道热力学第一定律。在卡诺生活的时代，这几个定律都还没有诞生。卡诺假设的是在第 5 章中叙述过的热质说。在卡诺之后，人们逐渐认识到热是运动的一种形式，认识到热质说是不正确的，然后才发展出了热力学第一定律和第二定律。但是人们发现，虽然卡诺使用了错误的假设，但是卡诺定理表述的内容并不是错误的。卡诺使用错误的假设天才地得到了关于热机工作效率的正确结论。

卡诺定理的例子并不是物理学历史上的孤例。在量子力学刚刚被发展出来的时代，狄拉克协调狭义相对论的原理与量子力学的原理，提出了一个相对论性量子理论。后来这被称为狄拉克理论。但是这个理论有一些严重问题。狄拉克为了解决这个理论中的严重问题，猜测存在所谓狄拉克海，并因此猜测反粒子的存在。在拓展 A.3 中，可以看到对狄拉克海的更多介绍。实验证实确实存在反粒子，狄拉克因此获得了诺贝尔物理学奖。然而，现代的量子物理并不认为存在狄拉克海。狄拉克海只是狄拉克为了绕过问题而硬造出来思考物理实在的一种思考工具。让人非常惊奇地是，在狄拉克海的帮助下，我们可以对反粒子的性质获得一些直观的而且非常有效的概念。这是一个奇迹。

拓展 A.3

狄拉克海与反粒子

狄拉克在他的相对论性量子理论中发现，电子可以有正的能级，也可以有负的能级，而且负能级没有下限。假如这个为真，电子就可以无限制地向更低的能级跃迁，物理系统就不可能获得稳定，这与观测相矛盾。对物理世界的观察表明，应该有具有最低能量的基态，基态的能量必须有下限。

为了解决这个问题，狄拉克设想所有的负能级都已经被电子填满。这被称为狄拉克海，如图 A.24 中间一图所示。根据泡利不相容原理，两个电子不能同时占据同一个态，所以处于正能级的电子不能再向下跃迁到负能级的态，因而物理系统变成了稳定的。根据狄拉克海的设想，真空不是真正的空，而是带有无穷多的粒子。电子的狄拉克海带有无穷多的负电荷数。为了使真空不带电荷，还可以假设有质子也形成狄拉克海并带有无穷多的正电荷，与电子的狄拉克海带的负电荷中和。

可以设想，假如狄拉克海中的某一个能级上少了一个电子会发生什么事。图 A.24 的右图演示了这种情况。这个少了一个电子的状态相当于是一个携带有一个正电荷的空穴。可以发现，这个状态是一个类似于电子的粒子，唯一的不同是携带的电荷数不同。所以，根据狄拉克海的假设我们可以得出一个很重要的推论，即存在反粒子。

存在反粒子这个结论是对的，然而狄拉克海这个假设并不正确。没有任何实验发现狄拉克海存在的证据。此外，狄拉克考虑的是电子这样的费米子，我们还可以考虑玻色子。带电玻色子的相对论性理论也有正能级解和负能级解，这样的理论同样存在物理系统不能稳定的问题。但是玻色子不满足泡利不相容原理，不能使用狄拉克海的办法使物理系统稳定。而且，玻色子也可以存在反粒子，但是在玻色子理论中我们不能使用类似狄拉克海的方法推论得到反粒子应该存在。更加重要的是，我们也可以从反粒子的相对论性理论出发，构造一个镜像理论和反粒子的狄拉克海。在这个镜像理论中，电子作为反粒子的狄拉克海之中的空穴而出现。从电子的相对论性理论出发并假设电子的狄拉克海可以得到反粒子，从反粒子的相对论性理论出发并假设反粒子的狄拉克海则可以得到电子。在描述电子和反粒子的物理行为方面，这两种方法是等价的。但是这两种方法假设了世界中存在不同的狄拉克海，它们不可能都是对的。这两种方法的等价性只能说明，狄拉克海只是人类头脑中纯粹的想象，是人们可以利用的思考工具，并不是物理世界中的真实实在。更加重要的是，狄拉克海理论不能解释 β 衰变中电子与反中微子或正电子与中微子成对出现的现象，狄拉克海理论实际上是一个错误的理论。尽管如此，狄拉克海仍然是一个非常有用的思考问题的工具。

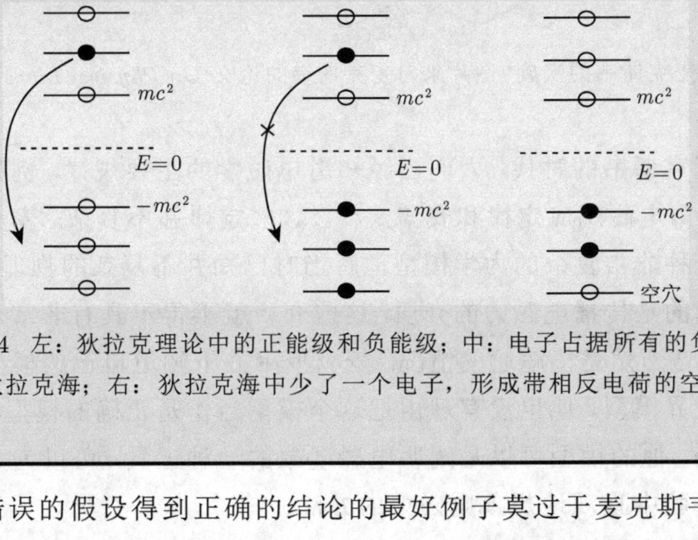

图 A.24　左：狄拉克理论中的正能级和负能级；中：电子占据所有的负能级形成狄拉克海；右：狄拉克海中少了一个电子，形成带相反电荷的空穴

从错误的假设得到正确的结论的最好例子莫过于麦克斯韦使用以太假设得到后来以他的名字命名的方程组。物理学家普遍不相信存在超距作用。然而，磁现象和电现象却像是超距的作用。例如，两个磁铁可以相互吸引、靠近，最后被磁力连在一起。为了避免超距作用，从伽利略和牛顿的时代开始，许多物理学家就想象磁力是由某种以太介质所传递的。麦克斯韦继承了这种思想，他也认为以太是传递电磁力的介质。麦克斯韦更进一步，他还构造可以导致电磁现象的以太力学模型。他认为以太中有一些带电的载流粒子，这些载流粒子的力学运动导致电磁现象。例如，如图 A.25 所示，麦克斯韦认为磁场是以太中载流粒子的某

种涡旋效应。他以这种非常复杂的方式理解当时已知的电磁现象。

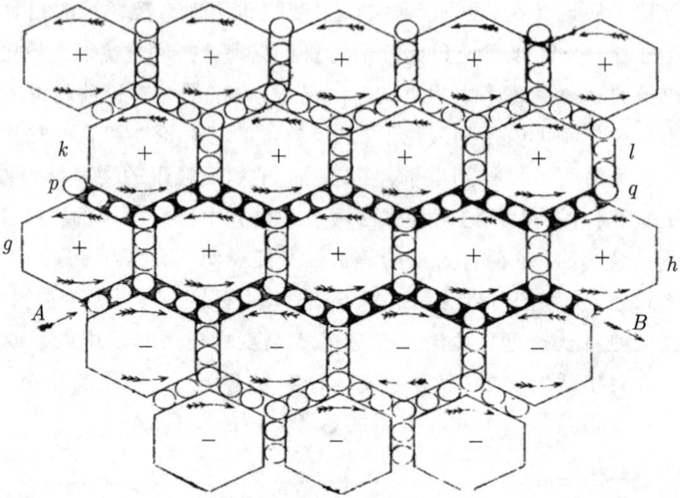

图 A.25 麦克斯韦的涡旋 (图片来自麦克斯韦的论文 *On Physical Lines of Force*)

在麦克斯韦的时代，人们已经知道电磁学的主要规律，例如库仑定律、法拉第电磁感应定律和安培定律。这些定律并不复杂。麦克斯韦试图使用一种非常复杂的力学模型理解当时已知并不复杂的物理规律。如果以太真的是传播电磁力的介质，这些介质就不得不具有非常复杂的运动形式。这当然是很尴尬的情况。麦克斯韦并不知道自己的模型是不是真实的世界模型。他也没有理由把这个模型当作是正确的模型。他很明确地认为，他的模型可以是阐明电磁现象的一种工具，可以为人们提供一种在头脑中直观地想象电磁力的方法。

根据这个以太模型，麦克斯韦做出了一个重要的观察。我们可以很轻易地看出，如果以太中有承载电流的粒子，一旦施加一个随时间变化的电场，那么以太中的带电粒子应该离开它们的平衡位置且运动，并产生电流。这个电流正比于电场强度的变化，麦克斯韦把这个电流称作位移电流。也就是说，实际的电流应该改写为

$$\boldsymbol{J} \to \boldsymbol{J} + \frac{1}{4\pi}\frac{\partial \boldsymbol{D}}{\partial t}, \tag{A.45}$$

其中后一项是位移电流。根据安培定律，这种电流也应该产生磁场。也

就是说安培定律应该被改写为如下形式:

$$\nabla\times\boldsymbol{H}=\frac{4\pi}{c}\boldsymbol{J}+\frac{1}{c}\frac{\partial\boldsymbol{D}}{\partial t}. \tag{A.46}$$

对上式求散度并使用库仑定律

$$\nabla\cdot\boldsymbol{D}=4\pi\rho, \tag{A.47}$$

根据恒等式 $\nabla\cdot(\nabla\times\boldsymbol{H})=0$，我们可以得到

$$\frac{4\pi}{c}\nabla\cdot\boldsymbol{J}+\frac{1}{c}\frac{\partial}{\partial t}(\nabla\cdot\boldsymbol{D})=\frac{4\pi}{c}\left[\nabla\cdot\boldsymbol{J}+\frac{\partial\rho}{\partial t}\right]=0. \tag{A.48}$$

这个结论与连续性条件 $\nabla\cdot\boldsymbol{J}+\dfrac{\partial\rho}{\partial t}=0$ 一致。我们看到，在安培定律中引入位移电流这一项之后，安培定律与连续性条件是自洽的。如果没有在安培定律中引入位移电流这一项，这个方程与连续性条件是不能自洽的。在这之后，麦克斯韦改写的安培定律与库仑定律、法拉第电磁感应定律和磁场的无源性方程一起被命名为麦克斯韦方程组。在运用位移电流改写安培定律之前，麦克斯韦还使用他的以太模型和位移电流假说预言电磁场可以传播，也就是预言了电磁波的存在。他发现电磁波的传播速度大约等于光速，随即推断光是一种电磁波。

麦克斯韦通过假设以太模型引入了位移电流的概念，通过位移电流改写了安培定律。但是，我们现在并不认为以太存在，在真空中实际上也没有这种位移电流。麦克斯韦改写的方程最终做出的陈述是: 随时间变化的电场会产生磁场。麦克斯韦的电磁学以太模型是一个很好的思维中介，把这种现象解释给我们。通过这个中介，我们可以直观地理解电场的变化会产生磁场，但是我们也可以不借助这个中介。更重要的是，一旦理解了这个现象之后，我们就可以把以太假设彻底抛开。

没有证据显示麦克斯韦的以太模型是正确的，也没有证据表明以太存在，然而麦克斯韦却使用并不正确的假设得到了丰硕的成果。这是一个思想奇迹。

A.7 现象运作的模式和现象背后的原因

一种常见的说法是物理学 (或者大而言之科学) 是研究事物背后的原因，有的人甚至会说物理学是研究现象背后的本质。在第 6 章中，我们已经做了一些阐述，说明这个说法实质上是含混不清的。物理学确实可以说是为了研究事物背后的原因，但是对原因的追问不是漫无边际的追溯，而是需要保留与经验的联系。对本质问题的追问就很可能是超出经验范围的，至少在科学探索的一个阶段很可能是超出经验范围的。这只是这个说法的一个问题，这个说法的另一个问题是它掩盖了物理学研究中一大类基于现象的现象学研究。

对比伽利略、开普勒和牛顿的贡献，我们可以很清楚地发现伽利略和开普勒的发现可以说是发现“现象运作的模式”，而牛顿建立力学的综合体系以及发现平方反比律可以说是发现“现象背后的原因”。开普勒发现的行星运行的三大定律很明显是行星运行的模式，开普勒只是从观测数据中揭示了这个模式。当然揭示这个模式需要很多的思考和想象，但是这些规律并不是行星运动的“背后的原因”。开普勒确实想要把行星轨道归因于他的几何模型，但是没有获得成功。伽利略揭示了地球表面的重力导致的运动是匀加速运动。他不满足于实验观测的结果，即运动距离正比于时间的平方，而是通过复杂的推理和想象，最终把这种运动归结于重力产生匀加速运动。这是把经验规律抽象化为一个具有更普遍意义的抽象规律。但是这个规律距离经验规律并不遥远，可以说仍然是描述性的，是描述运动现象的本来面目的规律。伽利略所做的是通过实验以及复杂的推理和想象揭示日常所见的现象的本来面目，并且找到合适的语言描述现象。在《对谈》第三天对话中，伽利略表达了这种看法。他说[2]：

> …… 在这一信念中，我们主要是得到了一种想法的支持，那就是，我们看到实验结果和我们一个接一个地证明了的这些性质相符合和确切地对应。最后，在自然地加速的运动的

探索中，我们就仿佛被亲手领着那样去追随大自然本身的习惯和方式，按照它的各种其他过程来只应用那些最平常、最简单和最容易的手段。

牛顿的综合力学体系和引力的平方反比律是把从天上到地上的许多运动现象都归结为少数几条原理。特别是质量概念的引入使人们可以对比不同物体在不同力的作用下的不同运动，使它们被联系在一起，并且被归结于同一个运动学原理。在这个意义上，牛顿的综合确实是找到了“事物背后的原因”，当然这个原因不是笛卡儿希望的“以太解释”那样的原因，而是一种用数学方法表述的“原因”。世人把牛顿力学当作科学的典范，正是因为牛顿力学成功展现了这样一种把许多现象归结于少数原理的可能。牛顿的综合可以说成是通过原因建立起现象与现象之间的关联，即

$$\text{现象} \Longleftrightarrow \text{现象背后的原因} \Longleftrightarrow \text{现象}$$

与牛顿形成对比的是，伽利略和开普勒的主要贡献是在现象的层面揭示现象的运作模式。他们做的是通过现象与现象的关联揭示现象运作的模式，又通过现象运作的模式建立更多的现象与现象之间的关联。在第 3 章，我们已经看到伽利略如何通过比较不同物体在水银、水和空气等不同介质中的运动重建起对运动的直觉，再得出结论：任何物体在真空中的下落都是一样的。这就是通过现象与现象之间的关联发现运动的模式，是发现“现象运作的模式”的典型例子。伽利略还建立起沿斜坡上的运动与垂直自由落体运动之间的关联，通过研究沿斜坡的运动来研究重力导致的运动，进而研究抛射体的运动。这些对物体运动问题的研究，最终形成了一个整体图像，关联到更多现象，变成了对日心说和地动说的支持。这种模式可以简单表述为

$$\text{现象} \Longleftrightarrow \text{现象运作的模式} \Longleftrightarrow \text{现象}$$

应该注意到的是，伽利略和开普勒的成就是牛顿能够获得成功的基础。正是因为前人对运动现象的本来面目的揭示以及合适的语言的发明才使牛顿的综合力学体系成为可能。所以，发现“现象运作的模式”是发

现“现象背后的原因”的基础。物理学在更加深广的意义上是研究“现象与现象的关联”。这个词汇包含了两层意思，即研究现象层面的“现象运作的模式”以及超出现象层面的“现象背后的原因”。这个词既表明了物理学研究的目标，即发现“现象背后的原因”，也表明了发现的途径，即发现“现象运作的模式”。正是在这个意义上，本书的正文多次提及物理学研究的要点是研究现象与现象的关联。

这一要点非常鲜明地反映了物理学思维的特色以及物理学反形而上学的实质。例如，量子场论的重整化理论非常鲜明地反映了这一思维特色。重整化理论的要点是重新定义量子场论理论中的参数，消除理论中对无法测量的“裸量”的依赖，建立关于可观测的物理量和物理量之间的关系，最终以对一部分物理量的测量预言另外一些物理量。虽然这个理论有所谓无穷大发散的问题，在数学上难以被人理解，但是其在可观测的物理量层次上的关联却是有限的、可以明确计算的。这个理论具有非常强大的预言能力，实验证实了重整化理论的许多预言，这一理论取得了惊人的成功。

需要注意的是，发现“现象运作的模式”和发现“现象背后的原因”这两个层次上的区别并不是可有可无的语言游戏。物理学历史上有许多例子说明这两者的区别，这些例子同时也说明了发现的主要路径确实是先发现“现象运作的模式”，再发现“现象背后的原因”，这是许多科学发现所经过的路径，这也就是本书强调的现象学的思路。

一个典型的例子是热力学与统计力学的对比。热力学使用热、温度、压强、体积、做功、能量、平衡态等概念描述系统的热学以及力学行为。虽然热力学是以抽象的方式以及数学化的方式讨论问题，但是热力学使用的概念是停留在现象层面的，是对现象的直接抽象。热力学的内容是对宏观现象抽象研究的结果，完全不依赖于物质的组成是什么。热力学的内容是典型的揭示“现象运作的模式”。统计力学是以大量看不见的原子分子的运动和关于微观世界的原理来解释宏观系统的热学性质和力学性质，是典型的以“现象背后的原因”来解释现象。例如，理想气体状态方程是典型的对气体的现象的运作模式的表述，而克劳修斯基于原子分子假说对理想气体状态方程的解释是寻求现象背后的原因来解释这一运作模式，并以此为证据支持原子分子假说。热力学和统计力学遵循的是不同的思路，热力学和统计力学发展的历史很清楚地告诉我们，发现“现象运作的模式”的热力学是发现“现象背后的原因”的统计力学的基础。

粒子物理与核物理研究的是物质的基本组成和基本的力，粗看起来粒子物理与核物理是典型的研究“现象背后的原因”。这是一种非常典型的误解，这种误解把目标与手段和路径混为一谈。实际上，在粒子物理与核物理的研究中有非常多的纯粹基于现象的研究，这些研究揭示基本粒子的构成和相互作用的模式。在被揭示的模式的基础之上，人们进一步提出更加基本的原理，从而构建关于基本粒子的理论。一个非常好的例子是同位旋对称性。

20 世纪初，人们认识到原子由原子核与核外电子组成，而原子核由质子 (p) 和中子 (n) 两种核子组成。实验发现质子和中子的质量差非常小，例如现代的测量表明中子质量 (m_{n}) 与质子质量 (m_{p}) 之比是

$$m_{\mathrm{n}}/m_{\mathrm{p}} \approx 1.001378.$$

中子和质子都是强相互作用粒子，而这两者的质量又相差这么小。海森伯意识到，在强相互作用中实际上很难分辨出质子和中子的区别，虽然质子带电而中子不带电。换句话说，在强相互作用的现象中，质子和中子就像是长得很像的双胞胎，人们很难分辨。具体一些说，如果在强相互作用中交换质子和中子，除了因为电荷导致的效应外，应该看不出区别。如果把一个物理过程中的中子代换成质子、质子代换成中子，即

$$\mathrm{p} \longleftrightarrow \mathrm{n},$$

则通过代换得到的新物理过程与老物理过程具有几乎相同的散射截面等物理性质。用专业语言说，在强相互作用中交换质子和中子是对称的，这种对称性被称作同位旋对称性。更进一步，质子和中子这样的核子是通过 π 介子发生强相互作用，如果同位旋对称性是对的，在 π 介子那里也应该有类似的对称性质。π 介子有三种，分别带有正电荷、负电荷和零电荷，即 π^{+}、π^{-} 和 π^{0}。实验发现这三种 π 介子的质量也非常接近，

例如现代的测量表明带电 π 介子的质量 ($m_{\pi\pm}$) 与不带电的 π 介子的质量 ($m_{\pi0}$) 之比是

$$m_{\pi\pm}/m_{\pi0} \approx 1.03403.$$

这说明，在强相互作用中 π 介子也是很难分辨的三胞胎。

海森伯认识到，应该在强相互作用中把质子和中子当作“一个东西”(N) 的两个分量来看待，就如同平面上的一个矢量有两个分量，即表示成

$$N = \begin{pmatrix} p \\ n \end{pmatrix}.$$

这被称作是同位旋的二重态，而三个 π 介子应该被类似地写在一起，成为同位旋的三重态。海森伯的建议是一个思想的飞跃，他实际上建议了当人们写出质子和中子的强相互作用理论的时候应该遵守一个规则，即使用同位旋二重态 N。同位旋对称性在粒子物理与核物理的发展中曾经起到非常重要的作用。直到今天，这一对称性仍然是核物理和强子物理研究的基本概念和基本研究手段之一。

我们可以看到，海森伯的同位旋是典型的现象学研究的结果。他提出的规则基于现象，是对现象的抽象。这个规则并不是“现象背后的原因”，而仅仅是对“现象运作的模式”的一个抽象表达。杨振宁对同位旋对称性的成功印象深刻，他试图找到能够理解强相互作用的原理，在 20 世纪 50 年代提出了基于同位旋对称性的规范理论，即杨–米尔斯理论。这个理论虽然用错了地方，没有立即获得成功，但是在后来的发展中，人们认识到粒子物理的大厦可以建筑在杨–米尔斯规范理论的原理之上，杨–米尔斯理论成为物理学的一个基本原理。

我们可以看到的另一个典型例子是，盖尔曼 (Gell-Mann) 和奈曼 (Ne'eman) 基于对强子的质量和量子数的实验结果分别提出了对强子分类的方法。盖尔曼将其称为八重法，即由八个强子组成具有近似特性的一个八重态，形成八胞胎。这是一个类似于同位旋的对称性，但是是一个更大的对称性。盖尔曼用这个对称性预言了一个新的粒子，并且被实验所证实。盖尔曼也因为对强子分类的贡献而获得了 1969 年度的诺贝尔物理学奖。八重法使用的是这个对称性的八重态，从数学上可以很清

楚地看到这个对称性还可以有三重态。在八重法的成功的基础之上，也因为受到其他人的启发，盖尔曼与他的学生茨威格 (Zweig) 分别提出了现在所说的夸克模型，即由上夸克、下夸克和奇异夸克组成当时已知的强子，这三个夸克形成了这个对称性的三重态①。我们可以看到，从强子分类到夸克模型也是一个典型的由发现“现象运作的模式”到发现“现象背后的原因”的过程。此外，强子物理中在现象层次描述现象的重要语言还有比约肯（Bjorken）提出的比约肯标度性、费曼提出的部分子模型。这些对现象的研究打开了对强子内部结构的认识，基于杨-米尔斯规范理论的量子色动力学才能得以建立。

需要注意的一点是，寻找“现象运作的模式”并不是不创造概念。实际上，人们常常不得不创造全新的、合适的概念来描述现象，例如伽利略引入加速度的概念、海森伯引入同位旋的概念。但是这些概念表达的并不是“现象背后的原因”，而只是现象层面的规律，是对现象的直接抽象。这种概念甚至不一定具有必然性，例如同位旋的概念。粒子物理标准模型认为同位旋对称性起源于上夸克和下夸克的质量很小，实际上与基本相互作用无关。从基本相互作用的观点看来同位旋是一个偶然的对称性，如果上夸克和下夸克的质量比较大，就不会有这种对称性。但是这种偶然的对称性却在历史上发挥了重要的作用，甚至在今天仍然是核物理和强子物理研究中的基本概念之一。这是因为强子的性质十分复杂，从基本原理出发直接理解强子的性质实质上非常困难，而使用同位旋这样的现象学语言却可以得到很多很有价值的信息。这是同位旋这类现象学概念之所以被广泛使用的根本原因。在这个意义上，所谓还原论与演生论的争议没有多大意义。我们看到，使用同位旋的语言实际上就是类似于以演生论的方式研究问题，即以演生的语言而不是从基本原理出发研究问题。研究现象与现象的关联需要人们去创造合适的概念描述现象，实际上已经包含了可以以演生的语言描述现象。粒子物理与核物理虽然很想以还原论的方式从最基本层次建造起物理学大厦，但是在实际中同样需要很多这类演生的概念。演生论接近于以现象层面的“现象运作的模式”来描述现象和理解现象，而还原论接近于以“现象背后的原因”来理

① 当时有一些中国物理学家认为强子应该由更小的基本粒子组成，从而提出了层子模型。

解现象，这两种研究思路都是科学研究需要的思路，都是研究现象与现象的关联的一个方面。当然不可否认的是，在物理学中还有完全放弃以“现象背后的原因”解释现象的思路，例如量子散射理论。量子散射理论试图完全抛弃量子力学的波函数等隐藏于现象背后的语言和相关理论，完全在现象的层面直接建立物理可观测量之间的关联。这是一种以“现象运作的模式”来理解自然现象的努力，到目前为止这种理论获得了一些很有益的结果，但是距离成功还有很大距离。

如果不局限在物理学的历史，我们可以很清楚地在更广大的范围内看到这种两种思路的重要作用及其相互关系。例如，门捷列夫发现了元素的周期性排列性质，制作了元素周期表。几十年之后，原子核、质子和中子等的发现以及原子理论的发明才使人们认识到元素的周期性源于质子和中子形成了原子核。又例如，达尔文根据对生物现象的广泛观察提出了进化论、孟德尔发现了生物的遗传特性，差不多一百年之后人们才寻找到携带遗传信息的基因的分子物质。这些重大发现都遵循了由发现“现象运作的模式”到发现“现象背后的原因”的过程。对“现象运作的模式”的发现设立了路标，给出了具体的线索，启发后人沿着正确的方向不断做出思考，进而最终发现了“现象背后的原因”。

总之，发现“现象运作的模式”是发现“现象背后的原因”的基础，这两种思路都不可偏废。如果人们不能认识到这两种思路的不同，特别是不能认识到在现象的层次发现“现象运作的模式”的重要性，科学研究就很可能陷入空想之中。古希腊哲学家探讨本性和本质问题，专注于讨论“现象背后的原因”，不知道需要首先发现“现象运作的模式”，也就很难取得实质的进步。现代有些学科受到物理学的成功的启发，想要像牛顿那样建立起由少数原理解释众多现象的宏大理论，但是却很难获得成功。这些研究在很大程度上是略过了发现“现象运作的模式”的阶段，而想要直接到达发现“现象背后的原因”，实质上是接近于古希腊哲人的空想。这种努力实际上是想要略过伽利略的阶段，而直接到达牛顿的阶段。根据从物理学研究历史中得到的教训，不论使用了多么高深的数学，不论使用看起来多么合理、多么自明的原理，这样的研究都是很难获得成功的。

近代科学之所以取得成功，最根本的一条是放弃臆测的玄想，踏踏实实地去研究现象与现象的关联，在这个研究中发现现象运作的模式、发明和创造描述现象的合适概念和语言，最终才达到以少数的原理解释众多的现象。发现“现象运作的模式”是科学之所以可能的基石。我们可以更进一步说，是否学会了基于发现“现象运作的模式”开展探索实质上说明了一门学科是否是一门科学。

推荐阅读

牛顿，《自然哲学的数学原理》

牛顿的《原理》是一本非常难以阅读的杰作。这个困难主要是因为牛顿缺乏现代微积分的数学工具，而使用几何式的数学语言研究物体的运动问题。在这本书中，牛顿展现了惊人的数学技巧和强大的物理直觉，他仅仅运用基础的几何学知识就证明了行星的椭圆轨道以及太阳在椭圆的焦点 (开普勒第一定律) 等价于引力满足平方反比律等等许多命题。一方面，这使人们只需要中学数学知识和物理知识的准备就足以阅读这本书。另一方面，这使阅读这本书成为艰难的攀登。我相信阅读这本书将使有志于科学的年轻人得到很多收获。

阅读这本书可参考英文版 *The Principia* (I. Bernard Cohen 和 Anne Whitman, University California Press, 1999) 以及 Chandrasekhar 撰写的讲解 *Newton's Principia for the Common Reader* (Oxford University Press, 1995)。

索　　引

G

H

J

K

L

M

N

O

P

R

S

T

W

X

Y

Z

后　记

在科学的历史上，常有科学发现是从非常复杂的局面开始，最后终结于非常简单的发现。一个非常好的例子是强相互作用。强相互作用的现象是不可想象的复杂，以至于令 20 世纪五六十年代的许多物理学家感到绝望，而其最终发现的原理却是不可想象的简单，即杨–米尔斯规范理论。实际上，杨–米尔斯规范理论不仅是强相互作用的原理，物理学家发现这也是统一描述弱相互作用和电磁相互作用的弱电理论的原理。物理学家盖尔曼对此有一个评论，他说杨–米尔斯规范理论的假设简单到几乎是零，而其描述的现象几乎是无穷。所以杨–米尔斯规范理论的成功可以被表述为“无穷大除以零”，即 $\frac{\infty}{0}$。对于科学发现的此类现象，人们有一个经验总结：真理常常是简单的。

读者仔细读完本书的内容之后，可以发现科学思维和科学方法是非常简单但又非常丰富的，科学也是非常有趣的。然而，达到对科学思维和科学方法的这个简单认识却花费了漫长的过程。从受到科学教育算起，经过了大学本科和研究生的教育阶段，再经过数年的研究工作，直到成为大学教师多年之后，作者才对科学思维和科学方法有了较为全面和深入的认识，把这些认识清楚地表述出来又花费了一些时间。

这当然主要是因为我们的科学传统比较薄弱，我们的科学教育也有不少偏颇的地方，把简单的要点掩盖在繁盛的枝蔓之中，从而使初学者走上不少弯路。十分幸运的是，在我的教育和自我教育的历程中，我受到了多位前辈和同行的影响，与他们的交往使我受益良多。这些人包括黄朝商研究员、已故的郭汉英研究员、李小源研究员、Prof. Alexei Yu. Smirnov、Prof. Goran Senjanovic 以及蓝志成教授。此外，中国科学院理论物理研究所的学术氛围也曾经使我受益良多。在国外工作的几年期间，我还遇到了不少杰出的俄罗斯物理学家。俄罗斯物理学家的彪悍和犀利的风格曾使我深受触动，这使我意识到中国科学界所缺少的很多东西。回国工作后，又经历长时间的思考和整理，最终所有这些经历和思考汇聚成这一本小书。

值得一提的一点是，中国的科学研究特别缺少从 0 到 1 的飞跃，我相信这与我国的科学教育的方式有关。常有一些人强调中国历史上缺乏逻辑思维，所以没有在古代发展出现代科学。持有这种观点的常常会强调牛顿、爱因斯坦，以此与中国的情况做对比，却很少强调伽利略的贡献。姑且不论这种观点是否合理，现在我们应该已经重视到了逻辑思维的重要性，但是为什么现在在科学上仍然很少有原创贡献。我认为这正是因为我国的科学教育过多地引导学生关注科学中已完成的宏大理论，例如牛顿或者爱因斯坦的理论，而很少引导学生注意科学发展中从 0 到 1 的突破，例如伽利略、普朗克、玻尔等人的贡献。长期以来我们注意到，我国有很多优秀的学生，这些学生很会做题、很会解题，但是不太会在科研中提出问题。我想这也与在科学教育中不注意引导学生注意从 0 到 1 的突破有关。但是这些从 0 到 1 的突破才是后人得以建造宏大理论体系的基石，前人如何实现这些突破是值得后来者特别学习的地方。伽利略的研究工作是经典力学发展历史上从 0 到 1 的飞跃，具有极大的原创性，也具有极大的研究和学习价值。本书的一个目的是，通过对伽利略的研究工作的讲解让后来的科学研究者可以深入领会到前人是如何在黑暗中摸索，如何做出原创性贡献。

我希望本书可以使后来的年轻人快速理解到科学思维和科学方法的要点，少走一些弯路，同时希望广大的读者都可以通过阅读这本书理解到科学中的乐趣，从而以一种饱含兴趣的眼光看待科学与技术，也希望这本书能够为中国的科学传统的建设做出一份贡献。

近代的科学革命当然不仅仅包括物理学的革命，还有化学革命和生物学的革命，相关的重要人物包括玻意耳、拉瓦锡、道尔顿、门捷列夫、达尔文、孟德尔等人。限于篇幅，本书对这些内容都没有涉及。我想这些议题由化学家和生物学家来讲述应该更好。另外一个没有涉及的议题是实验科学的起源，其中炼金术与化学的关系是值得梳理的一个方面，应用工程技术的需求也是实验科学的一个可能起源。已有一些论著在此方面努力，我想专业的科学史家更适合回答这些议题，本书就不对此作过多论述。

本书中的部分内容已经作为讲座出现在檀时钠教授主持的《微点论坛》第一期之上。有兴趣的读者可以在寇享学术平台找到视频观看。在本书的写作和出版过程中作者还受到很多的帮助。感谢郑汉青教授对此的关注，感谢陈曰德教授对此的帮助，感谢本书编辑龙嫚嫚女士的协助。感谢王青教授、刘全慧教授、刘川教授、鞠国兴教授、刘纯研究员、张卫教授、林春女士、潘拥军女士、程昱、纪腾、廖泓乔阅读了本书书稿。此外，与一些同行的讨论也促使我作了很多相关的思考，在此一并感谢。最后，在此感谢我的父母对我的长期支持和理解。

廖　玮

2020 年 12 月 24 日